长兴水利史

张祝平　江略　等　著

中国水利水电出版社

www.waterpub.com.cn

·北京·

图书在版编目（CIP）数据

长兴水利史 / 张祝平等著. -- 北京 ：中国水利水
电出版社，2024.1
ISBN 978-7-5226-1916-3

Ⅰ．①长… Ⅱ．①张… Ⅲ．①水利史－长兴县 Ⅳ.
①TV-092

中国国家版本馆CIP数据核字(2023)第221130号

书　　名	**长兴水利史** CHANGXING SHUILI SHI	
作　　者	张祝平　江略　等著	
出版发行	中国水利水电出版社 （北京市海淀区玉渊潭南路 1 号 D 座　100038） 网址：www.waterpub.com.cn E-mail：sales@mwr.gov.cn 电话：(010) 68545888（营销中心）	
经　　售	北京科水图书销售有限公司 电话：(010) 68545874、63202643 全国各地新华书店和相关出版物销售网点	
排　　版	中国水利水电出版社微机排版中心	
印　　刷	天津嘉恒印务有限公司	
规　　格	170mm×240mm　16 开本　14.75 印张　316 千字　8 插页	
版　　次	2024 年 1 月第 1 版　2024 年 1 月第 1 次印刷	
定　　价	**95.00 元**	

凡购买我社图书，如有缺页、倒页、脱页的，本社营销中心负责调换

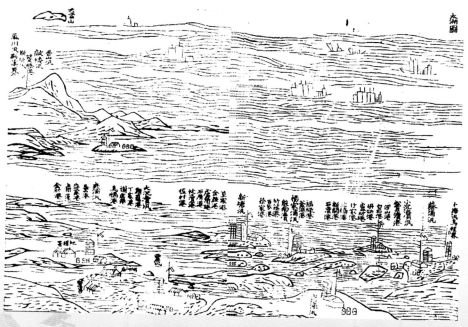

同治《长兴县志》中的太湖和诸长兴溇港

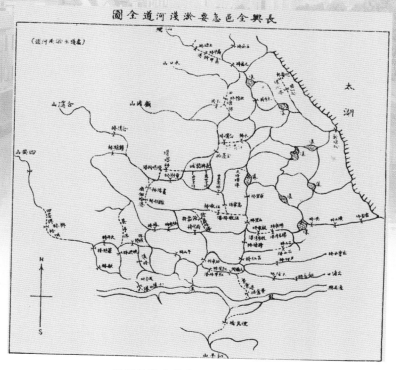

民国长兴全邑急要淤浅河道全图

泗安水库旧景

泗安水库建设场景

1991 年太湖围堤土方大会战

二界岭水库今景

合溪新港今景

和平水库今景

圣旨坝今景

环湖大堤

长兴县河长制展示馆

美丽河湖——北横港

美丽河湖——和睦塘水系

苕溪清水入水湖——长兴港

本 书 编 委 会

前 言

　　长兴县物产富饶、资源丰富，素有"鱼米之乡""丝绸之府""东南望县"之称，但这一美誉并非自古有之。县域内山峦连绵，水网密布，总体上西北部及南部为山丘区地势较高，中部和东部为平原地势低平，东靠太湖，俗称"六山一水三分田"。其地处北亚热带东亚季风气候区，四季分明，雨量分布不均，水旱灾害常有发生。每逢梅雨、台风之季，则洪涝迸发、冲堤毁田；若遇久晴不雨之时，则溪涧断流、农田龟裂。因此兴修水利自古便是当地人民和政府的共识。

　　古史记载，"鱼陂在长兴县南七十五里，吴夫槩养鱼之所"，"胥塘在长兴县南四十五里，昔伍子胥所筑"，"蠡塘在长兴县东三十五里，昔越相范蠡所筑"，可知早在春秋时期便有兴修水利的活动。但直至秦汉时，长兴仍是"地广人稀，火耕而水耨"的落后地区，只有依靠地方士绅百姓组织而建的陂塘、沟渠、堤坝等小型水利设施，以满足"火耕水耨"的农田用水之需。

　　六朝以后衣冠南渡，今长兴所属的太湖西南部地域人口迅速增长，特别是大运河开通后，当地的经济发展得到了长足的动力，水利建设的数量与规模均远远超过了前代。其中最为著名的是，长兴的先民们沿太湖在低洼地区开挖的溇港，即与沿岸基本垂直小河道。每条溇港都筑有闸门，能够启闭，既能减缓山溪洪水的威胁，也能阻挡上涨的太湖水淹没临近耕地，同时能够将多余的水量或洪水泄入太湖。

此外，人们把挖出的淤泥堆在溇港四周，并在这些肥沃的土地上种植作物，形成圩田。每当干旱季节农田需水时，只要关闭各条溇港闸门，涓涓细流便可积蓄起来以备灌溉之用。得益于溇港工程的成熟与发展，到了宋代，长兴的农业空前繁荣。南宋的项世安有诗："港里高圩圩内田，露苗风影碧芊芊。家家绕屋栽杨柳，处处通渠种芰莲。"

但是，长兴地区的溇港径直，受水范围小，水少港多，容易淤积；且泗安溪、合溪、西苕溪各大水系的多数河道狭窄，宣泄不畅。虽历代都有疏浚，但溇港与河道的淤积问题始终未能解决，一直以来影响着长兴经济的进一步发展。中华人民共和国成立后，长兴县政府实行"上蓄、中疏、下泄"的治水方针。在泗安溪、合溪、西苕溪等河流上游兴建了大量的蓄水工程，并培修加固滨湖堤防。这些措施拦蓄了一定数量的洪水，减轻了各溇港排泄洪水的压力。同时利用现代机械设备对河道、溇港进行疏浚，并在各主要河道上进行了抛砌石护岸。最终使各溇港、河道绝大部分达到安全排泄10年一遇的洪水标准。特别是整治后的合溪新港、长兴港，不仅解决了农田的防洪、灌溉问题，同时又作为内河货运港，可通航100吨级的船舶，为繁荣发展长兴经济打下坚实的基础，分别被当地群众称之为"富民港"和"小莱茵河"。

随着长兴经济快速发展，河道湖泊的污染成为长兴生态环境治理的难题。2003年，长兴县政府出台了最早的河长制任命文件，由时任水利局、环卫处负责人担任2条重度污染河河长，负责河道的清淤、保洁等管护工作。2008年，长兴县任命了全国第一批县级河长，对县里4条主要河道开展"清水入湖"专项行动，负责协调开展工业污染治理、农业面源污染治理、河道综合整治等治理工作，全面改善入湖河道水质。经过不断探索和实践，长兴逐渐构建了"河长制"的组织体系，开全国"河长制"之先河。"河长制"在长兴的创设，带来的不仅是河道环境的变化，更重要的是传递了人水和谐的理念和绿色发展的价值追求，由此凝聚社会各方力量加入到保护水环境的行动中来，河长这一机制也从最初的部门决策走向党政领导，再延伸到社会，全民护河，全民参与，人人成为水环境的守护者。

党的十八大以来，党中央把生态文明建设摆在全局工作的突出位置，习近平总书记提出"节水优先、空间均衡、系统治理、两手发力"治水思路，重新审视人与水、人与自然的关系。长兴系统谋划，围绕"环太湖发展高地、长三角经济强县"的发展定位，积极践行新时期治水方针，加快工程建设，深化重点改革，水利工作取得显著成效。

纵观历史，长兴每次大的水利工程建设和调整都带来了社会经济的加快发展、综合实力的增强和人口素质的提高。长兴水利文化，是环太湖流域水利文化的代表。2021年7月，时任省委书记袁家军、副省长刘小涛分别在《关于加强水文化遗产保护利用的建议——以长兴县重要水文化遗产调查为例》一文上作出重要批示，对水文化建设和遗产保护利用工作提出了要求，也肯定了长兴县水文化遗产的重要价值。这一切都表明，研究长兴水利史、挖掘长兴水文化是一个必要的任务。

《长兴水利史》以时代为主线，对长兴县境内从古至今的水利历史进行系统研究。在全面展现长兴先民水利工程发展过程的基础上，考证各个历史时期长兴水利技术的发展、传承与创新，兼顾水利政策与管理、水利人物与事迹，反映了长兴人民与自然抗争的丰功伟绩，也体现了党和政府对水利建设的重视与投入。《长兴水利史》所展现的长兴水利发展史实，不仅是长兴历史文化研究的新收获，也是环太湖流域地方史研究的补充和发展。

本书编委会

2023 年 6 月于长兴

目录

前言

**第一章
绪　论**

**第二章
萌芽草创：先
秦至五代时期
的长兴水利**

**第三章
转型重构：宋
元时期的水利
建设**

第四章
巩固深化：明
清时期的水利
建设

第五章
民国时期长兴
水利建设

第六章

现代水利事业的勃兴（1949—1979 年）

第七章

水利建设走向新时期（1979—2012 年）

第八章
新时代水利事业
的高质量发展
（2013—2022 年）

第一章 绪　论

　　长兴县历史悠久，底蕴深厚，浙江境内早期人类的历史从这里写起，泗安七里亭旧石器早期人类遗址距今约 100 万年；物产富饶，资源丰富，素有"鱼米之乡""丝绸之府""东南望县"的美誉；生态优美，社会和谐，是国家县城新型城镇化建设示范县、全国县域数字农业农村发展先进县、全省首批美丽县城试点县、全省新时代美丽乡村示范县。特别值得提及的是，长兴人治水源远流长，如果从春秋时期吴王阖闾派弟弟夫概居此筑城（前 514—前 495）算起，已经有 2500 多年的治水史。地处江南多水区域，兴修水利一直是历朝历代长兴地方政府和当地人民的共识和任务，造就了一批杰出的治水官员，留下了传世的治水论著，民众也在治水实践中积累了丰富的治水经验和智慧，还有造福子孙万代的水利工程遗产保存至今，仍在发挥作用。长兴不仅有着优良的治水传统，而且新时代治水成就斐然，它不仅是河长制的发源地，而且"五水共治"夺得"大禹鼎"银鼎，获得国家生态文明建设示范区、全国农村生活污水治理示范县等诸多涉水荣誉称号。

第一节　长兴县的自然地理环境

一、地理位置

　　长兴县地处太湖西南岸，位于长江三角洲中心地带，居浙江省和湖州市的北部，系浙、苏、皖三省交界之地，是浙江的北大门，自古被称为"三省通衢"。东边濒临太湖，与江苏省苏州市吴中区太湖水域交界，北接江苏省宜兴市，西邻安徽省广德市，西南和南部连接安吉县，东南紧靠湖州市区，县内有一条黄金水道（长湖申航道）、三条国道（104 国道、318 国道、235 国道）、五条铁路（杭宁高铁、商合杭高铁、宣杭铁路、长牛铁路、新长铁路）、四条高速公路（杭宁、杭长、申苏浙皖、申嘉湖），与上海、杭州、南京等大城市均在"1 小时交通圈"内。县境东西宽 53.2 公里，南北长 53.1 公里，县域总面积 1431.3 平方公里，地理坐标介于北纬 30°43′到 31°11′，东经 119°33′到 120°06′之间。一个地方的地理坐标与当地的气象、物候、水系、土地、山川走向等密切相关，对水利的影响至关重要。太湖作为内陆五大淡水湖泊中的第三大淡水湖，面积为 2427.8 平方公里，水域面积为 2338.1 平方公里，湖岸线全长 393.2 公里，对当地的水系、生态都有较大的影响。

二、地形地貌

长兴县背山面湖，地貌形态多样，俗称"六山一水三分田"，为杭嘉湖平原的一部分。由于天目山、莫干山余脉的伸入，地形总趋势是西北部和南部高，中部和东部三面环山，地势低平，东靠太湖。县境内东西向泄洪水系有西苕溪、泗安塘、箬（合）溪、乌溪，均经诸溇港泄入太湖。南部属西苕溪流域，有周坞山、野山（山峰高 500 余米）等小块低山丘陵区，为东天目、莫干山脉之延伸部。西部为泗安塘的上游，以泗安为中心，是岗峦起伏的黄土丘陵地区，高度 50 米左右，林木稀疏，较干旱。中部为泗安塘、合溪的中游，有以虹星桥为中心的长泗平原，田面高程在 4.5 米左右，河道纵横，是易洪圩区。北部为合溪和乌溪的中、上游，为低山丘陵区，山峰大多高 300～500 米。东部为城东平原，是诸水系的下游，濒临太湖，地势低洼，田面高程在 3.50 米左右，有的在 3 米以下，溇港密布，间以众多漾荡，受太湖洪水顶托，是易涝的圩区。

全县高度在 10 米以上的山丘区面积为 912.77 平方公里，占全县总面积的 65.8%；高度 10 米以下的平原圩、圩区面积为 475.23 平方公里，占全县总面积的 34.2%；其中包括水面积 107 平方公里，占全县总面积的 7.7%。县内河网密布，主要水系有西苕溪、泗安塘、合溪、乌溪等，均注入太湖，全县河道 522 条，总长度 1659 公里；境内大小漾塘 2500 多个，山塘水库 1220 座，最大的湖泊和水库分别是盛家漾和合溪水库。

三、气候与降水

（一）气候

长兴县属北亚热带东亚季风气候区，全境气候温暖湿润。因濒临太湖，气温、降水都受良好影响。全境四季分明，雨量分布不均，水旱灾害经常发生。特别是梅雨和台风暴雨造成的灾害威胁最为严重。境内河流的水文特征主要受季节雨量分配不均的影响，洪、枯期分明。截至 2023 年 1 月 31 日，全县

229702 户，户籍人口 636030 人，人口的增长和经济的快速发展，需水量不断增加，进一步控制水量、调配水量，成为全县一项重要而艰巨的任务。

长兴县四季分明，雨热同季，气候温和，光照充足，但年际多变。正常年冬季盛西北风，寒冷干燥；春季气温回升，但常有寒潮侵袭，乍暖还寒；夏季炎热，多东南风和雷阵雨；秋季凉爽，干湿多变。夏秋常有台风、龙卷风和冰雹，经常发生洪涝灾，也易出现干旱。

县内年平均气温为 15.6℃。历年极端最高气温出现在 2022 年 7 月 13 日，高达 40～41℃；历年极端最低气温为零下 13.9℃，出现在 1977 年 1 月 31 日。1月平均气温在 3℃左右，7 月、8 月平均气温分别为 27.9℃和 27.6℃。年平均地表温度为 18.3℃。最高的 1978 年，年平均地表温度为 20.2℃；最低的 1984 年，年平均地表温度为 17.2℃。历年地表极端最高温度出现在 1978 年 7 月 8 日，达72.2℃；历年地表极端最低温度出现在 1973 年 12 月 26 日，为零下 15.9℃。

年平均无霜期为 240 天。无霜期最长的年份是 1976 年，共有 262 天；最短的年份是 1974 年，只有 224 天。年平均初霜日为 11 月 16 日，年平均终霜日为3 月 20 日。

年平均降雪日为 9.2 天，最多的 1977 年降雪日为 21 天，1971 年和 1975 年全年无雪日。历年一般都出现过积雪，1984 年 1 月 19 日积雪深度达 33 厘米，山区积雪深度达 70～80 厘米。最长积雪连续时间 21 天，出现在 1984 年 1 月 19日至 2 月 9 日；其次是 1977 年 1 月 2—19 日，连续积雪 18 天。

冬季常年多偏北风，春夏多东北—东南风。在北—东—东南风象限内，多年平均出现频率为 7%～9%。除东南风出现频率为 5%外，其余象限，多年平均频率在 3%～5%。常年平均风速为 2.7 米每秒。月平均风速超过 3 米每秒的有 2月、3 月、4 月、8 月，其他月份平均风速在 3 米每秒以下。平均风速最大的风向有东北风、西北风和东南风。风速年平均值为 3.6～3.7 米每秒，最大风速为26 米每秒，最大瞬时风速曾出现过不小于 40 米每秒。

台风（热带风暴）是对长兴影响较大的灾害性天气，风力多数在 6～7 级，最强的可达 8～9 级，甚至 12 级以上，如 1956 年 8 月 1 日 12 号强台风。台风（热带风暴）主要出现在 7—9 月，往往带来暴雨。暴雨中心大多出现在县境西北部的尚儒村附近，其次是雉城镇附近。其他大风是强气流形成的雷雨大风或龙卷风。虽然仅发生在局部地区，但由于来势凶猛，瞬时风力可达 10～12 级，甚至 12 级以上，还夹带有冰雹。雹体小如蚕豆，大如鸡蛋，往往给生产和人民生命财产以及水利设施带来严重危害。

（二）降水

县内各地平均年降水量一般为 1250～1550 毫米，多年年平均值为 1309 毫米，较为充沛；但分布不均，降水量随地势增高而增大。西北部尚儒附近和南部的和平野山附近为两个降水高值区，从中部平原向西北部和南部丘陵山区递增。长兴县是季风气候区，季风的交替变化决定雨季的起止时间和雨带的南北移动。降水量的季节变化明显。

春雨期：也称桃花水。3—5月，受华南静止锋影响，形成阴雨绵绵的连阴雨。据长兴气象局（站）1971—1987年的资料系列统计，有93%的年份出现连阴雨，一般一年中可出现2次，占37%；最多的一年中可出现4次，如1984年。连阴雨时间以5～8天为最多，约占77%；一次连阴雨时间持续最长为20天，如1960年3月1—20日。连阴雨最早出现在2月初，最迟出现在5月下旬。

梅雨期：静止锋受冷、暖气流的强弱所控制，决定入梅时间的迟早和梅雨期的长短。县内一般入梅日期为6月16日，出梅日期为7月8日，为期23天。梅雨期最多天数为1954年5月18日至8月2日，为期77天。该年也是梅雨期雨量最大年，平均降雨862.6毫米。梅雨期最少天数为1964年的6月24—29日，仅6天。梅雨期也易发生暴雨，如1983年6月19日至7月18日，连降3次暴雨，总雨量达490.2毫米，为近百年所罕见。1984年6月13日8时至14日8时，大界牌24小时降雨量为278.2毫米，为24小时雨量之最，导致山洪暴发和涝灾。也有个别年份少雨而发生"空梅"，如1934年，导致大旱成灾。同时，出梅以后往往受副热带高压脊控制，晴热少雨，也极易发生高温干旱灾害。

7月下半月至10月初以晴热天气为主。其间受太平洋及南海热带气旋的影响，往往受台风侵袭而带来暴雨、洪涝，如1961年、1962年、1963年等。最大雨量大多出现在6—7月。10月中旬以后至次年2月，大气环流受极地冷高压控制，盛行偏北风，雨量显著减少，是降水量最少时期。

第二节　长兴县的自然灾害

长兴县地处杭嘉湖平原，西、南、北三面环山，每逢暴雨山洪暴发，直泄平原。历史上的长兴县洪灾频繁，损失严重，素有"三年一小灾，六年一大灾"之说；枯水季节上游丘陵山区地势高极易受旱，因此，长兴县是易洪、易旱地区。

一、长兴的自然灾害类型与统计

长兴的自然灾害主要是洪灾、旱灾、风雹灾害，其中，洪灾明显多于旱灾，其次是旱灾，风雹灾害最少。夏、秋季时台风、龙卷风、雷雨大风经常出现，易造成洪涝灾害，冬季少有发生。有的年份一年中数次发生洪涝，甚至有洪涝和旱灾交替和连年发生；而当受副热带高压控制时则常出现高温干旱，长兴地区的旱灾四季都有发生，常见的为秋旱，其次是伏旱，少数年份是秋旱连着冬旱。

据不完全统计，自三国吴嘉禾元年（232）到21世纪的前10年近1800年来，长兴县有记录的水灾多达318次，而旱灾自东晋咸康元年（335）直到21世纪的前10年，近1700年里也有227次之多，风雹灾害的统计也是从三国时期吴太平元年（256）开始，到21世纪前10年，1750多年间发生了112次❶。

二、长兴地区自然灾害频发的原因

（一）气候因素

长兴县属中纬度北亚热带南缘季风区，气候温和，四季分明，但雨量充沛，降雨区域变化十分明显，随海拔高程上升而增多，西北部山区煤山镇五通山是海拔最高处，该区域年降水量较其他区域增两成，由西北向东随着海拔高程逐渐降低，年降水量逐渐减少。

一年中有两个雨季和两个相对旱季。第一个雨季为3月至7月上旬，雨量集中，占全年的40%左右，其中3—5月是季风转换过渡期，冷暖空气频繁交汇，锋面气旋活跃，雨量增多，为春雨期，俗称桃花水。6月中旬至7月上旬冷暖气流对峙，形成静止锋，降雨时间长，为梅雨期，俗称黄梅天，因降雨集中，影响范围广，极易造成洪涝灾害。长兴县历年遭受洪涝灾害大多发生在这一时期。梅雨期降雨强度大，范围广，所引发的洪涝灾害范围大，历时长，灾情重。8月中、下旬至10月上旬，西太平洋副热带高压逐渐南移，锋面雨增多，其间又是台风活动期，出现第二个雨季。台风影响特点是降雨强度大，历时短，地域差异明显，尤其是当台风中心在浙江沿海和福建北部沿海登陆，长兴县和上游安吉县出现暴雨和特大暴雨概率大，易引发严重水灾。2012年"海葵"台风和2013年"菲特"台风，降雨引发的洪水造成西苕溪沿线受灾严重，究其原因即西苕溪上游安吉县境内强降雨大量洪水下泄造成。

7月中旬至8月中旬为第一个旱季，因受西太平洋副热带高压控制，进入盛夏季节，持续出现晴热高温少雨天气，降水量少，蒸发量大，易伏旱成灾，此期间正是农业生产用水高峰期，长兴县历年旱灾也大部分发生在这一时期。其间也会出现热带低压天气引发暴雨和局部性强对流天气，造成局部洪灾。10月中旬到次年2月，受极地冷高压控制，气温逐渐下降，降水量明显减少，为第二个旱季。在此期间，如果前期台风雨量少，北方冷空气势弱，易发生持续秋旱，有些年份发生秋旱连冬旱，造成塘、库干涸，溪河断流，农作物受旱，干

---

❶　以上数据参见《长兴县水利志》编纂委员会：《长兴县水利志》，北京：中国大百科全书出版社，1996年，第60~87页；长兴县水利局：《长兴县水利志》，内部资料，2020年11月，第55~61页。

旱的发生与太平洋副热带高压北抬的迟早、强弱、台风影响程度以及时冷空气活动等直接相关。

（二）地理因素

除季风气候影响外，地理环境也是导致灾害发生的主要因素。

长兴县境内西、南、北均为丘陵山区，面积 912.77 平方公里，占全县总面积的 65.8%，南北两丘陵山区之间为长泗平原，地势西向东倾，高程在 3.00～7.00 米之间，长兴县城区以东地区为长兴东部平原，地势低洼，太湖沿线地面高程仅在 1.00～2.20 米之间。

长兴丘陵山区地势高，面积大，易发生旱灾，同时山区又是暴雨集中区域，强降雨概率大，如 1999 年 6 月 9—30 日，煤山尚儒站统计降雨达 947 毫米，比长兴中西部地区多 3 成以上，比常年同期雨量多 4 倍以上。山区面积大，海拔高，每逢强降雨，洪水快速顺势而下进入平原地区。长兴县东西距离短，煤山五通山至太湖直线距离 21.1 公里，和平野山距太湖也仅 35.2 公里，东西地势落差大，每遇强降雨，洪水来势凶猛，水短流急，危害大。长兴中部和东部地区地势低洼，沿太湖岸线长，1991 年太湖流域发生特大洪涝后，国务院确定了太湖流域综合治理十大骨干水利工程，通过多年的整治，周边大量控水设施建成，太湖已作为一座天然水库保护中下游地区防汛防旱安全，同时为中下游提供生产、生活用水水源。长兴县处于太湖上游，每逢洪灾，上游洪水冲刷，下游太湖高水位顶托，防汛形势十分严峻，再加上长兴县西部上游安吉县山高林密，雨季山区大量洪水汇入西苕溪，经长兴县和平镇入境，在长兴境内自西向东穿境而过，更进一步加剧了长兴县防汛形势的严峻性。

（三）人为因素

人类社会活动对自然灾害的轻重程度也有着重大影响。长兴县的自然灾害中，主要是洪灾受人类活动影响较大，人为因素主要表现在以下三个方面：

（1）肆意垦荒对森林植被破坏严重。自宋代以后，由于北方人口南迁，南宋强宗巨室大肆掠夺良田沃土，迫使大批贫民进山伐木垦种。清乾隆年间已成为"车屯民垦，称极盛焉"的局面。民国中后期，日伪军侵占长兴县，乱砍滥伐林木，植被破坏更甚。至中华人民共和国成立初期森林覆盖率仅为 17%。中华人民共和国成立后，虽然采取封山育林以及小流域治理等措施，但由于 1958 年的砍树烧炭炼钢，20 世纪 60 年代初开始的毁林种粮和垦坡种粮，使林木植被再次受到破坏，水土流失严重，使河川汇流时间缩短，洪峰流量增大。

（2）过度开发对山体、河道影响很大。人为的频繁开发建设活动对环境影响极大，除了对山林、植被过度砍伐外，还有开矿采石，也造成水土流失。20世纪 80 年代后长兴矿山开采业大量兴起，最多时达 400 多家，矿山开采，石料加工，尤其是水冲石子加工，大量泥沙流入水体，抬高河床高程，影响河道蓄泄功能。河床抬高，河道淤积，造成过水断面变小，洪涝季节影响洪水排泄，提高洪涝灾害危害的程度，旱季又阻断了河水流通，影响农业生产取水抗旱保苗。

（3）太湖下游的围垦堵坝对泄洪影响较大。太湖下游的围垦堵坝直接导致1984年湖水面积由原来的2460平方公里减至2338.11平方公里，下游排水通道由原来的242条减为86条，这样一来，在洪灾暴发时向太湖出水的通道减少，太湖吸纳泄入洪水的功能也大大减弱，使汛期湖水顶托更为加重，洪涝灾害频繁发生。1949年后，采取上拦、中疏、下泄等措施，兴建了大量水利工程，但工程标准偏低，遇较大的洪涝仍难以抵御。在山丘地区因受地形、库容和资金等限制，大量修建蓄水工程有困难，旱灾也时有发生。

第三节　长兴县的历史沿革

一、史前时期

近年来，浙江考古工作者持续不断开展调查，至今累计发现了120余处旧石器文化遗址，这些遗址主要集中在浙江省西北部的西苕溪流域。其中，年代最古老的长兴县七里亭遗址距今已有约100万年的历史，说明早在距今100万年前，长兴就有原始人类在泗安七里亭一带活动；距今7000多年前，长兴进入新石器时代，并经历了从马家浜文化到崧泽文化，再到良渚文化的发展过程，和平狮子山遗址、林城江家山遗址、泗安空山遗址、新安遗址、雉城台基山遗址等诸多新石器时代遗址，表明长兴县境内人类活动的范围已经十分广泛，先民们在此繁衍生息，改造大自然；长兴县商周遗址较多，雉城商代木井、生产印纹硬陶的龙山窑址和众多青铜礼器的发现以及西周晚期到春秋战国时期农具的出土，表明商周时期长兴已经是人丁兴旺之地。

二、东周到南北朝

从东周到春秋战国时期，直到西晋置县之前的七八百年间，诸侯列国和中原政权的政治军事活动辐射到长兴，夫概筑城、吴越争霸、项羽起兵、水利开发、垦殖冶炼都在长兴这片土地上发生。春秋吴越争霸时期（前514—前495），吴王阖闾派弟弟夫概在太湖西岸的"三城三圻"屯兵训练水军，在今雉城东南1公里处筑城，作为夫概王邑。因城的形状狭长，故名长城，距今已有2500多年的历史。后属越，越为楚所灭，遂属楚。秦始皇二十六年（前221），分三十六郡，属会稽郡。汉代时，长兴先后属扬州、会稽、吴兴等郡。晋武帝太康三年（282），从乌程县中分出，建长城县，属吴兴郡。南朝宋永初三年（422），分宣城郡的广德、吴兴郡的故鄣和长城、阳羡郡的阳羡和义乡 5 个县地置绥安县，属义兴郡。除西北境部分地域划归绥安县以外，长城县境其他地域如旧，历经宋、齐、梁、陈四朝，辖区未变，梁敬帝绍泰元年（555）于吴兴置震州，未几州废，仍名吴兴郡。

三、隋唐至五代

隋开皇九年（589）灭陈，罢吴兴郡，废长城县，长兴并入乌程县，属苏州。仁寿二年（602），复立长城县，属湖州。唐武德七年（624），罢雉州，以安吉、原乡两县入长城县，属湖州，长城县由此始辖泗安、和平之地。雉城成为县治所在地。五代后梁开平四年（910），吴越王钱镠改长城县为长兴县，自此县名一直沿袭至今。

四、宋朝至明朝

北宋太平兴国三年（978），吴越国纳土归宋，长兴隶属两浙路。元朝元贞元年（1295），长兴升县为州，仍属湖州路。至正二十二年（1362）复名长兴州。

五、清朝

顺治二年（1645），清兵定浙江，九月，知县文辉入城，长兴县仍属湖州府。同治八年（1869）后，地方官以荒田荒地招垦招佃，河南、湖北、安徽和浙江宁波、绍兴、温州、台州等地人大量迁入长兴，开荒种植，逐渐恢复生机；商贾随之振兴，市场日趋兴旺。

六、民国时期

中华民国元年（1912）1 月 17 日，革命军光复长兴。随即，废府，长兴直属于省。市集以雉城、泗安、虹星桥、夹浦四地最盛。抗战爆发后，长兴成为抗日根据地，长兴人民为这场伟大的民族解放战争做出了巨大的贡献。整个战争期间，全县有 1600 多人参加新四军。长兴军民与日寇浴血奋战，取得了数十次战斗的重大胜利。

七、中华人民共和国成立后

1949 年 4 月 26 日，中国人民解放军解放长兴。5 月 16 日，长兴县人民政府建立，隶属于浙江省第一区专员公署（后改为嘉兴地区专员公署）。1983 年 10 月以来，隶属于湖州市。

第四节　长兴县的主要水系

长兴县境内水系发达，各个水系之间相互贯通，形成纵横交错的水系网络，主要包括西苕溪、泗安塘、箬溪、乌溪等水系。每个水系都有多条支流，在自然力量和人为改造的双重作用下，水系主要河流及支流都经历了多次的河道变迁，甚至可能改道改向。

一、西苕溪水系

《山海经·南山经第一》有"苕水出其阴，北流至于县区，其中多鳖鱼"的记载，但西苕溪的源头究竟在哪里，则多有争议。辛亥革命以前的史料虽有南溪或西溪为西苕溪源头的记述，但均未明确认定西苕溪的正源。一直到 1963 年 10 月，中共浙江省委批准成立了"东、西苕溪流域规划领导小组"，并在有关地县进一步查勘的基础上，于 1964 年 10 月编制完成了《西苕溪流域水利规划阶段报告》，报告认定"西苕溪上游为西溪，发源于天目山脉的天锦堂"。1980 年 10 月，安吉县科协针对当时对西、南两溪源头及西苕溪主流的不同看法，专门组织了农、林、水、史、地、测绘等 6 位专业人员组成的考察小组，对西溪、南溪的源头，包括有关的 4 个公社（即今天的乡镇）和安徽省宁国县的孔夫关、豪天关以及安吉县境内的狮子山、龙王山地区，进行了历时半个月的查勘和考察。经考察后确认西苕溪的主源应为西溪，但其上游有 3 条支流分别为天锦堂、大沿坑、小沿坑。经从 3 条支流的汇合处沿坑口一直查勘到 3 条溪的源头，得出 3 条支流的流长分别为：从沿坑口到天锦堂，流长为 3.15 公里；从沿坑口到大沿坑底，流长为 4.2 公里；从沿坑口到小沿坑底（中间有小沿坑水库），流长为 3.95 公里。由此可知，从沿坑口到大沿坑底比从沿坑口到天锦堂坑底要长 1.05 公里。以上考察成果足以证明，西溪的源头不是在天锦堂，而是在狮子山（位于浙皖边界）北麓安吉县境内的大沿坑底❶。

西苕溪又名龙溪港，因在湖州城区以西，故名。西苕溪干流总长 139 公里，流域面积 2267 平方公里，多年平均流量 52.0 立方米每秒，自然落差 278 米，年径流量 22.6 亿立方米。上游有南溪、西溪两源，西溪为正源，源于浙江安吉和安徽宁国两县交界的天目山北侧、南北龙山之间的天锦堂，东北流至安吉县递铺镇，汇合南溪后，始称西苕溪。水分两支，其中北支系西苕溪道，清同治年间原为西苕溪干流，后遇大水，干流改道，逐渐淤小。故道东北流至安城，复与南支合。南支原为一条小沟，清光绪十五年（1889）遇大水被冲开成为西

---

❶　陆鼎言，张志扬，韩延庆，卢七召：《西苕溪源头考辨》，太湖高级论坛会议论文。

苕溪干流。从塘浦村东流至姚家桥附近，侵占原大溪下游河段，至洪渚渡，有许溪、递溪合流之水从右岸汇入。至安城镇西苕溪由山溪性河道变为平原河道，故道从左岸汇入，主流北流至小溪口经石路村，东流经胥仓桥、徐家坝门、坝水桥，至湖州市与东苕溪汇合。西苕溪长兴段一级支流左岸有胥仓港、泥桥港，右岸有晓墅港、青山港、和平港、长城港。

二、泗安塘水系

泗安塘又称泗安溪，《长兴县志》载："四安溪在县南四十三里，源出四安山方山乡二都，其源一发于石涧诸山，流为（入）盘涧善岸塘，一发于广德诸山，流入本县为荆塘塔水塘，二水合流抵四安镇，始为四安溪，俗呼四安塘。"❶除了"四"字与今日所用"泗"字不同，当指同一水系，这一记载与《长兴水利志》所载"源于安徽省广德县与长兴县交界的青岘岭西麓，向西流至广德县祖宁，折向南流经赵庄、大王村至朱湾，折向东南流入长兴县境内"❷的记载大体吻合，入泗安水库，自泗安水库下游起为泗安塘，经泗安镇、林城镇、虹星桥镇至吕山乡横塘渡向东经钮店桥至吴兴区杨家埠街道塘口村汇入西苕溪，全长41.4公里。

泗安塘水系位于长兴县中部，流域面积为565.5平方公里，其中安徽省境内为55平方公里，在长兴境内流经范围最广、涉及面积最大，河道多弯曲折，主流自西向东入太湖，沿线经过多个集镇，南与西苕溪贯通，北与长兴港相接。从横塘渡到塘口村，河道狭窄，过水断面小，现已非泗安塘主流水系。泗安塘主流水系自上游到林城镇后，下游又多处分流，主流经虹星桥镇到吕山乡横塘渡后左转进入吕山港与张王塘港相接，经南太湖产业集聚区经小箬桥入杨家浦港，经李家巷镇、洪桥镇进入长兴东部水网地带，在洪桥镇金星村杨家浦自然村入太湖，全程74.6公里，其中泗安水库下游鸭鱼桥以下为48.5公里。

泗安塘主流水系途经汇入支流有青东涧、长潮涧、泥桥港、太傅港、姚家桥港、姚家港、陈桥港、观音桥港、里塘港、午山港、沈家桥港、斜桥港、油车桥港、双机埠港、金沙港、八三航道、张王塘港，经杨家浦港，进入东部水网地带后与长湖申航道东线等多条河道相交。泗安镇以上河段为山溪性河流，以下为平原河流，河道弯曲狭窄，河底高程为0～0.50米，河底宽12米左右。河道纵坡大王村以上为7‰，大王村至朱湾为2.5‰，朱湾至泗安水库为1.3‰，泗安水库至天平桥为0.25‰，天平桥以下属平原河道，坡度平缓，河宽为22～30米。

❶ 赵定邦等修、丁宝书等纂：同治《长兴县志》卷一一《水》，《中国方志丛书·华中地方》第586册，台北：成文出版社有限公司，1984年，第1000～1001页。
❷ 长兴水利局编：《长兴水利志》（内部资料），第29页。

泗安塘水系除主流外自林城镇开始又多处分流。1976 年，长兴县发动群众开挖长兴港，上游段又称姚家桥港，在林城集镇上游 500 米处与泗安塘接通，作为泗安塘的分洪道，减轻泗安塘的行洪压力，下游经雉城镇到太湖街道新塘村入太湖。泗安塘到吕山抖门村横塘渡处一直向东，经钮店桥、塘口汇入西苕溪，此段为老泗安塘。泗安塘主流流经吕山乡到南太湖产业集聚区小箬桥，进入杨家浦。另一支由张王塘港经五里桥汇入长兴港。

三、合溪水系

合溪又名箬溪。《长兴县志》载："箬溪在县南五十步，一名顾渚口，一名赵溇，注于太湖。箬溪者，顾野王舆地志云夹溪，悉生箭箬，南岸曰上箬，北岸曰下箬，皆村名……又县前大溪，亦名箬溪……其源出合溪，在画溪下流，穿城东，（注：明初耿炳文筑城开壕环城，遂分流于城外），绕过龙潭湾，至下箬寺会南溪诸水从新塘入太湖。"[1] 这一记载与《长兴县志》（同治本）相对照，两者所载几无差别，当大致不错。箬溪水系指长兴县中部偏北地区，上游姚家桥港北部地区和合溪流域，下游长兴港以北合溪新港以南地区。箬溪水系分南北两支，南支为姚家桥港，集上游来水和姚家桥港两侧来水，在画溪桥处与长兴港中段相接，汇入长兴港，全程 11.6 公里；北支集合溪流域之水经合溪北涧和合溪南涧，汇入合溪水库，调蓄后经长兴港、合溪新港入太湖。合溪北涧发源于煤山镇与江苏省宜兴市交界的襄王岭南麓，经访贤、石庙、二都至草子槽入合溪水库，全长 19 公里；合溪南涧发源于煤山镇青岘岭东麓，集东风岕、仰峰岕、横岕、六都岕来水，折向东南流经坞山塘、何家弄、茅亭样至草子槽汇入合溪水库，主流全长 17 公里。2011 年，合溪水库建成并开始蓄水，合溪南北二涧水源汇入合溪水库，经合溪水库调蓄后，由水库下游流至小浦镇镇湾村后水系一分为二，一路向东由合溪新港经太湖街道彭城村注入太湖，全程 14.85 公里，另一路向南经小浦集镇汇入长兴港于画溪桥处，与姚家桥港来水汇合转折向东，经长兴港在太湖街道新塘村入太湖，全程 20.53 公里。

四、乌溪水系

合溪流域以北诸水系为乌溪，位于长兴县的最北部，涉及水口乡、夹浦镇及龙山街道，流域面积 185 平方公里，其中山区 113 平方公里，平原 72 平方公里。

乌溪水系由金沙涧和常丰涧组成。金沙涧发源于水口乡黄龙头山南麓，向

---

[1] 邢澍等修：嘉庆《长兴县志》卷九《水利》，《中国方志丛书·华中地方》第 601 册，台北：成文出版社有限公司，1983 年，第 570～571 页。

东流经竹茶岕至顾渚颜板桥汇右岸悬臼岕之水，继续向东经金山村和水口村的沉其岭自然村至水口集镇，经徐旺村、后坟村、艺香桥分为两支，北支经王长港、夹浦港、双港头港、丁家渚港进入太湖；南支经包漾湖、盛家漾后分流经鸡笼港、沉渎港入太湖。

常丰涧发源于夹浦镇北川村的北川岕，向东流经北川涧汇南川涧之水经月明村、丁新村，历史上常丰涧到丁新村牧马圩自然村后向南折到长平村田畈村自然村，主流向东经上周港入太湖，另一路在田畈村自然村向南后又折东经张家村自然村和长大自然村入太湖。2001—2002年，常丰涧裁弯取直，新开河由丁新村的牧马圩自然村向东经香山村和长平村直入太湖。

五、太湖溇港

（一）太湖

太湖古名震泽、具区、笠泽、五湖。《方舆胜览》载："太湖在长兴东，东与乌程（湖州）接境，东北与江南荆溪县接境，以大雷山为界。"（大雷山在太湖，距夹浦东北7.5公里。）根据当时国务院内务部（1969年已撤销）1950年《行政区变动》的文件，浙江省太湖区划归苏南行署领导。2001年，江苏、浙江两省对行政区域界线进行了勘定，根据双方签订的《江苏省人民政府与浙江省人民政府联合勘定的行政区域界线协议书》，两省太湖段行政区域界线的具体走向为，从父子岭起，沿浙江段环湖大堤迎水坡脚向湖内垂直延伸70米，到胡溇止，一共300平方公里的水域归湖州（含长兴县）管辖。可见，太湖与长兴水系紧密相连，其区划调整、水位变化与环境变迁无不影响着长兴。

太湖流域辖江、浙、皖、沪三省一直辖市，总流域面积36500平方公里，其中江苏省占53％，浙江省占33.4％，上海市占13.5％，安徽省占0.1％。流域内山地丘陵和河湖水面各占16％，平原低地占68％。太湖水面积1984年为2338.11平方公里。在平均水位2.99米时，湖水容积为44.28亿立方米。

太湖的来水主要由两个水系河流汇入：南路的苕溪水系与西南路的长兴水系，集水面积7000平方公里，总流量的70％水量通过沿湖73条溇港泄入太湖。西路的荆溪水系和洮漏水系，集水面积约8000平方公里，总流量的90％水量分别由宜兴市的太浦港、百渎口及附近的诸港渎入太湖。而在汛期长江水位高涨时，通过河港也有部分江潮倒灌进来，成为太湖水源之一。

（二）溇港

溇港始建于春秋战国时期，历经1000多年的修筑和整治，至五代时期形成了完整的溇港水利体系。它集水利、经济、生态、文化于一体，具有"灌""排""引""降""泄""蓄""调""分""运"等九大功能，也是孕育吴越文化、丝绸之府、鱼米之乡、财富之区的重要载体，是太湖流域古代劳动人民在利用和改造潴湖低湿洼地，变涂泥为沃土的独特的水利工程创造。这一水利系统至今已运行了近 2000 年，其独特的架构、宏大的规模、科学的设计代表了农耕文明时代水利水运工程技术发展的最高水平。随着太湖沿岸出现了环湖大堤，节制太湖蓄泄的涵闸港道体系基本建设完成，在滩涂上诞生了河渠、农田、乡村、市镇以及周密的水利管理系统和制度，逐渐形成了"十里一横塘、七里一纵浦"的太湖溇港与塘浦圩田系统，曾经地广人稀的太湖流域，成为无饥馑之患的鱼米之乡。

长兴县境内的夹浦镇、太湖街道、洪桥镇 3 乡镇东濒太湖，地表水皆通过诸溇港入太湖。溇港起着排涝、灌溉、航运等作用。境内溇港原有 34 条，1949年前已湮废的有双桥港、卢渎港、殷南港、福缘港等。1949 年后，新开合溪新港和庙桥港（下接小沉渎港入太湖）。原有溇港大多狭、浅、短，1949 年后分期分批进行了拓宽浚深治理，主要担负排灌任务的有夹浦港、合溪新港、长兴港、杨家浦港、横山港等 5 条。现尚能通水的有 32 条。此外，湖口段淤塞的有石仙港、竹小港、宋家港、花桥港、芦圻港、坍缺港、白茆港、蒋港、窦渎港、蔡浦港等 10 条。

一方水土养一方人，一个地方的发展都是立足于当地的自然地理环境，是当地生产生活开展的基础。发达的水系既给长兴人民带来了丰富的物产，也造成了无数的灾难。正是在这样的环境下，长兴人与水共存，既相争，又相容，在纵横交错的水网中寻找生存的空间，成就了历史上"苏湖熟，天下足"的辉煌，也谱写了一曲战天斗地的英雄赞歌。正是得益于此，我们今天才得以饱蘸笔墨，书就一部悠久而又辉煌的长兴水利发展史。

第二章 萌芽草创：先秦至五代时期的长兴水利

第一节　远古时期的先民水利建设

长兴地区早在史前时期就有先民在此生活。根据近代以来的考古发掘，长兴地域先民所创建的文化曾长期属于良渚文明。而据目前最新的考古发现，距今 4000～5500 年前的良渚文化拥有着当时极为先进且规模宏大的防洪、运输、灌溉、用水等水利设施与技术。如良渚古城的外围水利系统分布于今杭州市余杭区，位于良渚古城的西、北两面，分别为山前长堤、连接山谷谷口的高堤与连接平原孤丘的低坝三类，由 11 条堤坝组成；分别构成塘山水坝群，北靠天目山余脉，距离山脚 100～200 米，遗迹全长约 5 公里，由现隆起于地表的狭长型土丘断续相连，残高 2～7 米、宽 20～50 米，大致可分为三段：西段从毛元岭至西施坞—横堂山的南北向高垄为止，呈弧形分布，为单层坝结构，北侧为河道；中段从横堂山至翁家头，为南北双层坝体结构，南北两坝间距 20～30 米，保持同步转折，形成类似渠道结构，该渠道与西段坝体北侧的古河道相连；东段为单坝结构，不和中段的南坝相连，在北侧石岭村与高垄连接，向东呈直线分布，并与山体逐渐靠近，中间留有水口。鲤鱼山水坝群，东南毗邻北湖泄洪区、南临北苕溪，有狮子山、鲤鱼山、官山与梧桐弄四条坝体；狮子山水坝残长约 90 米、宽约 90 米，坝顶海拔约 10 米；鲤鱼山水坝长 360 米、宽约 80 米，坝体形态狭长；官山水坝长 130 米，底宽约 100 米；梧桐弄水坝东西长约 35 米，南北宽约 50 米，体量较小；这 4 条水坝连接断续的小山，形成低坝系统❶。而高坝

---

❶　相关考古数据详见王宁远：《杭州市良渚古城外围水利系统的考古调查》，《考古》2015 年第 1 期。

系统的代表老虎岭水坝由岗公岭、老虎岭、周家畈、秋坞、石坞与蜜蜂弄六条坝体分东、西两组；老虎岭与岗公岭、周家畈三处水坝共同封堵岗公岭西侧主山谷和前山东侧支谷来水，形成水库。今考古发现的残存老虎岭水坝连接东侧的老虎岭与西侧的畚箕坞，呈西北—东南方向，长约135米、残高13.5米，残体海拔约24米。据勘测，残存坝体的堆积大致可分为5层，分别为：第一层，灰黄色土，土质较纯净、松软，厚0～2.6米；第二层，灰褐色土，夹杂少量风化岩石颗粒，厚0～3.5米；第三层，黄褐色土，颜色驳杂，夹杂较多风化岩石碎块，厚0～4.4米；第四层，浅黄色黏土，夹杂褐色水锈斑，厚0～2.7米；第五层，青膏泥，致密，厚0～4米；坝体尤以草裹泥堆积为主❶。

据碳14年代测定，这些水坝基本都建造于良渚文化早中期，早于良渚古城的构建年代。这些坝群的建造工作量巨大，承载的降水量达到百年一遇，在防洪方面主要是阻挡诸如台风登陆时的特大暴雨对良渚聚居区的威胁。良渚古城周边水系与外围水利工程基本互相连通，通过翻坝转运的方式可以将山中的石料、木材等物资通过水路运输到古城附近。与此同时，这些坝群还以壕沟与水体阻隔来自西部和北部的潜在威胁，从而与南部的东苕溪、东部的沼泽地域，共同构成良渚古城的外围防御体系。❷

综上所述，包括今长兴地域的先民共同创造了良渚文化远超同时代科技水平的集水利灌溉、运输、防洪、用水于一体的堤坝体系，充分展现了包括长兴先民在内的良渚文化极为先进的水利技术与思想。

再观中国古代史籍所记载的炎黄五帝等传说时代，据"当帝尧之时，鸿水滔天，浩浩怀山襄陵，下民其忧。尧求能治水者，群臣四岳皆曰鲧可。……于是尧听四岳，用鲧治水。九年而水不息，功用不成。……（舜）行视鲧之治水无状，乃殛鲧于羽山以死。天下皆以舜之诛为是。于是舜举鲧子禹，而使续鲧之业。……禹乃遂与益、后稷奉帝命，命诸侯百姓与人徒以傅土，行山表木，定高山大川。禹伤先人父鲧功之不成受诛，乃劳身焦思，居外十三年，过家门不敢入。薄衣食，致孝于鬼神。卑宫室，致费于沟淢。陆行乘车，水行乘船，泥行乘橇，山行乘檋。左准绳，右规矩，载四时，以开九州，通九道，陂九泽，度九山"❸ 的记载，可知传说尧舜时代曾发生大规模、长时段的洪涝灾害。而长兴县域内的"舜田在长兴县，《统纪》云：尧时洪水，于此山作市。唐僧皎然诗曰：尧市人稀紫荀多。皮日休诗云：闲寻尧市山。此山下田，父老号曰'舜

---

❶ 相关考古数据详见郎剑锋等：《杭州市余杭区良渚古城外围水利系统老虎岭水坝考古勘探与发掘》，《考古》2021年第6期。

❷ 刘建国等：《空间分析技术支持的良渚古城外围水利工程研究》，《江汉考古》2018年第4期。

❸ 《史记》卷二《夏本纪第二》，北京：中华书局，1982年，第50～51页。

田'。见《旧编》"❶、"尧市山，在（长兴）县东北三十六里，高五千四百尺。《山墟名》云：尧时洪水，居民于此山作市。今山上有池可广一亩。《统记》"❷与"舜渔于大小雷。（馀渔浦）此乡之人，舜时化之。昔捕渔之人来居此，浦名之"❸等记叙也充分反映了后人对于该时期长兴域内这次大规模洪涝灾害的历史记忆与认知。

又据传说"洪水滔天。鲧窃帝之息壤以堙洪水，不待帝命"❹及晋代郭璞认为"息壤者言土自长息无限，故可以塞洪水也。《开筮》曰：'滔滔洪水，无所止极，伯鲧乃以息石息壤，以填洪水。'汉元帝时，临淮徐县地踊长五六里，高二丈，即息壤之类也"❺的记载推测，以传说人物鲧为代表的华夏先民在当时可能已经在实际的水利治理工作中产生并运用了筑坝截水的理念。但值得注意的是，时值史前大洪水的时代，又处于地球气候的温暖期，单一依靠堵截是很难治理水患的，传说中鲧治水数十年不成，因而成为"四凶"之一被舜处死也说明了这一点。

又如防风与鲧、玄龟一起治水，"这样扔（小青泥山）扔了九天九夜，把大片洪水挤到海里去啦，出现了一大片有山有水的好地盘"；"防风又看看地形，再用脚踏出一条条深沟，把洪水统统余到低地里去。这块低地就是现在的太湖"；防风"使洪水北泄太湖，东流大海，南余钱塘，使'水地'变成'旱地'"；鲧和防风"把治水的事包了"，还从天上偷来"见水就长"的色土，用来治水；防风"曾经和大禹阿爹鲧一起治过水"；防风"日日夜夜与部落先民一起开出一条条江流，将太湖大水，排泄到大海里去"❻等民间神话传说中活跃于江浙一带与鲧一起治水的防风氏形象可能就是包括长兴在内的江南地域对炎黄五帝传说时代当地洪水治理的历史记忆。

袁珂先生复据"或曰禹治洪水时，有神龙以尾画（地），导水径所当决者，因而治之"❼、"禹乃以息土填洪水以为名山"❽等记载认为"知禹治洪水初亦专

❶　王象之撰：《舆地纪胜》卷四《两浙西路．安吉州》，北京：中华书局，1992年，第218页。
❷　谈钥纂修：《嘉泰吴兴志》卷四《山·长城县》，见中华书局编辑部编：《宋元方志丛刊》，北京：中华书局，1990年，第4698页。
❸　周处撰：《风土记》，乐史撰、王文楚等点校：《太平寰宇记》卷九四《江南东道六·湖州》，北京：中华书局，2007年，第1895～1896页。
❹　袁珂校注：《山海经校注·海经新释》卷一三《海内经》，北京：北京联合出版公司，2014年，第395页。
❺　袁珂校注：《山海经校注·海经新释》卷一三《海内经》，北京：北京联合出版公司，2014年，第395页注［一］。
❻　钟伟今：《防风氏历史的野活化石冶》，中国柯桥网，2009年8月17日。
❼　袁珂校注：《山海经校注·海经新释》卷九《大荒东经》，北京：北京联合出版公司，2014年，第307页注［七］"王逸注"。
❽　刘文典：《淮南鸿烈集解》卷四《坠形训》，北京：中华书局，1989年，第133页。

用湮塞之一法，与其父同，非若历史记叙禹用疏而鲧用湮也。逮后文明日进，反映于神话中治水之禹乃始湮疏并用，故《天问》于'洪泉极深，何以寘之'问语之后，乃复有'应龙何画？河海何历'问语，'寘之'者湮也；'何画'者疏也；是《天问》之禹已湮疏并用矣。《拾遗记》'黄龙曳尾'、'玄龟负青泥'仍湮疏并用也。而《海内经》所记'帝卒命禹布土定九州'，乃专主于湮，是《海内经》之神话，较天问更原始，犹存古神话本貌，洵可珍也"❶。由此推测，大禹治水传说也经历了由堵截为主向疏堵结合的治水观念再造的过程，这可能也反映了华夏先民的水利思想与技术在治理史前洪水的实践中不断发展、进步的历史进程。

无论是鲧所代表的先民的堵截治水理念还是经过重塑的大禹疏堵结合观念，其所反映的都是长兴先民在内的华夏先民水利思想、技术与实践不断发展进步的表现，也展现了长兴先民所属华夏族群利用自身智慧不断与恶劣灾害做对抗的斗争精神。

第二节　先秦时期的早期水利建设

进入春秋战国时期，今长兴地域先后隶属于吴、越及楚三个国家管辖。三个诸侯国对于今长兴地域的水利建设主要相对集中于太湖流域上游沙流及平原的治理。据"太湖，周三万六千顷"❷的记载可知，春秋战国时期太湖的水域面积与流域面积均较为可观。因此，今长兴平原的大部分为太湖水域及其支流所覆盖，治理太湖及其支流成为当时区域水利建设的关键所在。

据现存春秋战国时期的相关记载，吴、越、楚三国对于太湖区域水利设施的建设与疏浚、护理，以及相关水域运河的开发涉及太湖全域。今长兴所在的太湖西南区块涉及吴、越、楚的水利建设记载亦有一些，这意味着该地域在当时已有大量水利工程的建设及相关活动的进行。据"鱼陂在长兴县南七十五里，吴夫槩养鱼之所"❸、"胥塘在长兴县南四十五里，《山墟名》云：昔伍子胥所筑"❹、"蠡塘在长兴县东三十五里，《山墟名》云：昔越相范蠡所筑"❸、"西湖，在（长兴）县西南五里。塘高一丈五尺，周迴七十里。《山墟名》云：'西湖，一名吴城湖。昔吴王阖闾筑吴城，使百姓輂土于此，浸而为湖。阖闾弟夫槩因而创

❶ 袁珂校注：《山海经校注·海经新释》卷一三《海内经》，北京：北京联合出版公司，2014年，第397页注［五］。
❷ 李步嘉校释：《越绝书校释》越绝卷二《越绝外传记吴地传第三》，北京：中华书局，2013年，第38页。
❸ 王象之撰：《舆地纪胜》卷四《两浙西路·安吉州》，北京：中华书局，1992年，第225页。
❹ 王象之撰：《舆地纪胜》卷四《两浙西路·安吉州》，北京：中华书局，1992年，第226页。

之.'《吴兴记》云："西湖，昔吴王夫槩所立."❶ 等后人记述推测，至少在后世人们的心目中流传着吴、越等国曾在太湖西南区域进行过水利开发的历史记忆。而之所以相关记载数量与影响远不及太湖东部地域的情况，可能与太湖西南部地域属天目山余脉所在的山地丘陵地貌，大型水利设施、堤坝、运河等工程建设难度与耗费较大，因此该地域的水利建设偏向小型工程、零散分布、因循地貌做简单建设等特点有关。后世今长兴一带水利建设多陂塘、堰闸，满足区域灌溉用水需要，正是对春秋时期该地域水利建设基本情况的印证。

　　另一个值得注意的是，从"陂塘污庳，以钟其美。蓄水曰陂，塘也"❷、《水经注》"水积之处，谓之陂塘，津渠交络，枝布川隰矣"❸ 等对陂塘及其功用的记载，结合上文所见后世对该地域初春秋战国时期水利工程的历史记忆如鱼陂、胥塘、蠡塘等的描述，推测可能早在春秋战国时期今长兴所在的太湖西南部地区就已经出现了陂塘这一水利设施，只不过该时期的陂塘水利设施的功能上可能相较于此后成熟的陂塘水利工程有所欠缺而已。

　　综上所述，春秋战国时期，今长兴所属的太湖西南区域围绕着太湖水利的治理与利用已经兴建了相当数量的水利设施。这些水利设施的建设总体上可能呈现出适配山地丘陵做简单联结等建设工作等特点。而且该时期所建设的陂塘等水利工程尚处于较为早期的技术阶段，尽管在总体上已经具备了后世技术成熟状态下水利设施的基本特征与大致用途，但可能仍存在功能单一、效率低下等缺陷。

第三节　两汉时期的农田水利建设

　　两汉时期，今长兴地域先隶属扬州会稽郡；东汉顺帝（126—145）时期因析会稽郡而转归吴郡管辖❹。其时，无论是会稽郡抑或吴郡均远离两汉国家的政治中心与经济中心。故而，两汉国家与士人对于太湖西南部地域所在的江南广大地区的认知普遍为"楚越之地，地广人稀，饭稻羹鱼，或火耕而水耨，果隋赢蛤，不待贾而足。地势饶食，无饥馑之患。以故呰窳偷生，无积聚而多贫。

---

❶　乐史撰、王文楚等点校：《太平寰宇记》卷九四《江南东道六·湖州》，北京：中华书局，2007年，第1894页。

❷　徐元诰撰、王树民等点校：《国语集解》卷三《周语下第三》，北京：中华书局，2002年，第93页。

❸　郦道元注、（民国）杨守敬等疏、段熙仲点校、陈桥驿复校：《水经注疏》卷二一《汝水》，南京：江苏古籍出版社，1989年，第1788页。

❹　司马彪：《续汉书》志二二《郡国志四》，见《后汉书》，北京：中华书局，1965年，第3489页。

是故江淮以南，无冻饿之人，亦无千金之家"❶ 等"江南火耕水耨"❷ 的耕种、生活印象。而无论是将火耕水耨的耕种方式理解为"《正义》：言风草下种，苗生大而草生小，以水灌之，则草死而苗无损也。耨，除草也"❸，抑或是"应邵曰：'烧草，下水种稻，草与稻并生，高七八寸，因悉芟去，复下水灌之，草死，独稻长，所谓火耕水耨也'"❹；可以肯定的就是这种耕种方式需要大量的水。这就要求包括太湖西南部在内的江南广大使用火耕水耨方式的地域大力兴修农田水渠、陂塘等水利灌溉与排放设施。由此推测，两汉之际，太湖西南部地域可能在春秋战国时期本地已有陂塘等水利工程的基础上，兴建了相当数量的水利设施以供火耕水耨耕种方式的农田用水之需。

又据元鼎二年（前115）"秋九月诏曰：……今水漂移于江南，迫隆冬至。朕惧其饥寒不活。江南之地，火耕水耨"❺ 的记载推测，两汉之际的太湖西南部地域可能经常遭受水旱灾害的威胁，并且伴随着水旱灾害的爆发还有自然或人为导致的次生灾害的发生，从而造成大量人口伤亡、经济崩溃等巨大损失。因此，当地的政府或民众为应对或预防水旱及其次生灾害的发生，也必须进行疏通河道、加固堤防、修筑堤堰、挖掘陂塘等一系列水利工程。

由此可见，两汉之际的太湖西南地域无论是火耕水耨的耕种方式还是防止水旱灾害的发生，都显著表明该地域曾兴建大量的陂塘、沟渠、堤坝等水利设施以及疏通河道等水利工程。而有关两汉该地域水利建设的记载不仅在数量上少得可怜，且仅有的记载也显得乏善可陈。究其原因可能与以下几个方面的因素密切相关：首先，两汉吴郡特别是乌程县境内的水利设施与工程大部分可能是郡县地方政府或当地士绅百姓主持兴建的，两汉中央政府组织的水利活动似乎较少。"皋塘在长兴县东北二十五里。汉元始中，吴人皋伯通筑以障太湖"❻ 的记载似乎也佐证了这一点。而地方或民间自发组织的水利兴建活动在影响力与传播广度上自然无法与中央政府主导的相媲美。其次，受限于太湖西南部天目山余脉的山地丘陵地形，乌程县境内的水利工程相对规模较小，施工时间、动用人力物力相对也较少。该时期太湖西南部的水利工程可能大部分以陂塘、沟渠、堤坝为主，因此工程的影响力、流传度也相对不足。第三，乌程在两汉

---

❶ 《史记》卷一二九《货殖列传》，第3270页。《汉书》（卷二八下《地理志下》，北京：中华书局，1962年，第1666页）载，"楚有江汉川泽山林之饶；江南地广，或火耕水耨。民食鱼稻，以渔猎山伐为业，果蓏蠃蛤，食物常足。故呰窳媮生，而亡积聚，饮食还给，不忧冻饿，亦亡千金之家。"

❷ 《史记》卷三《平准书》，北京：中华书局，1959年，第1437页。

❸ 《史记》卷一二九《货殖列传》，北京：中华书局，1959年，第3270页注［一］引。

❹ 《史记》卷三《平准书》，北京：中华书局，1959年，第1437页注［一］引《集解》。

❺ 《汉书》卷六《武帝纪》，北京：中华书局，1962年，第182页。

❻ 穆彰阿等纂修：《大清一统志》卷二八九《湖州府一》，上海：上海古籍出版社，2008年，第7分册，第24页。

时代是地广人稀的偏远小县，因此两汉中央政府与会稽或吴郡二郡政府都不太可能将主要的治理精力投放到乌程，这也导致了由中央政府或郡府主导的大型水利建设较少出现在乌程县辖境。❶ 因此，即便如"荆塘，在西安镇西十五里，《旧志》：县南九十里，误。汉荆王（刘）贾所筑"❷ 这样由西汉较高层级政府或官僚主持修建今长兴水利工程的历史记忆亦颇为罕见。

综上所述，两汉时期今长兴地域所属之乌程县的水利工程兴建由于缺乏两汉中央政府及会稽或吴二郡府的支持、大部分可能只能依靠乌程本县府或地方士绅百姓的组织，以及当地山地丘陵地形的限制，因此可能以进行陂塘、沟渠、堤坝等水利设施建设为主。

第四节　六朝时期的农田水利建设

进入六朝时期，随着中国北方黄河流域被北方游牧民族所占据，中原农耕政权南渡长江。在定都建康（今南京）后，今长兴所属的太湖西南部地域一跃成为了六朝国家的统治核心区域。晋武帝太康三年（282），分乌程县设长城县❸。这不仅意味着今长兴地域真正成为一个独立的行政单位，更预示着太湖西南地域即将迎来一个快速发展的历史契机。特别是在 557 年，出生于"吴兴长城下若里"❹ 的陈霸先建立南朝陈政权之后，作为帝王故里的长城县域水利建设也进入了一个迅速发展的高潮期。

据"永昌二年（323）五月，荆州及丹杨、宣城、吴兴、寿春大水"❺、"明帝太宁元年（323）五月，丹杨、宣城、吴兴、寿春大水"❺、"（成帝咸和）四年（329）七月，丹杨、宣城、吴兴、会稽大水"❺、海西太和六年（371）"丹杨、晋陵、吴郡、吴兴、临海五郡又大水，稻稼荡没，黎庶饥馑"❻、宁康二年（374）"夏四月壬戌，皇太后诏曰：'……又三吴奥壤，股肱望郡，而水旱并臻，

❶　详见冀朝鼎著、岳玉庆译：《中国历史上的基本经济区》，杭州：浙江人民出版社，2016 年，第 36 页。

❷　赵定邦等修、丁宝书等纂：同治《长兴县志》卷一一《水》，《中国方志丛书·华中地方》第 586 册，台北：成文出版社有限公司，1984 年，第 1031 页。《永乐大典》：解缙等编，卷二二七六《湖州府》（见成文出版社编：《湖州府》，台北：成文出版社有限公司，1984 年，第 105 页）载，"荆塘，在长兴县南九十里，《山墟名》云：汉荆王（刘）贾所筑。"

❸　《宋书》（卷三五《州郡志一》，北京：中华书局，1974 年，第 1033 页）载，"长城令，晋武帝太康三年，分乌程立。"

❹　《陈书》卷一《高祖本纪上》，北京：中华书局，1973 年，第 1 页。

❺　《晋书》卷二七《五行志上》，北京：中华书局，1974 年，第 815 页。

❻　《晋书》卷二七《五行志上》，北京：中华书局，1974 年，第 816 页。

百姓失业，……三吴义兴、晋陵及会稽遭水之县尤甚者，……'"❶、元嘉十二年（435）"六月，丹阳、淮南、吴兴、义兴大水，京邑乘船"❷、大明元年（457）"五月，吴兴、义兴大水，民饥"❸等记载可知，六朝时期，今长兴地域所属之吴兴郡长城县曾长期、频繁地遭受较大规模的水灾。又据咸安二年（372）"三吴大旱，人多饿死，诏所在振给"❹的记载推测，六朝时期长城县所属的吴兴郡所在的三吴地域还曾暴发多次大规模的旱灾。

　　频仍的水旱灾害、人口增长以及北方移民所带来先进农业技术的推广都促使作为六朝核心经济区一部分的吴兴郡长城县地域成为六朝时期水利工程建设的重点区域。据"明年（元嘉二十二年，445），（刘）濬上言：'所统吴兴郡，衿带重山，地多汗泽，泉流归集，疏决迟壅，时雨未过，已至漂没。或方春辍耕，或开秋沈稼，田家徒苦，防遏无方。彼邦奥区，地沃民阜，一岁称稔，则穰被京城，时或水潦，则数郡为灾。顷年以来，俭多丰寡，虽赈赍周给，倾耗国储，公私之弊，方在未已。州民姚峤比通便宜，以为二吴、晋陵、义兴四郡，同注太湖，而松江沪渎壅噎不利，故处处涌溢，浸渍成灾。欲从武康紵溪开漕谷湖，直出海口，一百余里，穿渠洺必无阂滞。……寻四郡同患，非独吴兴，若此洺获通，列邦蒙益。……今欲且开小漕，观试流势，辄差乌程、武康、东迁三县近民，即时营作。……'从之。功竟不立"❺与"吴兴郡屡以水灾失收，有上言当漕大渎以泻浙江。中大通二年春，诏遣前交州刺史王弁假节，发吴郡、吴兴、义兴三郡民丁就役。太子上疏曰：'伏闻当发王弁等上东三郡民丁，开漕沟渠，导泄震泽，使吴兴一境，无复水灾，诚矜恤之至仁，经略之远旨。暂劳永逸，必获后利。……所闻吴兴累年失收，民颇流移。……即日东境谷稼犹贵，劫盗屡起，……不审可得权停此功，待优实以不？……'高祖优诏以喻焉"❻的记载可知，为防止水旱灾害的发生，六朝中央政府曾试图多次在长城县所属之吴兴郡辖境修筑沟渠水漕等设施以疏导太湖与东苕溪的水流，但均因种种原因而失败。

　　此外，六朝时期的长城县境内还修建了大量的水利设施。如"孙塘，在

❶　《晋书》卷九《孝武帝纪》，北京：中华书局，1974年，第226页。

❷　《宋书》卷五《文帝纪》，第83页。《宋书》卷三三《五行志四》（第957页）亦载，"元嘉十二年六月，丹阳、淮南、吴、吴兴、义兴五郡大水，京邑乘船。"

❸　《宋书》卷六《孝武帝纪》，北京：中华书局，1974年，第120页。

❹　《晋书》卷九《孝武帝纪》，北京：中华书局，1974年，第224页。

❺　《宋书》卷九九《二凶传·刘濬传》，北京：中华书局，1974年，第2435～2436页。

❻　《梁书》卷八《昭明太子传》，北京：中华书局，1973年，第168～169页。

（长兴）县西南八十五里，吴黄龙元年孙皓为乌程侯筑"❶ 所涉之孙塘即传言为孙吴末帝孙皓主持修筑。又如"官塘，在县南七十里，晋谢安筑，一名谢公塘"❷ 与"官塘，在县南七十里，周一百丈。晋怀帝永（原文作'元'，疑误）嘉元年吴兴太守谢安筑，时号谢公塘，有碑不存"❸ 所载之官塘即传说由东晋著名宰相谢安修筑而成，极大地便利了长城县当地的耕种与生活用水。复如"在天居旧寺旁有五井，其一晋永（原文作'天'，疑误）嘉中县令陈达所穿"❹ 中的五井之一即传说为晋永嘉（307—312）时县令陈达所凿。而传说陈朝曾有"陈家澫，在（长兴）县北，陈武帝所閮"❺。

六朝时期长城县的另一较大水利工程则为疏凿西湖，"梁范云《治西湖诗》曰：史氏导漳水，西门溉河潮。图始未能悦，克终良可要。擁锸劝年首，提爵劳春朝。平皋草色嫩，通林鸟声娇。已集故池鹜，行时新田苗。何吁畚筑苦，方驥鱼稻饶"❻ 的描写充分说明因修建水利工程而形成的西湖不仅为长城县的农业与渔业、养殖提供了十分重要的水资源与空间，而且还以秀丽的风景成为长城县乃至吴兴郡的一处盛景。

此外，据"顾野王《舆地志》云：'夹溪悉生箭箸，南岸曰上箸，北岸曰下箸，二箸皆村名。村人取下箸水酿酒，醇美胜于云阳，俗称箸下酒。'韦昭《吴录》云：'乌程箸下酒有名。'山谦之《吴兴记》云：'上、下二箸村并出美酒。'张协《七命》曰：'酒则荆南乌程。'则此酒也"❼ 的记载可知，六朝时期以今长兴境内上下箸村的水所酿造的箸下酒乃是当时享誉南北的美酒之一。

凡此种种，皆表明六朝时期今长兴地域所属之吴兴郡长城县在水利建设的数量与规模上均远远超过了此前的时代。而这些水利工程的开展一方面是为了抵御该时段当地频仍的水旱灾害；另一方面也是由于该地域在六朝已成为建康中央政权的核心经济区，必须大力发展水利事业以提高农、渔、养殖等产量，

---

❶ 同治《长兴县志》卷一一《水》，《中国方志丛书·华中地方》第586册，台北：成文出版社有限公司，1984年，第1032页。《永乐大典》（卷二二七六《湖州府》，见《湖州府》，第105页）载，"孙塘，在长兴县南一里，《山墟名》云：孙皓封乌程侯时筑。"

❷ 穆彰阿等纂修：《大清一统志》卷二八九《湖州府一》，上海：上海古籍出版社，2008年，第7分册，第24页。

❸ 同治《长兴县志》卷一一《水》，《中国方志丛书·华中地方》第586册，台北：成文出版社有限公司，1984年，第1031页。

❹ 同治《长兴县志》卷一一《水》，《中国方志丛书·华中地方》第586册，台北：成文出版社有限公司，1984年，第1071页。

❺ 同治《长兴县志》卷一一《水》，《中国方志丛书·华中地方》第586册，台北：成文出版社有限公司，1984年，第1076页。

❻ 欧阳询撰：《艺文类聚》卷九《水部下·湖》引，上海：上海古籍出版社，1999年，第169页。

❼ 乐史撰、王文楚等点校：《太平寰宇记》卷九四《江南东道六·湖州》，北京：中华书局，2007年，第1894～1895页。

从而保障首都健康的物资供应。

第五节　隋唐五代时期的长兴水利

　　隋唐五代时期，今长兴地域长期隶属于唐江南东道湖州长城县❶，五代则为吴越国所管辖。随着公元 581 年隋灭陈、南北重新一统，以及大运河的开凿与贯通，湖州长城县所在的江南地域在六朝经济发展的基础上得到了继续发展的动力。特别是在安史之乱暴发以后，中国历史上的第二次人口大迁徙使得大量北方人口南渡江南。无论是大运河贯通所带来的经济发展，抑或北人南移带来的人口压力都要求长城县在六朝水利设施的基础上继续发展本地水利事业以提高农、渔、养殖等产业的生产水平与产量。而该时期的水利建设似应以唐贞元时期湖州刺史于頔兴复西湖最为史书所称道，于頔"出为湖州刺史。因行县至长城方山，其下有水曰西湖，南朝疏凿，溉田三千顷，久堙废。頔命设堤塘以复之，岁获秔稻蒲鱼之利，人赖以济"❷。又据"泊于頔大夫作塘，贮水溉田三千顷"❸ 及于頔"出为湖州刺史。部有湖陂，异时溉田三千顷，久蔑废，頔行县，命修复隄阏，岁获秔稻蒲鱼无虑万计"❹、"塘高一丈五尺，唐刺史于頔修，亦呼'于公塘'"❺ 等记载推测，唐贞元十三年（797）湖州刺史于頔在南朝旧有陂塘的基础上，对西湖的淤塞进行了疏浚，加高、加固了堤坝与塘堰，另开水门四十所，引方山泉注之❻。从而令相关陂塘堤坝与西湖重新发挥灌溉、养殖、蓄水、运输等相关功用，并在规模与利用率上大大提高。"湖中出佳莼，尝

---

　　❶　李吉甫撰、贺次君点校：《元和郡县图志》卷二五《江南道一·湖州》，北京：中华书局，1983年，第605页。

　　❷　《旧唐书》卷一五六《于頔传》，北京：中华书局，1975年，第 4129 页。《唐会要》（王溥撰，卷八九《疏凿利人》，上海：上海古籍出版社，2006年，第 1923 页）载，"（贞元）十三年，湖州刺史于頔复长城县方山之西湖。西湖，南朝疏凿，溉田三千顷，岁久堙废，至是复之，秔稻蒲鱼之利，赖以济。"《新唐书》（卷四一《地理志五》，北京：中华书局，1975年，第 1059 页）载，唐长城县"有西湖，溉田三千顷，其后堙废，贞元十三年，刺史于頔复之，人赖其利"。

　　❸　顾况：《湖州刺史厅壁记》，见李昉等编：《文苑英华》卷八　一《厅壁五·州郡中》引，北京：中华书局，1966年，第 4238 页。

　　❹　《新唐书》卷一七二《于頔传》，北京：中华书局，1975年，第 5199 页。

　　❺　《嘉泰吴兴志》卷五《河渎·长城县》，见《宋元方志丛刊》，第 4708 页。

　　❻　《太平寰宇记》卷九四《江南东道六．湖州》，第 1894 页。《嘉泰吴兴志》（卷五《河渎·长城县》，见《宋元方志丛刊》，第 4708 页）作"西湖，在（长兴）县西南五里，周回七十里。《山墟名》云：一名吴越湖。傍溉三万顷，有水门二十四所，引方山源注焉。湖见《统记》、《图经》、《旧编》"。

贡"❶、"岁获秔稻蒲鱼万计，民赖其利，号为于公塘"❷ 等记载就是最好的佐证。而于頔本人也因此水利工程之利国利民而"后立祠于公塘县。元和中，范传正复令县令权逢吉去塘内田及决堰以复古迹。咸通中，刺史源重重建，县令满虔重修"❸。

五代吴越时期，对太湖的梳理亦是长城县域内水利治理的重点之一。据天宝八年（915）钱镠"置都水营使以主水事，募卒为都，号曰'撩浅军'，亦谓之'撩清'；命于太湖旁置'撩清卒'四部，凡七八千人，常为田事，治河筑堤，一路径下吴淞江，一路自急水港下澱山湖入海，居民旱则运水种田，涝则引水出田"❹ 的记载可知，吴越曾于长城县等太湖沿岸设置专门管理水利的官员与机构，配有专属军事化管理的人员，负责梳理太湖水利，为农业用水提供便利。

又据"斯圻港……俱在（长兴）县东北，下通太湖，旧传有七十二港。吴越钱氏时，沿湖有隄港，各有闸，岁久湮废，所存止此。古今称谓不同，莫可考"❺ 的记载可证，吴越国还曾于太湖沿岸大肆兴修配备闸门的堤堰以作调节太湖及周边农田水量之用。

由此推测，隋唐五代时期，湖州长城县一方面继续维护巩固六朝时期所兴建的水利设施，并在此基础上进行疏浚、扩大，以提高旧有水利设施的功效与利用率；另一方面也结合当地的地形地貌与社会经济发展实际，对太湖、苕溪等域内河湖进行有针对性的水利建设与维护，在充分利用这些水资源的同时，尽量避免或减少水旱灾害的损害，同时为农、渔、养殖等产业的发展提供最大限度的水利优势。与此同时，维护、兴建、开发水利工程造福地方也已成为隋唐五代湖州特别是长城县民众评价地方政府与官僚士绅的重要标准之一。由此推测，水利建设已经成为长城县政府、官僚士绅与百姓最为关注的地方大事之一。长城县的水利发展可能也在该时期进入了一个发展的新高潮。

❶　乐史撰、王文楚等点校：《太平寰宇记》卷九四《江南东道六·湖州》，北京：中华书局，2007年，第1894页。

❷　顾祖禹撰、贺次君等点校：《读史方舆纪要》卷九一《浙江三·湖州府》，北京：中华书局，2005年，第4193页。

❸　《嘉泰吴兴志》卷五《河渎·长城县》，见《宋元方志丛刊》，第4708页。

❹　吴任臣撰：《十国春秋》卷七八《吴越二·武肃王世家下》，北京：中华书局，2010年，第1090页。

❺　同治《长兴县志》卷一一《水》，《中国方志丛书·华中地方》第586册，台北：成文出版社有限公司，1984年，第1046页。

第三章　转型重构：宋元时期的水利建设

第一节　水环境与水利工程

一、北宋早期塘浦大圩的隳坏

长兴县所隶属的太湖流域的塘浦圩田系统，在五代吴越时期达到高峰。五代时期，长兴县和太湖流域其他地区一样，有着整齐划一、管理规范的塘浦圩田。太湖流域的圩田系统是一个众多圩田的集合体，政府的管理和维护对圩田的正常耕作起着很大的作用。然而，在北宋立国 50 年左右，曾经在吴越时期发展良好、秩序井然的塘浦大圩，就分崩离析了。

塘浦大圩的隳坏主要原因是政府、民众对太湖水体的破坏，使得塘浦大圩的水环境不复存在。北宋政府实行"以漕运为纲"的水利政策，一改吴越时期治水与治田结合、兴建与管理并重的方针。在此政策下，所有水利设施的营建和水利政策的推行都是优先满足漕运需求。为了航运通行，北宋政府在庆历二年（1042）加筑吴江长堤，在庆历八年（1048）修筑吴江长桥，宽达五六十里的水域从此被吴江长堤与吴江长桥分割，太湖下游出水不畅。同时，政府不惜毁坏若干堤防闸堰，以便利船只经过。堤防、堰闸和沟渠，三者是圩田系统的命脉，三者废除，意味着塘浦河网失去控制。同时，豪强与农民的盲目围垦、霸占湖面的行为也打乱了塘浦系统，以致水无所容、水旱失调。

太湖地区水环境的破坏使得水旱灾害增加。据不完全统计，北宋年间太湖地区共发生较大水灾 22 次，远远超过吴越时期的灾害次数。苏、湖、常、秀诸州低地洪涝弥漫，长达一个多世纪。长兴县东部低洼地带也屡受其害。水流肆意、洪水泛滥使得塘浦系统无法发挥作用。原本塘浦渠系沟通上下，高低田之间互为一体。而水行田间，塘浦与圩田不辨，雨时高田的水汇集低田，积涝成灾，旱时则高田缺水灌溉，又干旱成灾。吴越时期曾一度出现的高低田分治的合理现象，至此却是旱涝不分，低田唯恐高田不旱，高田唯恐低田不涝，矛盾极为尖锐。

当然，土地私有制的发展也在一定程度上助推了宋代大圩系统的解体。原来由国家、政府经营的屯田、营田，到北宋初期逐渐转化为私人经营，"淮南、两浙，旧皆屯田，后多赋民而收其租，第存其名"❶。庄园主亦采取土地分散出租的方式，坐收其利。土地经营方式由国家、庄园集中经营变为农民分散经营。正是这一土地制度的变化，直接导致了塘浦圩田的分割。大地主圩岸高厚，力能保持大圩不坏，生产仍然"稻麦两熟"。中小地主则围筑较小圩岸，自保己田，但生产不如大圩的稳定。而农民力量单薄，只有联合几家农户在浅水中自筑小小塍岸，勉力维持生产，但不保险，经常废坏，时废时围，连年重困。民修小圩的零乱发展，使得塘浦纵横之间位位相承的原有圩田体制日趋分裂、碎割，而私家泾、浜任意开挖，塘浦圩田体制日趋紊乱。

北宋著名水利专家郏亶在其《吴门水利书》中，列举塘浦圩田遭到破坏的其他原因，有民众贪图行船、捕捞的便利毁坏大圩，有地主富户因躲懒不修圩岸，也有因为劳役分配问题造成"公地悲剧"：

> 洎乎年祀绵远，古法隳坏。其水田堤防，或因田户行舟及安舟之便，而破其圩，或因人户请射下脚而废其堤，或因官中开淘而减少丈尺，或因田主只收租课而不修堤岸，或因租户利易田而故要［致］淹没，或因决破古堤，张捕鱼虾，而渐致破损；或因边圩之人，不肯出田与众做岸，或因一圩虽完，旁圩无力，而连延隳坏，或因贫富同圩而出力不齐；或因公私相吝而因循不治。故堤防尽坏，而低田漫然复在江水之下也。❷

总之，北宋早期，国家治水方针、经营方式和土地所有制都发生重大变化。堤防堰闸破坏，水利年久失修，水系日益混乱，圩区分裂割碎，一家一户的小农经济格局根本无力支撑塘浦大圩，日常维护和管理无法保证，塘浦大圩逐步隳坏，以至于解体。覆巢之下没有完卵，在此大环境下，长兴县的塘浦大圩也无力维持。

---

❶　脱脱：《宋史》卷一七六《食货上》，北京：中华书局，1985年，第4266页。
❷　郏亶：《吴门水利书》，范成大：《吴郡志》卷一九《水利上》，南京：江苏古籍出版社，1986年，第269页。

二、小圩田制的兴起

随着塘浦大圩解体，官府鼓励农民自筑塍岸用于自保。在湖州地区也不例外，北宋嘉祐五年（1060），朱长文《吴郡图经续记》载："转运使王纯臣请令苏、湖、常、秀作田塍，位位相接，以御风涛，令县官教诱利殖之户，自筑塍岸。"[1] 北宋政和元年（1111）十月，朝廷又下诏"苏、湖、秀三州治水，创立圩岸"。作为湖州下辖的长兴县，农民也纷纷自筑塍岸。其结果就是原本以塘浦为四界的、整齐规划的大圩系统，逐渐演变成以泾浜为四界的、犬牙交错的零散小圩。

小圩的发展是宋代人口增多的必然要求，北宋以来，太湖地区人口日益增多，对土地的要求更加迫切。吴越时期，人们耕植一般仅限于圩内高地，尚有大片沼泽洼地没有开发，地区人口集聚，围垦逐渐向低洼滩地和湖荡区展开。在低地地区，河网纵横，泾浜、湖荡众多，内中水系更为复杂，难以统一布置和规划，高田与低田、灌溉与排涝、维修管理等矛盾难以解决，只能退而求其次，因势利导，各循其便。而宋代圩田技术的进步，也为小圩开发提供可能。民众将大圩中的低洼湿地圈筑围垦，或在大圩中筑径、塍，分隔成小圩。南宋诗人杨万里曾写过一首《圩丁词》，又名《圩丁词十解》，内中讲述了圩田对于农业发展的作用，以及当时农民无比艰辛的筑圩、固圩过程。[2]

圩田元是一平湖，凭仗儿郎筑作圩。万雉长城倩谁守，两堤杨柳当防夫。

何代何人作此圩，石顽土腻铁难如。年年二月桃花水，如律流皈石臼湖。

上通建德下当涂，千里江湖缭一圩。本是阳侯水精国，天公敕赐上农夫。

南望双峰抹绿明，一峰起立一峰横。不知圩里田多少，直到峰根不见塍。

两岸沿堤有水门，万波随吐复随吞。君看红蓼花边脚，补去修来无水痕。

年年圩长集圩丁，不要招呼自要行。万杵一鸣千畚土，大呼高唱总齐声。

儿郎辛苦莫呼天，一岁修圩一岁眠。六七月头无滴雨，试登高处

———————————

❶ 沈启：《吴江水考》卷二《水官考》，《四库全书存目丛书》史部第221册，济南：齐鲁书社，1996年，第671页。

❷ 杨万里：《诚斋集》卷三二《江东集》，《影印文渊阁四库全书》第1160册，台北：台湾商务印书馆，1982年，第345～346页。

望圩田。

　　岸头石板紫纵横，不是修圩是筑城。傅语赫连莫丞士，霸图未必赛春耕。

　　河水还高港水低，千支万脉曲穿畦。斗门一闭君休笑，要看水从人指挥。

　　圩上人牵水上航，从头点检万农桑。即非使者秋行部，乃是圩翁晓接庄。

　　大圩变小圩是同宋代的小农经济生产方式相匹配的。因此，宋人试图恢复大圩古制的举措屡遭失败。北宋的水利专家郏亶认为，小圩抗洪能力差，容易溃决成灾，因而上书恢复塘浦大圩古制。从水利和农业角度来看，郏亶的理论非常正确。因此很快得到了朝廷的许可，允许郏亶"凡六郡三十四县，比户调夫"。郏亶本来以为这是利国利民之事，民众会忘其辛劳、无怨无悔，事实并未如其料想。民众对于此种征调十分反感。"未得兴工……吏民二百余人，交入驿庭，喧哄斥骂"，把郏亶搞得"幞头坠地"，他身旁的儿子也被人殴打，场面混乱，狼狈不堪。一些民众还为了避免劳役，四处逃散。此事最后以郏亶罢官收场❶。民众听闻郏亶罢官的消息，欢欣鼓舞。此事说明，大圩古制与小农经济生产方式相背离，试图恢复大圩古制，显然不符合个体农民的利益。南宋时期，名宦黄震等人也曾主张"复古人之塘浦，驾水归海，可冀成功"，经"量时度力"后，也未能实现❷。

　　总体而言，小圩制度是与宋代自然、社会发展趋势相适应的。从环境上说，当时太湖水体环境已被破坏，塘浦系统也被打乱，无法支撑起整齐划一的大型圩田。从体制而论，宋代屯田营田解体，土地私有制进一步强化，原来集中经营的屯田，早就演变为中小地主或个体农民分散经营的小圩，小圩田制更容易满足民众的生产欲望。从管理而言，将成千上百的个体农民集中在同一个大圩内耕种，不仅生产、生活不便，而且劳动力投入、管理等也难以协调，相比之下小圩的投入和管理优势十分明显。种种原因，导致了宋代之后的小圩田林立的景象。在长兴县，大圩也被切割成小圩，并且在不同的地形区域，发展出圩田、垛田等不同的小圩形式。

三、溇港圩田系统的建立和维持

　　太湖南岸的土地上，遍布"横塘纵溇"。塘是指沿太湖西南岸开挖的，基本与太湖沿岸平行的有堤坝的渠道，又称塘河，简称塘。溇、港是通往太湖、由

❶　范成大：《吴郡志》卷一九《水利上》，南京：江苏古籍出版社，1986年，第280页。
❷　黄震：《代平江府回马裕斋催泄水书》，《江苏水利全书》，南京：南京水利实验处，1950年。

人工开挖的，与太湖沿岸基本垂直的小河道，溇字多见于乌程，而在长兴则多叫港。由于塘河大致与太湖沿岸平行、溇港与太湖沿岸垂直，因此有"横塘纵溇"之说。

塘、溇在太湖低洼地区既是堤岸同时也是河港。纵溇与横塘通常相直交或斜交，每条纵溇都筑有闸门，利用插板可以启闭。横塘纵溇的作用是"急流缓受"，横塘减缓了山溪洪水的威胁，也阻挡了上涨的太湖水淹没临近耕地。纵溇的作用是将横塘中多余的水量或洪水泄入太湖。乾隆《乌程县志》收录有康熙年间的地方士绅童国泰所撰《水利条议》，内中用人体部位来比喻湖州府、入湖溇港和太湖之间的关系，阐述了溇港作为泄水通道的重要性。"湖郡太湖上流，天目万山环聚于西南，每遇淫雨连绵，万山之水倾倒注湖，俄顷泛滥，全凭三万六千顷之太湖，能蓄能洩，譬诸人身，湖郡咽喉也，太湖肠胃也，入湖诸溇雍阻既多，如咽喉抑塞不通，则肠胃四肢均受其害。[❶]"

溇港中有堤防水闸，可以控制田间沟洫。每当洪汛时期，由上游带来的山洪，通过横塘输送、疏散到各条纵溇，打开纵溇闸门上的插板，使洪水泄入太湖。而每当干旱季节农田需水时，只要关闭各条纵溇上闸门的插板，这时的涓涓水流就可在横塘中积蓄起来，以备航运、灌溉之用，而不致白白地流失至太湖中。现有史可考的最早的闸门插板可以追溯至北宋神宗年间。在嘉泰年间（1201—1204），谈钥编纂的嘉泰《吴兴志》中记载："旧沿湖之堤多为溇，溇有斗门，制以巨木，甚固。门各有插板，遇旱则闭之，以防溪水之走洩；有东北风亦闭之，防湖水之暴涨，舟行且有所舣，泊官主其事，为利浩博……今旧插板有刻元丰年号者，则知其来远矣。[❷]"这些斗门插板，对发展太湖农业生产有过巨大的贡献。

溇港的初步开挖，应在始建横塘之时，后来随着湖田的进展而逐步发展。溇港圩田系统的形成，大约在唐中后期，其拓广深度决定于淤陆可能发展的情况。溇港圩田在形成上虽然晚于塘浦圩田，但扩展速度较快，由于地形条件的不同，在他处亦少先例，在我国水利史上别具一格。溇港圩田系统与"五里七里一纵浦，七里十里一横塘"的塘浦圩田系统相比，在形态结构上并无二致，但溇塘布局更加频密，圩田规模、面积明显较小，基本是"一里一纵溇、二里一横塘"，因此，圩田规模一般仅是塘浦圩田面积的 1/100～1/40。

溇港圩田系统草就之后，官方看到其中有利可图，因此不断下令开挖、疏浚溇港，设置斗门、闸堰来维系此系统。

❶　乾隆《乌程县志》卷一二《水利》，《中国方志丛书·华中地方》第 596 册，台北：成文出版社有限公司，1983 年，第 793 页。

❷　嘉泰《吴兴志》卷五《河渎》，浙江省地方志编纂委员会：《宋元浙江地方志集成》第 6 册，杭州：杭州出版社，2009 年，第 2533 页。

元符三年（1100），朝廷下诏让原本负责修筑和维护吴江塘路的开江营兵，负责苏州、湖州和秀州的水利工程，凡是涉及开治运河、浦港、沟渎，以及修叠堤岸，开置斗门、水堰等工作都成为开江营兵的职责范围。南宋以来，朝廷税收更加倚仗东南，太湖流域成为最重要的财富来源地，因此官方对太湖水利关注更甚，对太湖溇港系统的关照更多。

隆兴二年（1164），湖州知州郑作肃上书朝廷要求继续扩大圩田面积，疏浚溇港。朝廷安排户部尚书朱夏卿在湖州专门负责此事，显示出中央对湖州水利的重视程度。

乾道年间，乌程县主簿高子润疏浚了太湖南岸的 32 处溇港，恢复了这些溇港最初的面貌。

淳熙十五年（1188），湖州知州赵思发现治下溇港再度淤塞，于是派遣官吏考察溇港遗迹，再度加以疏浚，"不数日间湖水通彻，远近俱获其利"。赵思还要求朝廷规定制度，定期派遣专门官员巡视湖堤，疏通水道、管理斗门和堰闸。次年（1189），朝廷就安排浙西提举常平司詹体仁来统筹疏浚溇港和修缮堰闸的工作。此次工作收效甚好，"数年之间，滨湖郡邑岁称丰稔"●。

绍熙二年（1191），湖州知州王回再次大修溇港，将其中的 36 条溇港规划为 27 条，并且用象征美好意义的字眼为这些溇港命名："二十七溇名曰丰、登、稔、熟、康、宁、安、乐、瑞、庆、福、禧、和、裕、阜、通、惠、泽、吉、利、泰、兴、富、足、固、益、济，而皆冠以常字，欲其常有是美也。"

进入元代，太湖地区依然是统一中国的元廷的重要赋税来源地，朝廷密切关注太湖水利。泰定元年（1324），中央派遣位高权重的左丞相朵儿只班监督疏浚湖州河道。从天历年间到至正年间，政府又组织民夫两次大修石塘。至正年间，左丞相钦察台注意到浙西地区，堤防废弛，港渎湮塞，水失故道，因此下令免除赋税，用作兴修水利的工本，召集民众开挖渠道，疏浚溇港。

四、圲田的出现与扩张

圲，根据《中国地名通名集解》，是指小河的尽头处或小港湾●。在《浙江地名疑难字研究》中，将圲解释为小河的尽头处或小港湾，分布于湖州市各县，为"兜"的俗写●。

圲田和圩田一样，都是古代抗御洪旱灾害的治田之法。圲田是圩田的一种特殊形态，与其所处的微观地理环境密切相关。"筑塍为田，湖广谓之垸，湖州谓

● 邢澍等修：嘉庆《长兴县志》卷九《水利》，《中国方志丛书·华中地方》第 601 册，台北：成文出版社有限公司，1983 年，第 530 页。

● 吴郁芬等编：《中国地名通名集解》，北京：测绘出版社，1993 年，第 33 页。

● 刘美娟：《浙江地名疑难字研究》，北京：中国社会科学出版社，2012 年，第 93 页。

之圩，福建谓之圳，苏州谓之围（圩）"，❶ 圩田广泛分布在太湖以南地区，如浙西的长兴、吴兴、安吉、德清等地的河谷盆地上。

靖康南渡后，由于人口压力增大，出现了"田尽而地，地尽而山"的情况，人地矛盾迫使民众向近山坡洼处开垦田亩。这些地区背山面水，山洪暴发时上受山洪冲击，下受河湖水顶托；雨过天晴，便涓滴不存，比起涝灾，民众更担忧旱灾。人们在这些地区圈围筑堤，开沟撇洪，拦洪蓄水，建闸蓄泄，其堤防均与山丘或者坡地相连，在一面或三面临水之地筑堤，成为半封闭状的圩田，简称半圩田，这些半圩田随地势而建，往往面积很小且形状不规则。这种半圩田在湖州称作"圩""坦""裹垸""大包围"等。南宋诗人范成大有诗《围湖叹四绝》，其中就记录了靠山的半圩田景观：

山边百亩古民田，田外新围截半川。六七月间天不雨，若为车水
到山边。

元末明初的诗人杨维桢创作有一首《莲花圩歌》，描绘了秀丽的圩上风景，讴歌了男女青年的美好爱情：

栋花风残啼鸩舌，莲花圩上春三月。

圩上女郎齐踏歌，轻衫白苎飘香雪。

青山深锁蓟家村，使君艇子恰当门。

门前满树樱桃子，手摘樱桃招使君。

使君本是龙门客，身脱宫袍岸乌帻。

何处江南最有情，新买莲花圩上宅。

（注：圩在太湖之西蓟氏村，圩或作垟，山川峭绝处。）

虽然圩田和圩田都是靠修筑土埂所得田地，但其有三个不同之处。

（1）地域分布和外部形态方面。"圩区"大多位于水网平原，四面环水，地形大体比较平坦，呈"大平小不平"的地貌。而圩区一般位于河谷盆地，"圩区"外部地势上高下低，区内大多为平坦的水田，地形呈"小平大不平"之状。

（2）地下水位与外河水位方面。平原圩区四面环水，其地下水位常年在 0.5 米左右，所以需开深沟以排渍水，但外河水位变幅较小，一般在 2 米以下，圩堤相对矮窄，但堤岸比较长。而圩区傍山临水，地下水位埋深一般在 2 米以下，基本无渍害。但圩区临河水位暴涨暴落，水均变幅达 3 米以上，所以堤防高度一般较高，但长度短些。

---

❶　陈全之：《蓬窗日录》卷一，《续修四库全书》第 1125 册，上海：上海古籍出版社，2002 年，第 25 页。

（3）自然灾害及水利工程。圩区四面环水，地处平原低洼地区，不需担心旱灾，主要防范洪涝灾害，水利工程"需四境筑堤""中有河渠，外有门闸"。而垱区地处高阜，同时要解决旱与涝的灾害，其排涝除需考虑垱区自身产水外，还要考虑山丘区集水面积的来水，故要设陂塘泉堰蓄水灌溉、修筑堤以防涝，沿山开截水沟以泄洪❶。

明代顾应祥修《长兴县志》中如此记载："井田之法虽废，而江南田土各有疆界。吾邑之田内在污下及当水之冲者，必有圩岸围之，如斗之状，其名曰：'垱'。"在长兴县，垱田主要分布在地势稍高的滨河地带。长兴县北部和东北部濒临太湖，田面高程在 3 米及 3 米以下的平原低洼地圩田区，通常称为"圩田"或"圩区"，而中部和东南部滨西苕溪、泗安溪、箬溪的低丘平原和低岗坡地（田面高程 4.5～10 米），通过修筑围堤等水利工程而成的农田，称为"垱田"或"垱区"。垱区内凿池塘蓄水防旱，筑垱岸以防溪水，垱岸相对别处圩岸更高更厚。

长兴县的垱田在宋元时期有着显著的发展，至明代初年，长兴县在编造"鱼鳞图册"时，派差官丈量圩垱，查明长兴有圩 1 个、垱 758 个、坦 170 个。垱区单就数量而言，占了绝大部分。在长兴县，这些位于低丘平原的"垱"是田亩的重要的、不可或缺的组成部分。

第二节　水利政策与管理

一、以漕运为纲的水利方针及其后果

北宋时期，太湖流域的水利"以漕运为纲"。唐代的营田使、吴越的都水营田使被转运使、发运使所代替，一切以粮盐运输为根本目标。漕运成为水利工作的唯一重心。政府只顾漕运，甚至不惜毁坏若干堤防闸堰，以便利船只经过。端拱二年（989），转运使乔维岳"不究堤岸堰闸之制，与夫沟洫畎浍之利，姑务便于转运舟楫，一切毁之"，❷ 堤防、堰闸和沟渠，三者是圩田系统的命脉，三者废除，意味着塘浦河网失去控制。庆历二年（1042），为使船只避开太湖水入吴淞江处的风涛，便利漕运粮船通行，北宋政府在苏州，平望间修建吴江长堤。庆历八年（1048），在吴江与长堤之间，又建成吴江长桥。至此，宽达五六十里的水域从此被吴江长堤与吴江长桥分割，导致太湖出水不畅。北宋政府只

---

❶ 张芳：《中国古代灌溉工程技术史》，太原：山西教育出版社，2009 年，第 397 页。

❷ 郏侨：《水利书》，范成大：《吴郡志》卷一九《水利下》，南京：江苏古籍出版社，1999 年，第 281 页。

顾眼前航运的利益，忽视保持水系通畅的长久之利，毁坏堤防堰闸以便航运，又修建堤桥阻碍太湖出水，严重扰乱了太湖的水网系统。每年夏季，太湖湖水暴涨，包括太湖上游低地地区，将之命名为"湖翻"，长兴人习惯称呼其为"湖啸"。

> 庚寅五月连雨四十日，浙西之田尽没无遗，农家谓尤甚于丁亥岁，虽景定辛酉亦所不及也。幸而不没者，则大风驾湖水而来，田庐顷刻而尽，村落名之曰"湖翻"。❶

对于北宋朝廷专攻漕运，忽视其余的情况，有识之士提出批评，范仲淹在奏折《答手诏条陈十事》中，说明了从吴越归宋后，两浙地区水政偏颇、废弛的状况并指出其恶果：

> 曩时两浙未归朝廷，苏州有营田军四都，共七八千人，专为田事，导河筑堤，以减水患。于是民间钱五十文，籴白米一石。自皇朝一统，江南不稔，则取之浙右，浙右不稔，则取之淮南，故慢于农政，不复修举，江南圩田，浙田河塘，太半隳废，失东南之大利。今江浙之米，石不下六七百文足至一贯文省，较于当时，其贵十倍，而民不得不困，国不得虚矣。❷

有鉴于此，北宋政府曾经一度设置开江营兵和开江指挥使，疏浚河道，修筑圩岸，维护水利设施，试图扭转水系混乱、水政错杂的局面。大中祥符五年（1012），始置开江营兵，专修吴江塘路，南至嘉兴100余里，此次设岗还是为了运输。以后也有苏州开江四指挥等的设置，对于撩浅养护工作，似颇注意，但实际上是重在航运，性质已和经常养护有差别，加上人员不多，时置时废，而且常被大官任意调动，其水利维护作用实已不大。并且开江营兵和开江指挥的主要活动范围都在太湖东侧，太湖西侧的很少被顾及。可以说，在北宋时期，就国家层面而言，作为太湖西侧的长兴县，其水利事务基本没有得到什么像样的关照，全靠地方官吏自由发挥。许遵和谢伯宜是北宋时期两位有水利事迹被记载的长兴县令。《宋史》记载许遵任职长兴时"益兴水利，溉田甚博，邑人便利，立石纪之"。❸ 同治《长兴县志》给谢伯宜作传曰："谢伯宜，字仲圣，龙溪人，知长兴县，开水利，蝗不入境，诸台以闻，迁奉议郎。"❹

北宋政府以漕运为纲的水利政策，虽然在一定程度上保证了运河畅通，但

---

❶ 周密：《癸辛杂识·续集上》，上海：上海古籍出版社，2012年，第75页。

❷ 范仲淹：《答手诏条陈十事》，《范文正公集·政府奏议》卷上，《范仲淹全集》，成都：四川大学出版社，2007年，第528页。

❸ 脱脱：《宋史》卷三三〇《列传八十九》，北京：中华书局，1985年，第10627页。

❹ 同治《长兴县志》卷二二《名宦》，《中国方志丛书·华中地方》第586册，台北：成文出版社有限公司，1983年，第1778页。

就整体长远而言，给太湖地区的水环境造成了不可逆转的伤害。偏颇航运忽视治水，治水与治田分割，营田之事被置之度外，塘浦圩田的养护撩浅制度也一并废弛，最终导致太湖流域水系混乱、水旱灾害增多，曾经井然有序的塘浦大圩系统也日渐崩坏。

二、熙丰变法与农田水利建设

北宋中叶，宋神宗熙丰变法期间，十分重视农田水利的兴修。熙宁元年（1068）规定，诸路州县"如能设法劝诱兴修塘堰圩岸，功利有实，即具所增田税地利保明以闻，当议旌宠"[1]，明确将农田水利建设与官位升迁、物资奖赏挂钩。中央政府更是制定了兴修圩田的条例《农田利害条约》，昭告天下：

> 凡有能知土地所宜种植之法，及修复陂湖河港，或元无陂塘、圩岸、堤堰、沟洫而可以创修，或水利可及众而为人所擅有，或田去河港不远，为地界所隔，可以均济流通者；县有废田旷土，可纠合兴修，大川沟渎浅塞荒秽，合行浚导，及陂塘堰堤可以取水灌溉，若废坏可兴治者，各述所见，编为图籍，上之有司。其土田迫大川，数经水害，或地势污下，雨潦所钟，要在修筑圩岸、堤防之类，以障水涝，或疏导沟洫、畎浍，以泄积水。县不能办州为遣官，事关数州，具奏取旨。民修水利，许贷常平钱谷给用。[2]

《农田利害条约》内容有三：第一是鼓励修筑水利设施，包括且不限于陂、塘、堰、堤；第二是要求维护水系，保持稳定畅通的行水环境；第三是允许民众贷"常平钱谷"，若是用于农田水利建设的，只要出现资金不足的时候，百姓们就可以从官府中获得无息贷款。之后，北宋政府还补充规定，"系官钱斛支借不足，亦许州县劝诱物力人出钱借贷"[3]，如果官方的贷款不能覆盖建设所需，就可以劝导地方富户借贷给民众用以兴修水利。此举解决了小民建设水利时最困难的资金问题。

在神宗君臣的大力提倡之下，全国出现了兴修水利的高潮。湖州地区也不例外，熙宁四年（1071），湖州刺史孙觉筑太湖石堤，以御湖水。不过，熙丰时期对湖州地区影响最大的水利事件还是沈括治水。沈括是著名政治家、外交家和科学家，精通农学，治水理论和实践经验丰富，早年曾负责修筑万春圩，著有《圩田五说》，收入《长兴集》。熙宁六年（1073），沈括受王安石推荐，被宋神宗委派前往两浙路，考察指导地方农田、水利、差役等事。此后的半年多时

---

❶ 徐松：《宋会要辑稿·食货六一·水利杂录》，上海：上海古籍出版社，2014年，第7504页。
❷ 脱脱：《宋史》卷一七三《食货志·农田》，北京：中华书局，1985年，第4188～4189页。
❸ 徐松：《宋会要辑稿·食货六一·水利杂录》，上海：上海古籍出版社，2014年，第7508页。

34

间，沈括足迹遍及两浙各地。沈括在主持太湖水利时，大力发展圩田工程，并进行了实地调查工作。沈括贯彻了朝廷的借贷法案，让民众在官府无息贷款，用以开发农田水利。沈括在基层时，还意识到浙西地区水利废弛，很大原因是招募人手困难，因此特别上书，出钱雇用饥民兴建水利，得到宋神宗的赞同。在沈括与众人的努力下，太湖沿岸的水利面貌焕然一新。

熙丰变法期间，全国共兴修水利田，"凡一万七百九十三处，共计三十六万一千一百七十八顷八十八亩"。其中，两浙路兴修最多，湖州对此亦有贡献。回顾这一时期的水利建设，王安石自豪地评价说："自秦以来，水利之功，未有及此。"[1] 得益于熙丰变法，长兴县内部分废弃多年的堰坝沟渠得到恢复，但其水利建设和管理还是不能达到唐末五代的规模和水平。

三、南渡造田及其影响

靖康二年（1127）靖康之变发生后，康王赵构为了躲避金朝军队的南下追击而逃至江南。靖康之变及宋室南渡导致了中国第三次人口南迁高潮。《建炎以来系年要录》有云："中原士民，扶携南渡，不知几千万人。"大量民众逃至南方后，原本就不宽裕的江南可耕之地变得更加紧张，人地矛盾极为突出。如何安置流民也就成为南宋政府必须考虑的问题之一，在以农为本的封建社会中，束民于土地来发展生产是当时最好的途径，因此，不遗余力地扩大耕地面积，向湖要田、围湖造田成了南宋政府的不二选择。

湖泊因泥沙淤积，逐渐发育成洲滩是常见的自然现象。并且，对淤涨较高、调蓄作用不大的湖滩草荡，进行合理围垦，也是湖区扩大耕地、增加粮食生产的必由之路。南宋时期，江南平原地区基本上已开垦，人们开始改造天然水资源系统，太湖平原大片低洼沼泽地区得以垦殖，耕地面积迅速增加。然而，围湖造田大多是民众的自发围垦，缺乏统一规划，往往只求近功，不计长远后果。南宋官方对圩田修筑从未实现统一的管理，最多也就是从政策鼓励、税收调节以及田制立式等方面进行引导。南渡之后，这种大范围破坏水环境的造田行为，很快带来环境恶化。

太湖地区地势低洼，江湖容蓄量虽大，但水位涨落较慢。民众在盲目围垦过程中，破坏了过去一直起着调节水量作用的陂、湖、溇、渎。结果，不仅使得太湖水面日渐缩小，也打乱了原来的太湖水系。南宋名臣袁说友曾经指出："浙西围田皆千百亩，陂塘溇渎悉为田畴，有水则无地可潴，有旱则无水可戽。"[2] 这类有远见的士人已经意识到过度围垦的恶果，水面缩小会使得湖泊蓄

---

[1] 脱脱：《宋史》卷九五《河渠志》，北京：中华书局，1985年，第2371页。
[2] 脱脱：《宋史》卷一七三《食货志·农田》，北京：中华书局，1985年，第4188页。

水能力减弱。而且，在低地开垦的田面，水位常常低于太湖水面，更容易受外洪内涝威胁。往往积水未退，雨季又来，堰闸圮坏，田间积水与湖水连成一片，"凝望广野，千里一句"。还经常出现"田圩殆尽，水通为一"的洪涝景象。

南宋政府并不是不清楚过度围垦的后果，宋孝宗也承认"浙西自有围田，即有水患"。孝宗朝以后，皇帝几度下令退耕还湖、开掘耕地。但是围湖造田所得之田地，往往被权贵、豪强所占有。势家大族、豪宗大姓出于个人利益，广包强占，拒绝服从中央统一安排，他们的"语言气力，足以凌驾官府"[1]；"不体九重爱民之心，止为一家私营之计，公然投牒，以沮成法"。[2] 皇皇禁令，不过是一纸空文，无济于事。在地方上，盲目围垦一直持续。在长兴县，宋宁宗庆元年间（1195—1200），围垦过后，田土规模已经达到"七千九百五十六顷有奇"[3]，远超前代。

宁宗嘉定三年（1210），名臣卫泾的奏疏中总结了南渡以来浙西地区大兴造田的利弊：

> 中兴以来，浙西遂为畿甸，尤所仰给，岁获丰穰，霈及旁路。盖平畴沃壤，绵亘阡陌，有江湖潴泄之利焉……
>
> 自绍兴末年，因军中侵夺濒湖水荡，民田已被其害……隆兴、乾道之后，豪宗大姓，相继迭出，广包强占，无岁无之，陂湖之利，日朘月削。围田一兴，修筑滕岸，水所由出入之路，顿至隔绝，稍觉旱干，则占据上流，独擅灌溉之利，民田坐视无从取水；逮至水溢，则顺流疏决，复以代田为壑。[4]

卫泾的总结颇为中肯。首先，围湖造田收益颇丰，"岁获丰穰，霈及旁路"，缓解了南渡人口的粮食危机与生计问题；然而，围田目的是为了得田而不关治水，造田过程中修筑的滕岸、圩岸破坏了原有的水系，使得水旱灾害增加。南宋享国150余年，湖州地区发生有记载的水旱灾害35次，平均每4年就会有1次大的灾害，这和围湖造田诱发的水系破坏不无关系。围湖造田虽然暂时性地、部分地解决了粮食问题，但却给生态环境留下了长远的后患。

四、重心偏颇的元代水利管理

《元史·食货志》记载，江浙行省岁入粮数高达"四百四十九万四千七百八

---

❶　脱脱：《宋史》卷一七三《食货志·农田》，北京：中华书局，1985年，第4188～4189页。

❷　脱脱：《宋史》卷一七三《食货志·农田》，北京：中华书局，1985年，第4188页。

❸　同治《长兴县志》卷六《田赋》，《中国方志丛书·华中地方》第586册，台北：成文出版社有限公司，1983年，第510页。

❹　卫泾：《后乐集》卷一三《水利疏》，《影印文渊阁四库全书》集部别集类第1169册，北京：商务印书馆，1986年，第654页。

十三石"，仅浙西地区的"平江、嘉兴、湖州三郡当江浙什六七"，元代广泛流传的谚语"苏湖熟，天下足"，说明太湖流域的经济已执天下之牛耳。元朝政府为统治需求，不得不重视对太湖水利的治理。就整个太湖流域而言，其水利问题实是太湖出水的解决以及围绕低洼地势开展田地的治理。然而元朝政府在水利治理时有失轻重，更注重太湖出水的解决，比如吴淞江的整治上；在低洼圩田的治理上，更关注太湖以北的练湖地区、太湖以东的淀山湖地区的圩田治理上，对太湖西南关注甚少。

　　就湖州地区而言，由元代政府所做的、上规模的水利事件，就只有三次石塘修筑。其中两次，分别发生在天历年间（1328—1330）和至正年间（1341—1368）。另有重修青塘一事，发生在后至元元年（1335）。青塘建于三国吴景帝孙休时期，东自吴兴城北迎禧门外，西至长兴，能"绝水势之奔溃，以卫沿堤之良田，以通往来之行旅"[❶]。入元之后，该塘失修数十年，堤岸被大水淹没，沿岸农田被毁，百姓苦于徒涉。元顺帝后至元元年，宋文懿来乌程任县丞，发现青塘这一情况，就和众人商议将青塘堤岸由土堤改为石堤，并且主动捐献资金、亲自上阵参与重修青塘。受到宋县丞的感召，民众踊跃参加劳动，富者出钱，贫者出力。堤岸修成后，效果显著，"夏秋涨潦，屹有巨防；奔毂走蹄，旁午于道；沿堤之田，岁喜有秋。"[❶]宋县丞又修建了桥梁，让民众免去了跋涉之苦。此次修筑，达成了绝崩溃、保良田、通往来的综合效益。民众为了纪念宋县丞的功绩，由士人程郇撰写《新复青塘堤岸记》，并刻石记录之。这三次石塘修筑之举，一定程度上改善了部分区域水利工程情况，但对于整个湖州地区而言，这是远远不够的。在长兴县，又修建几次小规模的灌溉渠道。至元十五年（1278），由当地官吏主持兴建水口乡顾渚金沙泉引水工程，灌田千亩。后漾乡引车渚里龙潭泉水，灌溉农田千亩。另如和平镇长岗、马家边、白岘茅山大洞、二界岭涧西等地，均修建引水工程灌溉农田，不过这些工程规模较小，政府的关注力度也不是很大。

　　元朝政府在湖州地区又设立过一些水利相关的管理机构，但是这些机构存在时间较短，发挥作用不大。元代在中央有都水监，都水监层面设置过临时性的派出机构江南行都水监，大德八年（1304）设立，至大元年（1308）废除，其设立的目的主要是为了开挑和疏浚吴淞江，基本不怎么涉及湖州地区。朝廷还在江南设立过专门的浙西都水庸田使司，其存在时间亦不是很长，大德二年（1298）设立，大德七年（1303）废除，前后仅五年时间，无法发挥持久的作用。在元朝最后一任皇帝元顺帝在位的至正元年（1341），行省浙江的中书左丞

---

　　❶　乾隆《乌程县志》卷一二《水利》，《中国方志丛书·华中地方》第596册，台北：成文出版社有限公司，1983年，第806～807页。

相钦察台，面对浙西水道淤塞严重、水利设施破败的情况，再度提议设置都水监官，委任专员分治，然未见其结果。元代在长兴皋塘，设立了太湖口巡检司，这一官制在明代得到继承。

第三节　水利人物与事迹

一、胡瑗培养水利人才

胡瑗（993—1059），字翼之。北宋学者、理学先驱、思想家和教育家，是"湖学"开创人。世居陕西路安定堡，世称安定先生。庆历二年至嘉祐元年（1042—1056）历任太子中舍、光禄寺丞、天章阁侍讲等。

宝元二年（1039），滕宗谅任湖州知州，奏请朝廷立州学。次年获朝廷批准。延请安定先生胡瑗以保宁节度推官衔教授湖州州学，并赐学田 500 亩，建房 120 楹，作为经费和校舍。胡瑗在湖州创授享誉海内的"湖学"。据明嘉靖《吴兴掌故集》记录，胡瑗认为湖州地处太湖上游，水患严重，作为官员施政，必须重视水利。因此，胡瑗在州学内，设置了"水利"斋教导士人，为包括长兴县在内的湖州培养了众多知晓水利事务的人才。刘定国（？—1090）和周之道（1030—1100）是其中的佼佼者。

清代文人范锴《南浔纪事诗》中一首云："镇戍监官古制存，万家烟火聚云屯。太湖水利关民政，安定斋空孰讲沦。"范锴盛赞胡瑗此举，并说："当时刘彝遂以水利名官，后世乃不讲此，是岂有用之学哉？"

胡瑗在胡溇建有他的别墅。后人将其改建为寿宁寺。清代金恩绶撰写的《重修寿宁寺记》说："胡安定公别墅后人改建成为寺第……观前庭双柏，大可数围，则非近代可知矣。"寿宁寺在清咸丰时被毁。同治年间（1862—1874），朗润有志复兴，募捐建成前殿，竣工时朗润去世。光绪二年（1876），朗润的徒弟云亭继承师父之志，在寺左建东岳神殿，右设厅事三楹，所废寿宁寺得以复兴。同年，湖州府衙在宁寿寺设太湖救生局。可惜后来日寇一把火，将寿宁寺毁为平地。

二、刘定国乡间修水利

刘定国（？—1090），初名傅，字平仲，长兴人。刘定国幼年机警聪明，曾向安定先生胡瑗学诗、书、易等。

刘定国在元丰八年（1085）中进士，任通州司户参军，政绩显著。在他任上，有人曾被乡里豪强所诬陷，差点被捕入狱。经过刘定国的仔细调查，此人幸免于难。事后，当事人乘夜偷偷带着白金前来答谢刘定国，被刘定国拒绝。

他当时说："我以义免汝于难，何遽辄污我耶？"那人遂愧谢而去。

刘定国所出生的乡里有平辽、尚吴二浔及李氏埭，因为年久失修，常犯水患，刘定国率乡人疏浚沟渎，又修筑土坝，上架石梁以便行走，人号"刘公桥"。

元祐五年（1090），刘定国去世，朝廷后赠太子少师。

三、周之道江通修圩

周之道（1030—1100），字觉明，长兴人。少年寒苦，刻意求学。周之道13岁时，以文章谒见安定先生胡瑗，胡瑗被其学问和才气所打动，将其留在身边悉心教导。

皇祐五年（1053），周之道中进士，担任杭州钱塘主簿，因政绩突出被推荐入朝。后升迁江宁府江宁县知县。江宁县人多事烦琐，前后更换许多县令。周之道到任后，将政务处理得井井有条。他在江通一带筑圩数千丈，使水田免遭水害。为怀念他的功绩，当地人称这条圩为"周公圩"。

在江宁县知县任期满后，周之道先后担任遂州录事参军、成都府路转运判官，但其后被免官，多年没有得到任用。元祐（1086—1093）初年，周之道先后被任命为提点江南西路刑狱、刑部员外郎、刑部郎中，后外放为江南东路转运使，淮南路转运使。在其担任淮南路转运使时，正当旱年饥荒严重，百姓饥饿困苦。上司要求百姓照常纳税，其他官员面对荒年熟视无睹，都不敢向上反映真实情况。周之道敢于承担责任，减去一半租税，民力获得复苏。周之道之后被擢拔为尚书、刑部侍郎。

周之道在元符三年（1100）去世，朝廷追赠通议大夫。

四、王回大修溇港

王回（1121—1192），字亚夫，瑞安人。南宋绍兴二十四年（1154）进士。绍熙二年（1191）二月，由朝请大夫、直徽猷阁学士出任湖州知事。

两宋时期，逐渐发育的湖州溇港时有淤塞与疏浚，斗门代有损坏和修葺。历次疏浚维护中，又以绍熙二年（1191）王回修溇港事迹最为显著。宋人谈钥《吴兴志》载："今旧插板有刻元丰年号者，则知其来远矣。后渐湮废，颇为郡害。绍熙二年，知州事王回修之。"绍熙二年，湖州知州事王回修境内溇港36条，溇港中的斗门闸槽均由木制改为石制。修筑完毕后，出于良好愿望，他对其中的27溇予以改名。改名所用都属于佳字美称，一溇一字，四溇一句，成四字句式，共六句，最后第七句缺一字。由西到东分别改为："丰登稔熟、康宁安乐、瑞庆福禧、和裕阜通、惠泽吉利、泰兴富足、固益济。"每字前冠以"常"字。修筑之外，王回还订立制度，将"其插钥付近溇多田之家"，即将溇港斗门的插销钥匙交给田亩较多的农户保管，由大户决定何时开启、关闭斗门。

王回此次大修溇港，收效显著，获得社会好评。地方耆老曾为此刻石记事。当时担任吏部尚书、宝文阁直学士的程大昌特意撰写了《修湖溇记》，并由敷文阁待制沈枢书写，敷文阁待制贾选题盖，于绍熙三年（1192）立碑。

王回在任湖州知事期间，"以耆德镇之，上下悦服。义访郡之大利，修湖溇，增城堞，建利济院。"❶做了许多为民的好事。因此在绍熙三年四月升任江东提刑，六月离职回瑞安，同年十二月逝世，葬瑞安西岘山佛屋后，由南宋著名文学家杨万里撰墓志。

程大昌原籍徽州休宁，绍熙五年（1194），以龙图阁学士致仕，卜居吴兴，居所湖州归安县前运河口，卒葬安吉梅溪邸阁山。家藏书数万卷，子孙定居湖州。沈枢是安吉人，日后致仕归里。贾选是湖州人，是宋代状元贾收之子，官至刑部尚书。

五、耿炳文开护城壕

耿炳文（1334—1403），濠州人，著名武将，明朝开国功臣。

至正十五年（1355），耿炳文等人随朱元璋南渡长江，与占据长江流域的张士诚作战。至正十七年（1357），耿炳文攻取长兴。长兴位于太湖西南端，被称为浙江门户，成为朱元璋势力阻挡仍处于南岸湖州的张士诚部向西扩张的防御据点。

耿炳文在长兴成兵固守十年之久，大小数十战，战无不胜，最大限度地牵制了张士诚的兵力，为朱元璋最后战胜张士诚创造了条件。耿炳文之所以能以长兴一县之地抵挡张士诚数万大军，与其对长兴城的修筑和水系规划不无关系。

耿炳文占领长兴后，对长兴城池进行了改造。长兴城墙在宋代时为泥墙，耿炳文将其改为石墙；长兴城门在宋代时有七座，耿炳文根据防务要求，将其减为六座。"新筑的城墙高三丈，阔二丈八尺五寸，周长九百二十九丈。"城门六座：东有神武门，南有嘉会门，西南有承恩门，西有长安门，北有吉祥门、东北有宜春门。每座城门都有瓮城，内外门楼上方都设有瞭望、射箭的楼橹。六座陆城门外，另修了两座水城门：东面称清河关，通湖州及太湖；西面称大雄关（即西水关），通合溪，水城门上方有门亭。耿炳文为了守备需要，沿城墙挖了护城壕，与两座水门相通，"护城壕阔七丈五尺，深一丈五尺"，并引箬溪之水横贯城中，从大雄关入城，穿清河关而出。耿炳文对城池和水系的再规划，使得长兴新城比旧城缩小了约三分之二，然而新城城墙坚固、布局紧凑、水陆防御齐备，更加易守难攻。可以说，耿炳文对长兴城的改造和水系规划，为其

---

❶　杨万里：《提刑徽猷检正王公墓志铭》，《诚斋集》卷一二五，《影印文渊阁四库全书》第1161册，台北：台湾商务印书馆，1982年，第615页。

成功抵御张士诚十年的进攻奠定了基础。嘉靖三十六年（1557），顾应祥在《长兴县城新筑碑记》中评价耿炳文的城池改造，内中记载："今之城，盖耿公所筑，比旧址敛三之二，而璧莹甚固。"❶ 当时，长兴县内民居临水而筑，街道依河而建，形成了水陆并行、河街相邻的棋盘格局。

　　洪武三年（1370），朱元璋封耿炳文为长兴侯，食禄一千五百石。长兴侯的来源，不言而喻，即为纪念耿炳文坚守长兴的功绩。耿炳文卒于永乐元年（1403），后人为纪念他，在长兴嘉会门内建有耿侯祠，香火不绝，乾隆十四年（1749）重修。明、清两朝，湖州、长兴方面均把耿炳文列入名宦祠祭祀。

---

❶　同治《长兴县志》卷三〇《碑碣》，《中国方志丛书·华中地方》第586册，台北：成文出版社有限公司，1983年，第2725页。

第四章　巩固深化：明清时期的水利建设

第一节　水环境与水利工程

一、小圩田制的深化和确立

前文所述宋元时期，大圩古制解体，小圩田制兴起，这一圩田变小的趋势，在明清时期得到了进一步深化并最终确立。宋元时期的小圩兴起，基本属于民众顺应环境变化的自发行为，以郏亶为代表的官员和水利学家，甚至还试图回归大圩古制。然而在明清时期，官方意识到了小圩趋势的不可抗拒，开始主动倡导分大圩为小圩，以便分区治理。

宣德年间（1426—1435），工部右侍郎周忱巡抚江南，在苏州府指挥圩田修筑时，他与苏州知府况钟经过反复讨论，明确要求将圩田进一步细分，最佳状态是一个小圩大概在500亩左右。弘治年间（1488—1505），工部都水司主事姚文灏提督浙西水利，著有《浙西水利书》，他专门写了一首通俗易懂的《修圩歌》，向民众科普修圩技术事宜，以及分割小圩的好处。

> 修圩莫修外，留得草根在，草积土自坚，不怕风浪喧。
> 修圩只修内，培得脚跟大，脚大岸自高，不怕东风潮。
> 教尔筑岸塍，筑得坚如城，莫作浮土堆，转眼都倾颓。
> 教尔分小圩，圩小水易除。废田正不多，救得千家禾。❶

---

❶　姚文灏：《修圩歌》，嘉靖《江阴县志》卷九《河防记》，《天一阁藏明代方志选刊》，上海：上海书店，1963年。

"圩小水易除"一句是说明小圩面积小，圩田里的积水也相应减少，除去积水会更容易。"废田正不多，救得千家禾"两句是说明一旦小圩田被单块淹没无法抢救，因为单块圩田面积小，损失也相应减少。如果不分小圩，在低地的大圩遇到大水，则一片汪洋，全部覆灭，损失更甚。嘉靖时期（1522—1566）的官员王同祖精于水利，他曾详细地叙述小圩的优势和大圩的弊端：

> 小圩之田，民助易集，塍岸易定。或时遇水，则车戽易过，水潦易去，虽有巨浸，莫能为害。

> 而大圩之田，塍岸既广，备御难全。雨潦冲击，东补西坍，皆荡然没矣。纵使修举积水，然居民有远近之不同，民力有贫富之不一，地形有高下之不均。故大圩之田，遇灾不救者，十居八九。

> 今莫若较田圩之大者取而分之。以二三百亩为率，因其高下督民取土，裹以塍岸，则田圩之形成矣。❶

在王同祖的论述中，小圩易修理、维护，排水迅速，圩田受灾小；而大圩难修理、维护，受灾面积大，群众对于大圩田制缺乏热情，拒绝投入。小圩更适应个体经济的特点。他提出继续分割圩田，最佳状态是每一块圩田都在二三百亩左右。万历、天启时期的名臣，湖州人朱国桢则表示，应将长兴县数百亩以至1000亩的圩田内筑小围埂，以分割成百亩左右大小的田地，朱国桢的提议是发生在一次水灾后，他主张"以工代赈"，动员饥民修筑围埂。

> 以长兴言之，邑东如白乌区、邑西如官庄圩，雁荡东北如包洋湖畔石家圩最低，埂既卑薄，水易平漫，常年预行修葺，临患不至束手。今者加筑圩岸，便可分赈饥民。如一圩中多至千亩、少数百亩，就四围堑壕取土，量水浅深为堤，高下趾三倍，以渐而高。三谷之中，每百亩复围一小埂，高广如外堤十四，大小堑濠可蓄内水，菱芡藕可借完粮，堤畔树桑计田，量分可为世业，桑利污泥岁增高，厚脊产化为膏壤，价亦倍增。❷

朱国桢为长兴县勾勒了一幅以百亩为基准的、濠内蓄水、堤畔树桑的小圩田方案。

为何宋元时期不乏官员愿意恢复整齐划一、规范完善的大圩田制，到了明清时期，生产力发展筑圩技术提高，官员们反而更倾向于小圩制度。日本学者滨岛敦俊认为，明清时期，小圩制度的最终胜利，这一变化是随着土地开发进入饱和状态而出现的"工程上的对应"，即以高度利用土地为目标，通过分割大

---

❶ 王同祖：《论治田法》，方岳贡修、陈继儒纂：崇祯《松江府志》卷一八《水利下》，《日本藏中国罕见地方志丛刊》，北京：书目文献出版社，1991年。

❷ 朱国桢：《朱文肃公集》卷八《荒政议上甘中丞》，《续修四库全书》第1366册，上海：上海古籍出版社，2002年，第316页。

圩，使水路细密化并建立排灌，把圩心湿地改造成耕地，推动集约化开发❶。明清时期小圩田制的最终确立，是与当时的社会经济发展情况相适应的。

二、溇港的淤塞与疏浚

溇港淤积问题一直影响着溇港效益的充分发挥。沿太湖各地由于地形和水文条件的不同，淤积情况也各异。造成长兴地区的溇港淤积原因主要有二：首先长兴地区的溇港比较径直，受水范围小，特别是在夹浦以北，仅有附近的山坡雨水入港，水少港多，容易淤积；其次是太湖的泥沙，太湖冬季盛行偏北风，风吹太湖水入溇港，水落沙留造成淤积。不过长兴溇港大部分自西向东，所受北风也多为东北风，而东北风的危害又不及西北风，因此除了长兴南缘部分开口偏北的溇港外，其余开口向东的港口受太湖泥沙淤积有限。尽管如此，日积月累，长兴仍然饱受溇港淤积之苦。疏通溇港也是地方政府的重要工作。

明代初年，明太祖朱元璋重视天下庶务，洪武二十七年（1394），明朝廷昭示各地，凡是陂塘、湖堰应潴蓄余水以备干旱，筑水利工程以防洪水，皆因地制宜大兴水利，并且派遣国子监学生奔赴全国各地监督水利建设，长兴也在被监督之列。在朝廷的宣导下，长兴地方对水利事务不敢怠慢。可以说，明代初年，溇港情况尚好，淤积问题不严重。

然而，地方水利事业运转良好的局面并没有维持太久。明代中叶，国家对地方事务的兴趣减退，直接干预减少，江南地区"农政不修，水利官渐次裁去。所谓塘长者，徒以勾摄公事、起灭词讼而已，遑问其为水哉"❷。大小官员面对溇港淤塞的情况也做过一定程度的努力。弘治年间（1488—1505），工部都水司主事姚文灏曾经提督浙西水利，他向朝廷上陈修治水利六事："一曰设导河夫，二曰发浚农粟，三曰给修闸手，四曰开议水局，五曰重农官选，六曰专农官任。"❸ 朝廷在经过商议后同意其中四项，姚文灏得以在浙西地区开展工作。弘治七年（1494），长兴县丞胡健疏浚溇港 34 条，于次年完成。正德十六年（1521），湖州府疏浚溇港 72 条，其中也包括长兴的部分溇港。然而，没有国家力量作为依靠，地方官员们凭借个人素质和个人意志所做的善举，终归效果有限不能长久。

---

❶ ［日］滨岛敦俊《明代江南农村社会研究》及《土地开发与客商活动：明代中期江南地主之投资活动》，台湾地区"中研院"第二届国际汉学论文集编辑委员会编《"中研院"第二届国际汉学会议论文集》（明清与近代史组）（台湾地区"中研院"1989 年版，第 101～122 页）的相关论述。

❷ 郑元庆：《石柱记笺释》，乾隆《乌程县志》卷一二《水利》，《中国方志丛书·华中地方》第 596 册，台北：成文出版社有限公司，1983 年，第 795 页。

❸ 邢澍等修：嘉庆《长兴县志》卷九《水利》，《中国方志丛书·华中地方》第 601 册，台北：成文出版社有限公司，1983 年，第 531～532 页。

明中后期，溇港淤塞情况进一步恶化。嘉靖年间，在安吉州判官伍余福著《三吴水利论》时，浙西地区的溇港已经是严重堵塞，伍余福谈到湖州的73条溇港，其中乌程39条、长兴34条。这些溇港事关重大，"盖浙西之水，皆从天目，时雨大至，四野奔流，皆自七十三溇通径递脉，以杀其奔冲必溃之势。"但是现在"小者如石涧……塞者如陆沉"❶，已经无法发挥其应有的效益。造成溇港的淤积的很大一个原因是，百姓为了生计，贪图利益，在湖塘岸边种植了桑麻芦苇等植物，茂密的植被堵塞了水流。由于利益冲突，民众并不愿意去清理积淤的溇港，反而乘着溇港淤积的机会在淤泥里种植，因此溇港淤塞情况愈发严重。明中后期，有史记载的疏浚溇港行为较罕见。嘉靖元年（1522），水利郎中颜如环督湖州同知徐鸾开沿湖72溇。80多年后的万历三十四年（1606），长兴知县熊明遇募民夫1500名，开浚城内外河道❷。朝廷也一度强行挑浚河港，在嘉、湖、杭、苏、常、镇七府地方一起展开工作，工多的令地方该管县"僇力并工"，工少的由地方管理人员自己组织挑浚❸，但是未见其效。总体而言，明中后期的江南水利事业处于一种萎靡不振的状态。身处明末的张履祥就曾慨叹说："水利不讲，农政废弛，未有如近代之甚者。"❹

明亡清兴，清廷一改明中后期朝廷的疏懒之风，重视水利建设，凡开浚溇、港、浦、河等较大水利工程，多由国家派员办理，所需费用也由国家开支。康熙四十六年（1707），康熙帝特召江南、浙江两省在京大学士以下、翰林科道官以上的官员，入谕曰："江南省之苏、松、常、镇及浙江省之杭、嘉、湖诸郡所属州县，或近太湖，或通潮汐，所有河渠水口，宜酌建闸座，平时闭闸蓄水，遇旱则启闸放水，其支河港荡淤浅者，并加疏浚，引水四达，仍酌量建闸。多蓄一二尺水，即可灌高一二尺之田，多蓄四五尺水，即可灌高四五尺之田，准此行之，可俾高下田亩，永远无旱涝。"并下令"将各州县河渠宜建闸蓄水之处，并应建若干座，通行确查明晰"。康熙帝考虑到"建闸之费不过四五十万两，且南方地亩见有定数，而户口渐增，偶遇岁歉，艰食可虞，若发帑建闸，使贫民得资佣工度日糊口，亦善策也"❺。这样，清政府通过农田水利建设，既保障了农业生产的发展，又同济贫结合起来。康熙四十七年（1708）三月，闽

---

❶　伍余福：《三吴水利论·论七十三溇》，《四库全书存目丛书》史部第221册，济南：齐鲁书社，1996年，第386页。

❷　同治《长兴县志》卷二《城池》，《中国方志丛书·华中地方》第586册，台北：成文出版社有限公司，1983年，第298页。

❸　《吴中水利通志》卷十《公移》，明嘉靖三年锡山安国铜活字本。

❹　张履祥著，陈恒力、王达校释：《补农书校释》，北京：中国农业出版社，1983年，第189页。

❺　《清圣祖实录》卷二三一，康熙四十六年十一月乙亥条，《清实录》第6册，北京：中华书局，2008年，第313～314页。

浙总督梁鼐奏浚乌程县之 33 溇，长兴县之 30 溇，奏建闸 64 座，共需银 48076
两余。户部准予浚建，所需工料银两，移咨户部拨给❶。雍正五年（1727），又
令苏、松、常、镇、杭、嘉、湖地区，疏浚河港，以资灌溉，修建闸座，以便
启闭，其一应工费，俱动用库帑支给❷。

清中前期，在中央政府重视的情况下，地方官员对于水利事务也更为留心。
清代长兴地方官员疏浚溇港的记录明显增多。不完全列举如下：康熙八年
（1669），长兴县在沿湖新筑湖堤，疏通溇港，在 34 溇之间各建跨桥。康熙十年
（1671），长兴知县韩应恒和主簿郑世宁疏浚各处沟渎。康熙四十六年（1707），
浙江巡抚王然委湖州知府章绍圣疏浚诸港，各建水闸 1 所。康熙四十七年
（1708），长兴疏浚太湖溇港。雍正七年（1729），湖州知府唐绍祖上奏朝廷，提
出太湖治理方案，其中长兴需浚溇港 23 条，修湖边石塘 1 条；并列出具体施工
计划。雍正八年（1730），浙江总督李卫委托湖州协守范宗尧、知府唐绍祖修太
湖诸港之闸。乾隆八年至十三年（1743—1748），长兴县令谭绍基督率开浚长兴
溇港。乾隆二十七年（1762），浙江巡抚熊学鹏奏请疏浚乌程、长兴溇港。湖州
知府李堂奉檄开乌程、长兴溇港 64 条。

即便是在川楚白莲教起事、鸦片战争、太平天国战事之后，清廷的统治摇
摇欲坠，清廷仍然努力维系地方水利。嘉庆元年（1796），湖州知府善庆开溇港
64 条。道光四年（1824），浙江巡抚上疏开浚乌程、长兴两县溇港。道光九年
（1829），湖州知府吴其泰受开长兴溇港 22 条。同治五年至八年（1866—1869），
长兴乡绅沈丙莹、钮福皆等禀请浙江巡抚马新贻开浚长兴溇港 29 条，修闸
12 座。

同治年间的溇港大修，有董俊翰的《开浚溇港记》留下了详细的记载。当
时清廷划拨国库，谕令江浙两省官绅妥筹兴办水利。他负责督办长兴县开港事
务。同治五年（1866）冬到次年春，北自斯圻，东南至蔡浦，董俊翰花两月时
间遍历现场，勘测估算工程。所勘之港，只有新塘水势通利，其余都有淤塞，
急需浚治。于是在正月中旬，招募人夫，陆续兴工，至三月底验工开坝，获得
疏浚的已有 22 条。由于蚕忙季节来临，未竣工者，都下令停工，待秋后继续开
浚；已开浚符合规范者，一律修建闸座，安置闸板，使其得以启闭自如，随时
应对旱潦。此次长兴溇港开浚工程，其经费和开支如下：

> 　　总共领开港经费，钱三千八百九十二千二百九十六文，共开溇港
> 二十七条，计共方数二万四百六十七方八尺五寸。开深一尺，开方一

---

❶ 邢澍等修：嘉庆《长兴县志》卷九《水利》，《中国方志丛书·华中地方》第 601 册，台北：成文
出版社有限公司，1983 年，第 533 页。

❷ 邢澍等修：嘉庆《长兴县志》卷九《水利》，《中国方志丛书·华中地方》第 601 册，台北：成文
出版社有限公司，1983 年，第 536 页。

丈为一方。每方遵章给发工食、筑坝、车戽钱一百五十文，共发过钱三千七十千一百七十八文；又开付委员绅士司事船只、火食等项经费钱二百四十九千七百八十二文；又遵章每方给予办理经费钱一十文，共得钱二百四千六百七十八文；尚短钱四十五千一百四文，由善后局垫补。共合领过钱若干，付过钱若干，该余钱六百一十七千四百四十文。因系全村港、莫家港、百步港、殷南渎、夹浦港五处自行开浚，致存此款，官绅公议，即将此款归作修筑闸口、置办闸板之用。计全做闸口八处、全做闸板二十四处，共给付工料钱七百八十千一百三十文，尚短钱一百六十二千六百九十文，由善后局垫补。❶

从上述可得，纵观清代，从中央政府到地方，有明确记载的疏通长兴溇港的次数高达 18 次，考虑到能够被载入史册的事迹，一般都为大工程，也就是说这 18 次溇港疏浚的规模都比较大。换言之，在清代，大概平均每 15 年，长兴溇港就会有一次大规模的疏浚，而平时小规模的清淤次数应该远过于此。比之前代，清代的溇港疏浚频率高、规模大，上下一心，颇见成效。

三、圩田和圩区水利的进一步发展

南宋以来的圩田圩区在明清时期也有进一步的发展，同治时期的《湖州府志》中记载："溪下而田高不能注抱。故凿池以防暵（旱），设圩以防涝，圩即塘塍别名，宽厚崇隆，胜于他邑。"在湖州府内，这种不规则的、面积较小的半圩田已经成为地方的别样景致，这其中，长兴县的圩田连圩成片，蔚为壮观。

明清时期，大部分圩的名称以姓氏题名为主，如钱家圩、吴家圩、黄家圩等，还有部分圩的名称连着两个姓氏，如李张圩、陈胡圩、包徐圩等，以姓氏所题圩名说明当时圩圩的形成，是由某一个或两个姓氏宗族投入劳资进行筑堤围田而来，其圩田的产权开始也是隶属某姓氏宗族内部成员所有。其他有少部分圩以圩坐落的方位取名，如庙后圩、两乡圩、塘南圩等；有以圩的形状取名，如尖圩、长圩、蚕筐圩等；有以圩的面积取名，如四百亩圩、一百八十亩圩、七百亩圩等；还有其他等形式取名的圩，如乌鸦圩、喜鹊圩、莲花圩、双凤圩、秧圩等等。

明清时期，"圩"字的内涵已经扩大，从单纯的农业地理概念扩展为地名区划概念。万历时期的顾应祥在编写《长兴县志》时，将众多带有"圩"字的地名记入"经界"卷，将其视为正式的地名区划。这一做法同样在清代的《长兴县志》中得到继承，同治时期的《长兴县志》留下了当时全县 785 处圩的名称，其

---

❶ 同治《长兴县志》卷一一《水》，《中国方志丛书·华中地方》第 586 册，台北：成文出版社有限公司，1983 年，第 986～993 页。

中的 303 处圩位于白乌区，占了其中 4 成。白乌区也是清代长兴十二区❶中，拥有圩的数量最多的分区。清代长兴十二区下辖区划地名种类数量见表 4-1。

表 4-1　　　　　　　清代长兴十二区下辖区划地名种类数量　　　　　单位：处

区　划	坍	圩	圩	沟	号
方山区	24				
谢公区	14	19			
尚吴区	8	43			
荆泉区	3	23			
清嘉区	4	42			
惟新区	10	52			
嘉会区	23	77			
平定区	9	30			
至德区	7	29			
安化区	39	98	1	1	50
白乌区	1	303	3		
吉祥区	28	42			13

注　数字来源同治《长兴县志》。

　　之所以会将圩视为一个地名，并且将其作为一个非正式区划，那是因为明清时期的圩，已经不止是一种特殊的田地，由圩一字，又延伸出圩埂、圩门、圩区等词汇。乾隆时期的长兴县令谭肇基在改革圩埂修筑规则时就谈到"一圩之中，民间田地庐舍俱在内"❷，在此时，圩不仅是民众的农业生产区域，也是他们的日常生活所在，"圩"的含义不仅是那一块围成的田亩，也是指以那一块田亩为中心的四周地界，用"圩"来指称地界也变得顺理成章。至今长兴境内有 170 个左右的村名与"圩"相关。

四、山区开发与上游水土流失

　　明清时期，长兴县的山区的水利有进一步发展。明代初年，在长兴县西南的长潮山，里人黄通捐资建造堰坝，在山间架设石梁，其下又修筑 3 里多的石

---

❶　清代长兴十二区：方山、谢公、尚吴、荆泉、清嘉、惟新、嘉会、平定、至德、安化、白乌和吉祥区。

❷　同治《长兴县志》卷一《疆域·乡都》，《中国方志丛书·华中地方》第 586 册，台北：成文出版社有限公司，1983 年，第 206～207 页。

堤用以蓄水，工程可灌溉附近 1000 多亩的田地，有效地改善了当地"无处蓄水，山田苦旱"的情况。民众将此工程称为黄公堰，并在附近修筑了黄公祠做纪念。鼎甲桥乡月明村在明代修筑了圣旨坝，位置在常丰涧西岸，并在涧中筑多级堰坝引水，可以灌溉鼎甲桥以北农田千余亩。圣旨坝的起源还有一传说：常丰涧出北川岕后，常闹水患，当地农民上书京都，皇帝下圣旨在此筑坝，命名为圣旨坝。此传说今已不可考。在明清之交，泗安镇以东修建了老虎坝和龙须坝，煤山修建了大园坝，小浦箬岕村也修建了同名的老虎坝。这些山区水利工程的修筑平衡和调节了不同季节、年份的水量，为当地农业生产带来益处。

不过，明清时期民众在上游山区的开发，直接导致了水土流失问题。湖州府南、西、北三面靠山，接连数郡。西天目山下来的溪流，则是经过孝丰、安吉、长兴等县汇入太湖，在日常时期，周边乡村可依赖这些溪流保证农田灌溉，在洪涝时期，有干河及沿太湖港渎的及时排泄，也能顺利地排除过剩的水量。然而，若是溪流和溇港无法排泄过剩的水量，往往就会酿成水灾。山洪导致的水灾，在清代尤为严重，究其原因就在于当时民众，尤其是棚民大量进入山中，开挖山地，破坏生态平衡，引起水土流失。长兴县亦深受其害。一如王凤生在《浙西水利备考·杭嘉湖三府水道总说》中所记载：

> 杭郡之于潜、临安、余杭三县，地匝万山，为水道发源之处，近以栅民租山垦种，阡陌相连，将山土刨松，一遇霪霖，沙随水落，倾注而下，溪河日淀月淤，不能容纳，辄有泛滥之虞，与湖郡之孝丰、安吉、武康三县，长兴县之西南境，乌程县之西境，其为害则同。[1]

费南辉在《语余》中进一步指出，棚民种植番薯、玉米等作物，需要除草翻土，旧有的土层被打散，而新种的这些作物扎根很浅，无法坚固土壤，导致土层松动。大雨来临，地表径流增大，大水裹挟沙土下山，淤塞溪流河道，冲垮圩堤，原本良好的自然排灌条件不复存在，既给太湖上游地区的生态环境造成致命影响，又破坏了当地的水利设施。

> 湖郡山洪常发，其故有二：一由天，一由人。由人者，山棚是也。俗名番薯厂。外来之人，租得荒山，即芟尽草根，兴种番薯、包芦、花生、芝麻之属，弥山遍谷，到处皆有。草根既尽，沙土松浮，每遇大雨，山水挟土而下。溪河逐渐增高，圩田低洼如故，以致水患益大。[2]

❶　王凤生：《浙西水利备考·杭嘉湖三府水道总说》，贺长龄：《清经世文编》卷一一六，北京：中华书局，1992 年，第 2832 页。

❷　同治《湖州府志》卷四三《经政略·水利》，《中国方志丛书·华中地方》第 54 册，台北：成文出版社有限公司，1960 年，第 798 页。

　　长兴县地界太湖与低丘山地之间，共分十二区，上六区属山乡，下六区濒湖，有许多外省、外地籍的客民携带妻子和资财，陆续前来从事垦山等经营活动，租荒垦山多达 130 户❶。水口乡的南山脚村，二界岭乡的湖北场村均由外籍人来此垦殖定居而得名。乾隆年间，由于棚户移民入迁，需要口粮，大量买米，造成全县米价时不时突然上涨，引发原住民众的巨大不满。

　　棚户开垦导致的生态问题、社会问题相当严重。管理棚民开垦山区，减轻山洪危害成为地方政府的一项重要职责。嘉庆六年（1801），时任浙江巡抚阮元发布《抚宪院禁棚民示》，严禁棚民开垦山地。条文虽然严厉，然而收效甚微。因为外来棚民客民历尽辛苦，往往个性凶悍，强行垦种他人田土，甚至掠夺当地百姓妇女畜产。面对这些凶悍野蛮的外来棚民，当地官吏士绅往往心生畏惧，不敢过问。嘉庆十九年（1814），在长兴县朱砂岭、四安、水口等地界，不安分的棚民们恃强聚党、聚众斗殴、盗抢财物等恶行，甚至惊动了中央政府❷。道光三年（1823），湖州知府方士淦曾决心剿办棚民、永禁赁种，希望达到"除盗窃之窟""清水利水源"的双重目的，结果也未能完成❸。

　　道光二十九年（1849），江南地区发生大水灾，淹没村庄良田无数。人们不得不正视棚民开垦造成的危害。大雨时泥沙流失，附近良田和河道被沙淤积；旱期出现更多的枯水溪，农田无所资灌。这些都将影响政府的正常税收和民众的生存。同年，御史汪元方上疏再次说明水灾发生的重要原因在于棚民垦山，要求中央政府采取措施禁止垦殖面的扩大。此事，很快分配给了浙江巡抚吴文镕，下令有棚民入居的各地县令负责具体的查办工作，同时也要求江苏、安徽、江西、湖广各督、抚一起联合稽查棚民开垦问题，有了中央的介入，地方官员不敢怠慢，这一时期，被过度开垦山地和植被有所恢复，地方水利事业情况也有所改善。

　　然而，咸丰、同治年间的太平天国战争使得地方秩序再度遭到破坏，外地流民进入浙西地区，刚刚有点起色的山区生态环境再度恶化。水利设施也在战火中被毁。战乱结束后，时任湖州知府的名臣宗源瀚重视流民问题，发布了编查棚民保甲的规约。他在查办埭溪一带七县境内棚民、土著问题所拟的二十条章程中，第十一条是这样规定的：

　　　　禁新开山场以顾水利。新开山场砂砾，随雨而下，有害水利。凡

---

　　❶　邢澍等修：嘉庆《长兴县志》卷一五《物产》，《中国方志丛书·华中地方》第 601 册，台北：成文出版社有限公司，1983 年，第 887～888 页。

　　❷　嘉庆十九年五月十八日御史张鉴《为请敕浙江巡抚将棚民编设保甲事奏折》，载《历史档案》1993 年第 1 期，第 24～33 页，《嘉庆朝安徽浙江棚民史料》。

　　❸　同治《湖州府志》卷九五《杂缀三》，《中国方志丛书·华中地方》第 54 册，台北：成文出版社有限公司，1960 年，第 1814 页。

种山棚民，必须该山向有田地亩形者，方准垦种，向无田地亩形者，不准新开。违者驱逐。❶

宗源翰将环境治理和社会管控相结合，多管齐下，一定程度上扭转了湖州山区水土流失的情况。

尽管以宗源翰为代表的能臣干吏想出种种办法，努力改变太平天国战争后城乡凋敝、水利荒废的状态。但是，导致太湖上游棚民屡禁不绝的根源在于民众极端贫困，他们出于谋生需求被迫开垦山地，致使水土流失。社会大环境没有变化，民众的生存状态没有改善，太湖上游的水土流失问题就无法从根本上得到解决。

第二节　水利政策与管理

一、水利职官和机构设置

明代伊始，洪武二年（1369），乌程县设大钱湖口巡检司，长兴县继续设皋塘太湖口巡检司，巡检司的主要职责是治安和捕盗，也有管辖溇闸运行和确保通航安全的意味在内。洪武时期在地方上并没有设置专门的水利官员。但在洪武二十七年（1394）朝廷昭示各地，凡是陂塘、湖堰应潴蓄余水以备干旱，筑水利工程以防洪水，皆因地制宜大兴水利，明太祖派遣国子监学生分诣各地，督理水利事务，其中长兴也由国子监学生前来督办水利工作。

水利建设的根本目的是维持农业生产，保证国家税收，进而维系王朝统治。明代在由国家设置的地方上的水利职官习惯性称为劝农官，或者治农官、水利官。永乐初年（1403），户部尚书夏元吉在江南督治水患，于江南府县广设劝农官，在府上由通判充任、在县中由县丞充任，劝农官的主要职责是治水防灾，保证农业生产。湖州府设置了水利通判一员，长兴县设置了治农县丞一员。永乐二年（1404），长兴县丞张敏沿太湖修筑堤防，张敏极有可能就是当时的劝农官，负责水利事务。明中前期，每一块圩田都设置了塘长，通常是拥有较多土地的乡绅担任此职。长兴县有塘长 37 人。每年农闲时节，塘长们在劝农官的带领下，视察田间地头，修缮圩岸，疏通水道。

永乐以后，自监司以及郡县俱设有水利官，专治农事，每圩编立塘长，即其有田者充之。岁以农隙，官率塘长循行阡陌间，督其筑修

---

❶ 宗源翰：《颐情馆闻过集·守湖稿》卷九《查办埭溪一带七县境内棚民土著拟议章程》，《四库未收书辑刊》第 10 辑第 4 册，北京：北京出版社，1997 年，第 569 页。

圩塍，开治水道，水旱之岁，责其启闭沟缺。❶

然而，这一套劝农治水制度运行的并不顺利，劝农官时废时设。永乐十九年（1421），朝廷裁革劝农官。宣德二年（1427）恢复设立此职。正统八年（1443）朝廷再次裁革劝农官。成化九年（1473）再度恢复。在弘治七年（1494），在长兴县内，陪同浙江布政司左参政周季麟治理太湖上游，负责测量地势、修筑湖堤和潆港的，便是当时的长兴县丞胡健。和前文永乐时期的县丞张敏一样，他也是劝农官。明中期后，劝农官依然是屡废屡设，根本无法持续性发挥作用，并且劝农官的工作重心也经常发生变化，从最初的兴修水利、劝科农桑，到宣德朝时演变为催科征粮。即便在成化朝恢复永乐旧制，让劝农官重新负责水利事务，但在具体实践上，劝农官经常会被安排别项事务，无法安心本职工作，"水利之衔犹设，而劝农之义无闻，至于有司多所不解"❷，这一弊端贯穿整个明代，终明之世也没有得到彻底解决。

清代的各级文官基本都有负责地方水利、发展地方经济的职责，都有义务协调水资源分配问题。以乾隆二十七年（1762）湖州知府李堂所经案件为例。常丰涧源出义乡山南北二川，至黄泥潭入太湖。乾隆二十六年（1761）夏，鼎甲桥某氏开掘入山大路，拦截常丰涧水，南会光竹潭、青桥湾。由于常丰涧水至黄泥潭后，分流蒋家港、上周港、长大港、杨家园港四处，沿途居民有数千家，桑麻田禾均仰赖此水。上游被截断，直接影响下游生态。当时，居民绘图，据县志所载常丰涧流向，向县令与湖州知府等处求助。次年，湖州知府李堂发布告示，严厉申斥了某氏，命令填埋所挖掘之引水沟渠，并且下令永禁开掘截流。此外，文官们也要负责城市建设，在此过程中，势必会遇到疏通城市内外河道的问题。在清代长兴，留下了四次上规模的开浚城河的记载。康熙十年（1671），长兴知县韩应恒和主簿郑世宁开浚城河。康熙六十年（1721），知县晏士杰主持疏浚城河。乾隆四十七年（1782），长兴知县龙度昭，准许武举沈龙标等呈请公捐，开浚城河。自西水关至清河关（通郡城及太湖），一律疏浚。同治四年（1865），长兴知县庞立忠主持疏浚城河。

清代在地方的水利职官有兼衔制度，清政府让一些已有职守的地方官员兼署水利职衔，负责所在区域水利的任务。水利职责从地方官职司中专门独立出来，指定地方官中的某些职级官员兼理其事，朝廷对兼水利衔的地方官以谕旨方式，"各给以管理水利职衔"，并由吏部"铸给兼管水利关防"。监衔水利的，

❶ 郑元庆：《石柱记笺释》，乾隆《乌程县志》卷一二《水利》，《中国方志丛书·华中地方》第596册，台北：成文出版社有限公司，1983年，第795页。

❷ 左光斗：《左忠毅公集》卷二《足饷无过屯田疏》，《四库禁毁书丛刊》集部第46册，北京：北京出版社，1997年，第235页。

在个别特殊情况下为巡抚，在重要地方是道员，在府县一级由同知、通判、县丞、主簿等佐贰官充任。以湖州府为例，作为重要的水利管理区域，除了让佐贰官监衔水利外，在雍正四年（1726）置杭嘉湖道，乾隆二十三年（1758）又加了水利衔。这一制度维持至清朝终结。

二、明清溇港管理制度演变

明代初年，政府高度重视水利建设，这种重视也反应在溇港的管理及组织上，明廷将溇港管理和徭役体制相联系，并严格贯彻执行。洪武年间（1368—1398），长兴设溇港管理制度，每年拨 1000 户去清理淤泥。每溇有役夫 10 名，铁钯 10 把，箕帚兼备。依据"照田拨夫，照夫分工，大户出食，小户出力"的方法应对水利劳役，既减轻了政府的负担，还解决了劳力度支问题，达到了官民两便的效果。

明代中后期，明政府对民间的控制松动，也使得曾经运转有效的溇港管理体系荒废。万历四十二年（1614），乌程知县曾国祯曾试图建立"照亩科派"的新制度，让富者出钱、贫者出力，但是并没有收到什么成效。不过，曾国祯的改革，意味着在制度上，溇港的浚治作业已经发生了从"照田拨夫"为主向"照亩科派"的重大转变。在此基础上，水利工事直接由佃户支出劳力、地主负担工钱的阶级关系得到了明确。在溇港管理中，这种富者出银、贫者出力与"照田科派"制度间所对应的阶级关系已经十分明显。明末江南社会经济方面的一大变化是分散的土地集积形态转向大土地所有的形成，而地主的非城居化与科派对田亩劳役的适应，使现实的劳动力在佃户中得到了实现。由于地主与佃户的关系是通过国家权力的媒介而形成的，它造成的结果使地方的水利关系得到了维持。进入清代后，这种"照亩科派"的溇港管理趋势得到了切实的反映。

清代上下，对治理太湖的思维发生了变化，从明代的只着眼于疏浚太湖下游的"三江"，变成了到太湖上下游同时疏浚，即"并浚江溇"，同时疏浚三江和溇渎。清人认为，如果治理太湖只关注苏松为主的下游地区，上游溇港则会遭到阻塞，以致"湖州之病在难消"❶。水利专家王凤生也认为，太湖水流的咽喉之地在于苏、松、常、湖诸府水流的来源与下达，表示水利修治的关键就要使上游溇渎的"畅达"和下游吴淞江、娄江的"深通顺轨"❷。因此，朝廷对溇港水系的畅通较明代更为重视。

康熙、雍正时期国家财政的相对稳定，能够直接拨款用于溇港修浚，地方

---

❶　凌廷堪：《湖州碧浪湖各溇渎要害说》，贺长龄：《清经世文编》卷一一六，北京：中华书局，1992 年，第 2841 页。

❷　王凤生：《浙西水利备考·杭嘉湖三府水道总说》，贺长龄：《清经世文编》卷一一六，北京：中华书局，1992 年，第 2832 页。

官府也能协力开展对溇港的管理，在经费组织上主要依靠帑银来完成修浚工作。这段时间，是溇港管理组织方面最为安定的时期。在乾隆朝以后，特别是在嘉庆、道光以后，由于社会政治方面的变化，国家的控制力逐渐趋于动摇，溇港管理上则是出现了衰败的景象。道光年间的几次水灾，使溇港慢慢淤塞。为了改变溇港不振的面貌，道光九年（1829），湖州知府吴其泰奉命制订《开浚溇港条议》，对溇塘修筑、清障、分段管理、土方填筑、溇闸管理等作出明确规定，每溇设闸夫 4 名，利用"公项存典生息，由府发归大钱司给予口粮"，这一做法延缓了溇港衰败的趋势。但是好景不长，太平天国时期，江南陷入战火，溇港管理制度彻底荒废。

太平天国战乱平息后，地方上最先展开的工作是对溇港的"开复"，当时需要经费白银 50 万两之多，一时难以筹措，只好权衡缓急，选择重点工程优先疏浚。可见，在战后溇港管理工作中，经费问题是相当关键的。但是，地方政府一方面害怕水患影响生产和税收，另一方面则更怕浚治工程筹办经费增加民众负担，引发民众不满造成动荡。这种犹豫不决一方面使得复兴溇港管理的努力宣告终结，另一方面也说明，地方民众对于防灾及开浚等长久事宜并不关心，这也使溇港管理的重振出现了障碍。政府为解决溇港经费问题，采取了一些应急的办法。同治九年（1870），前内阁侍读学士钟佩贤的上奏，湖州府属溇港年久失修，壅塞严重。浙省溇港关系到东南水利，必须尽快予以疏浚。朝廷经过商议，最终决定动用厘金，在"厘捐"项下借款动工，令浙江巡抚杨昌濬进行查勘办理溇港水利。杨昌濬即奉命督饬湖州府地方官趁冬闲之际，将寺桥等最为要紧的 9 港及诸、沈 2 溇等先行拨款赶办。厘金是在咸丰三年（1853）为镇压太平天国运动而补助的军需资金，先是在江苏省征收，后又扩及其他各省。但在太平天国运动后，厘金便转成了地方重要的财政来源，一定程度上纾解了地方的财政困难。

三、清末溇港岁修制度的确立

同治五年（1866），担任江南道监察御史的长兴雉城人王书瑞（1806—1877）上奏朝廷，浙江省尤其是湖州府地区溇港淤塞严重，急需疏浚。他在奏折中回顾了在康乾盛世时期湖州府地方水利修治成就，指出在太平天国动乱后，溇港疏浚工作荒废，导致溇港内泥沙堆积、水行不畅。不久之后，曾任苏州知府的归安县士绅吴云（1811—1883）写就《重浚三十六溇议》，他指出要确立以民众为中心的自主性的经费负担及管理组织，调动民众的自主性和积极性，从而在根本上全面排除危害与安定水利。这一提议得到了广泛的支持。

在吴云《重浚三十六溇港议》的基础上，同治十一年（1872），湖州府制订《溇港岁修条议》，奏报时更名为《溇港岁修章程》十条，向朝廷请示圣旨，落实岁修经费。

所谓岁修就是以定期工事为中心的开浚作业，《溇港岁修章程》共十条，分别为疏治宜轮、启闭宜慎、闸夫宜足、水则宜立、来源宜浚、去委宜淘、工价宜定、责成宜专、经费宜筹、稽查宜勤。十条章程从工程技术、人力配置以及经费调拨这三方面为溇港岁修订下制度。

就工程技术而言，溇港易淤，所以必须勤于岁修，但是每年小修小补没有大修是无济于事的，因此章程规定每年轮开 6 港，总计 36 溇，以 6 年为循环，周而复始，疏通溇港，是为大修。6 溇轮开完毕之后，还剩 30 溇，需要在启闸前派专人亲往测验，并雇佣役夫将水闸南北的淤泥挑除干净，才允许启闭。再者遇上大雷雨，港岸出现坍卸，闸夫必须随时禀告，委员雇夫流淘，是为小修。按照这套方案，可以确保溇港畅通无阻。疏浚之外，是立水则，浚来源，淘去委，谨慎启闭闸门，地方必须做到勤于稽查，每年由专门的管理人员对启闸、闭闸情况作出报告，其后由湖州府官员亲往各溇查验。每年轮开 6 溇时，也要在尚未估工筑坝以前由湖州府官员亲往测量水则，平水时开深、开宽多少，都要一一亲自量估，并确核土方，在完工后，仍要逐一细量宽深，在丈量上保证没有丝毫含糊，最后才能由湖州府禀请委员验收。

溇港疏浚需要大量的人力，同治十年（1871）《溇港岁修章程》颁布明确了闸夫制度，选择"朴勤年壮之人"充当闸夫，共需 71 名。每年发工食钱 6000 文，由总董按季发放，不许折扣，也不经胥吏之手。在闸夫制度建立后，所有水闸必须按时启闭以时，并责成各溇港相关闸夫铲除荛芦等杂物，照管好各港闸板、铁环、钩索等工具，若有玩忽懈怠者，则被革除其闸夫"花名"，到年终造册时送府备查。闸夫制度需要有相应的管理人员统一调控，做到"责成宜专"。按照过去的做法，如果是由官府负责，经常是时间一久，人浮于事，制度视为具文；如果将任务完全交由乡绅负责，也会出现"漫无稽查，徒滋浮议"的弊病。同治年间所采取的改革办法就是"钱由绅管，工则官监，互相筹商"，从而在具体管理方面可以"互相钤制"。

在《溇港岁修章程》中，通过核算，包括了开浚工事费、劳务费及行政管理费在内，每年总共需钱 3930 串。对于这笔经费的来源，基本上还在于地方上的自主调剂，并适当加上政府的部分财政支援。在以前，溇港管理是以土地所有作为基准来维持其经费负担的，但是太平天国战乱后，户口离散与土地荒芜，照亩科派很难维持。章程中考虑到此情节，规定每年的岁修经费，则从丝捐、绸捐摊派中拨款，筹钱 3.3 万串，发典生息，利率约为 10%，这样利息所得可以满足岁修所需。从同治十年至十二年间（1871—1873），作为基金已预定了制钱 3.3 万串。其源来自包括长兴县的裕生典在内的 15 个典当行，合成 3.3 万串，每月一分起息，遇闰照算，按季支取应用。这样，就解决了岁修的经费来源问题。

《溇港岁修章程》的颁布，标志着清末溇港岁修制度的确立。在经费筹集完毕后，同治十三年（1874），湖州府正式开始了溇港的岁修工事。光绪元年（1875）又进行了大修以此6年为一周，"周而复始"，一直维持到近代。

四、圩田圩区管理制度的发展

长期以来，长兴圩区对圩堤的加固维护主要实行"贴埂制"，谁家的住房、农田最靠近的圩堤、圩门（水闸）、涵洞，其堤段即由谁承担该段圩堤的维护加固，其圩门、涵洞就由谁家看管。倘若某一堤段因洪出险，圩门、涵洞失管，造成灾害，负责这一段圩堤维护加固的人家或是看管圩门、涵洞的人家就要承担责任。

在这些贴埂人家中，不乏贫困之人，他们没有足够的精力和财力，所修筑的圩埂不坚固，也没有多余的劳动力看守圩门、涵洞，每当大水来临，他们附近的圩堤总是摇摇欲坠、岌岌可危。当整段圩埂面临遭殃之时，其余田主就群起责怪这些赤贫的贴埂人家，挖其田土，拆其房屋，用来筑埂、打桩，试图保住整段圩埂。如此这般，若仍不能保住圩埂，愤怒的田主就会上门问罪，挥拳殴打，穷人无力赔偿损失，不得不鬻妻卖子才能补偿罪责，如果无法偿还，甚至有性命之忧。据传，现画溪街道南石桥村的太平圩（原叫填塞圩）北侧，古时有一座圩门，圩门由旁边一家只有母子二人的农户看管，因突降暴雨，圩门未及时关闸，洪水侵入圩内，造成水灾，结果按此圩规，母子俩被推入圩门底，用泥石埋填而死。总之，在贴埂制下，贴埂的穷人家破人亡，而全圩被淹现象仍难以避免。

清代中叶，人们逐渐意识到这种贴埂制的弊端，因此开始做出调整。现在林城镇新华村圩垵圩存有《为圩塍碑记》石碑一方，记载了当地关于贴埂制的调整方式。乾隆六年（1741）该村遭受洪灾后，圩垵圩上有三个瓮洞（即圩堤上的涵洞）受损，急需修复。第二年春，时任长兴县令张元善参与调解处理圩境斗修复水毁涵洞及圩门经费时，考虑到了受益者均摊而不是只让贴埂人家独自负责。碑文中这样写道："此三瓮修资众约费银数十余金，例系按照田亩各业主捐工均派修筑坚固，以保田畴。"其中的"例系"二字，表明当时已经有不少均摊事例，而非固守传统的贴埂制。

长兴圩堤维护制度从贴埂制正式转变为均摊制，还要得益于乾隆十一年（1746）长兴知县谭肇基的治圩新政。乾隆九年（1744）洪水倒圩时，谭肇基亲临各区察访，深知贴埂制旧法的弊端，经过他和地方士绅耆老的多方商议，最终在两年后颁布法令，从明文上规定了长兴圩堤维护实行均摊制。

> 长邑圩田，每圩田亩多寡不等，向例圩堤坍损，惟贴堤之业主是问。其贫而无力者，修葺不能坚固，偶遇大水冲决，随之当合圩受殃之

际，群起而坐罪于赤贫之。业主潜其田以塞堤，毁其庐以作椿取之，不给攘臂殴拳，竟致鬻妻卖子以偿罪者。田已受殃而贴堤之贫，业主方家破人亡。

乾隆九年，洪水倒坽，余亲履诸区，目击情状，知立法不善，致贻民害夫。坽堤之设，所以卫田也，则修筑之费，自应按田派捐，何可专责贴堤之业主，即令业主不贫？每年修筑堤防亦属独肩之累。一家勤劳补垫数十家，并资其益，于事不均，于势亦难久，必致贴堤之田为石田，而坽内之遭淹没。且数数告也，余详加区画，每坽堤修筑计坽内业主按田均派，每年亩派银一分，设一印簿分晰注登。择坽田多者，为牌头银簿，俱令职掌，预置椿木培泥。每春初，沿坽修葺，不敷则加增，已固则停派。倘牌头侵扣，以致工程不甚坚固，许公禀追究，另举承充。如是，则私收误公之弊可绝。且一坽之中，民间田地庐舍俱在内，事公费均，害除利溥，民亦踊跃从事。

乾隆十一年四月备文通详饬行。❶

谭肇基明确指出，之前的贴埂制是"一家勤劳补垫数十家，并资其益，于事不均，于势亦难久"，故而改为"按田均派"，公平合理。可以说，谭肇基这一行为兴利革弊，对推进长兴坽区管理制度的合理化，作出了历史性的贡献。

现存和平镇小溪口村独山坽西坽门的一方古碑，额为《修葺独山坽门碑记》，立于清道光元年（1821）。碑文载有当年为修独山坽门，如何按田亩摊派修建资费的记录，可以视为谭肇基改革坽堤维护制度后，长兴县内坽贯彻施行的一例证。碑文如下：

窃维独山陡门开自嘉靖，至康熙壬申重修，迄今百余载矣！缘是陡门西向直受山水之冲，址虚石坏，若不修葺恒涌洪水之虞。无如工程浩大，独立难支。传齐合坽圩长，会同户户择立董事公议，按田取派，咸申乐举，是防未然，以固围也……计开：共田六千壹百零九亩一分三厘八毛，内除二百十亩，净田五千八百九十九亩一分三厘八毛。每亩派钱壹百十文，本坽每亩派钱壹百四十文，外产户每亩派钱二百文，余钱圩长工费之资。共用钱六百四十八千九百文。

自谭肇基改革后，经历200余年，长兴坽区百姓，在修筑加固坽堤、防洪抢险的劳务用工及费用摊派，一直沿用"均田分摊制"，即按坽内受益农田面积分摊水利用工及费用。"均田分摊制"成了长兴坽区管理、均衡利益的基本法典，得到长兴坽区民众的认可。以后出现的如坽堤维护、抗洪抢险、坽圩配

---

❶　同治《长兴县志》卷一《疆域·乡都》，《中国方志丛书·华中地方》第586册，台北：成文出版社有限公司，1983年，第205～207页。

套设施建造、维修、管理，圩垸防汛物资、经费管理等制度，都秉承了"均田分摊制"这一基本原则。这也说明设定公平合理的圩垸管理制度，对调动垸区百姓参与护圩救圩，推进垸区水利工程建设，能起到关键作用。

除了官方颁布的圩堤修筑和维护制度外，明清时期还有民间自发形成约定的护圩公约和自治制度。位于和平独山圩门，现存有光绪辛卯年（1891）颁布的《立约议禁规碑记十条》，其中就有部分关于垸区养护的日常规范内容：

> 四禁，圩堤树木柴草不许私自斫伐；
>
> 五禁，不可放牛踏崩圩堤；
>
> ……
>
> 七禁，圩堤内港外河不可夹泥担土……

类似的民间日常护圩公约的存在，使得做到圩堤维护有章可依，对于保护垸区设施、保障圩堤安全、促进垸区可持续发展起到了重要的作用。

第三节 水利人物与事迹

一、周季麟大修太湖湖堤

周季麟（1445—1518），字公瑞，号南山，江西修水人。成化八年（1472）进士，初授兵部主事理山东边防。弘治三年（1490）由兵部郎中升任浙江布政司左参政。

周季麟到任浙江后，一直心系地方水利。弘治七年（1494），周季麟曾在嘉兴府易土为石，修整理兴旧塘 30 里。太湖沿岸素有湖啸之苦，需要筑湖堤抗之。永乐二年（1404），长兴县丞张敏沿太湖修筑堤防。宣德年间，由工部右侍郎外放担任江南巡抚的周忱，曾在太湖沿岸修筑湖堤，应对湖啸。

弘治七年（1494），周季麟奉命治理太湖上游，他考虑在长兴县重筑湖堤，解决沿湖地区湖啸引发的水灾。于是，他邀请松江籍的状元钱福勘查地势，访得宣德年间周忱所筑湖堤故迹，安排长兴县丞胡健量地度势，计算工程所需人力物力。在一切准备就绪后，弘治八年（1495），周季麟下令让长兴知县杨瑆、县丞胡健具体操办筑堤之事，两人动用民夫 4000 人，耗粮 800 余石，耗时一年，终于筑成湖堤。新筑湖堤从乌程至宜兴界，"长七十里，堤高与上宽各一丈，填田一顷五七亩二分四厘"。沿湖溇港从原来的 25 条增加到 29 条，溇港穿过湖堤通太湖处，上筑石桥 26 座。湖堤可抵挡太湖湖水上涨，溇港能疏导各处山水进入太湖。从此，由乌程抵宜兴，陆行即可沿此环湖桥堤经过。

周季麟率众人修筑湖堤完毕后，钱福撰写了《重筑湖堤记》，详述了周季麟的善举以及长兴民众的反应，湖堤筑成当年，长兴秋季大熟，民众赋歌两首，曰："频年凶兮，兹则丰公税登兮。衣食充，湖不为害兮，利则崇堤兮。堤兮，谁之功。"又歌曰："湖昔震兮，兹则定前文襄兮，后参政二周公兮，吾以为命，杭堤姑苏兮，今周姓周公闻。"❶ 其中，文襄是指宣德年间江南巡抚周忱。民众将周季麟和周忱并称二周加以唱诵。

其后，周季麟由浙江布政使调任河南布政使，又升任右副督御史，先后以右副督御史之职巡抚甘肃、陕西，历任四方。弘治十五年（1502），他在巡抚陕西任上，在西安修治龙首渠、通济渠，解决了西安民众的饮水问题。内阁大学士李东阳的《燕对录》载，弘治十八年（1505）四月初七，明孝宗和周围大臣谈及周季麟，认为其是好官。正德年间，刘瑾擅权，周季麟被剥夺职务。正德五年（1510），武宗诛杀刘瑾后，曾恢复了周季麟的官职，但当时周季麟已经年老，未去赴任。正德十三年（1518），周季麟去世，时年 74 岁。朝廷追赠其右都御史，谥号禧敏。周季麟著有《南山诗集》。

在周季麟去世后 21 年，嘉靖十六年（1537），又有长兴知县杨上林，接受乡绅温良铠的建议，"濒湖筑堤百一十丈，又浚坍缺港百三十余丈"，使往来舟楫均从里河（子河）通行，免受"沉溺剽掠"之患。第二年，他又负责完成了从坍缺口至小梅口的石堤。同年，新任知县贺恩准砌筑石塘港石堤。又过了 35 年，在万历元年（1573），长兴知县顾其志和典史严伟重修坍缺口石堤。后代官员们巩固了周季麟遗留的太湖堤防。目前，在长兴境内的太湖沿岸，仍能看到明代太湖古堤遗迹，如图 4-1 所示。

图 4-1 长兴县明代太湖古堤遗迹

❶ 同治《湖州府志》卷四三《经政略·水利》，《中国方志丛书·华中地方》第 54 册，台北：成文出版社有限公司，1960 年，第 794 页。

二、顾应祥博学多才

顾应祥（1483—1565），字惟贤，号箬溪，又号箬溪道人，浙江长兴人，弘治十八年（1505）进士，官至南京刑部尚书，一生著述甚多，尤精算学。

顾应祥在中进士后不久，参与编纂《孝宗实录》。正德三年（1508），授江西饶州府推官，抚平姚源民众暴动，颇著声名。正德十一年（1516），升任广东按察佥事、兼署市舶司。正德十四年（1519），升至授江西按察副使。嘉靖五年（1526）任陕西苑马寺卿。次年，右迁山东右参政、按察使、右布政使。嘉靖九年（1530），擢升右副都御史、云南巡抚，三年后因母亲去世，提前回家奔丧而被革职，被迫在长兴隐居15年。嘉靖二十八年（1549），顾应祥再任云南巡抚。同年，又任南京兵部右侍郎，转刑部左侍郎，未到任。次年，顾应祥拜刑部尚书，在任上受权相严嵩排挤，调任南京刑部尚书，在嘉靖三十二年（1553）致仕。嘉靖四十四年（1565）因疟疾卒于家，赠太子少保，赐葬于长兴县西北灵山。

顾应祥热爱家乡水文，他号箬溪，即是以乡邦之水命名的。顾应祥归乡后，纂有《长兴县志》两部。一部12卷，刊成于嘉靖三十八年（1559）。此书编例不用志类，有目无纲。据顾应祥自序说："凡为目五十有四。"这是继知县黄光昇所纂编年县志增补改写而成。书后有姚一元跋说："顾尚书考证既精，义例攸当；不事繁文，专于纪事。"另一部10卷，刊成于嘉靖四十年（1561）。此书志类凡八，即建置志、舆地志、民业志、治道志、钟英志、选才志、人物志、杂志各一卷，卷九卷十为诗文，不称艺文，而作附录。两部县志中均载有不少水利内容。顾应祥兼通天文、地理、授时、考据等修志学识，而且定例攸当，文章雅典。这两部《长兴县志》问世后，邑人奉如圭臬。清嘉庆修志时，尚传有原刊本，同治修志犹多引载。其后有抄本流传，而藏家以为秘籍，不轻以示人，以致其散轶失传。

顾应祥博学多才，擅文翰，能词曲，精通历法和数学。除纂修《长兴县志》外，还著有《测园海镜分类释术》《电复算术》《幻股算术》《律解疑辩》《授时历法》《崇雅堂乐府》《崇雅堂集》等。顾应祥虽高官他乡而不忘桑梓教育，一生在家乡创建两所书院：其一为居官时，在县城大西门内创建的养正书院；其二是归田后在城外五峰山下，创建静虚书院，他亲自授业其间，诲人不倦，著书立说。

三、熊明遇仕宦长兴故事多

熊明遇（1579—1649），字良孺，号坛石，江西南昌人。万历二十九年（1601）进士，授长兴知县。

熊明遇在担任长兴知县期间，深耕民生，营造城池、修建学校、移风易俗，使得社会风气好转，上下安定。熊明遇在长兴助力发展茶业经济，他常一个人到乡间问俗，动员百姓种茶桑，罗岕茶就是在他扶持倡导下得到开发的。熊明遇对罗岕茶采摘、加工、吟咏的研究考证极大地促进了地方茶业的发展，罗岕茶也由此声名愈广。长兴县在明代是贡茶"顾渚紫茶"的主要产区，熊明遇特地营造"荐春台"，规范了地方采茶仪式和县官主持流程，推进了长兴的茶业文化建设。

万历三十四年（1606），熊明遇募夫1500人，营造建设，开浚城河。经过开浚的内河，延袤316丈，加广5丈，加深5尺，外河延袤367丈，深广如内河。熊明遇所为极大地改善了长兴城池面貌。

熊明遇在长兴7年，政绩卓著，考功为最，地方治理取得巨大成功，广受地方百姓拥护，地方乡绅士大夫对其推崇备至，以"神君"视之，故而留下许多传说故事。

熊明遇离开长兴后，历任兵科给事中、福建金事、宁夏参议。天启元年（1621）以尚宝少卿进太仆少卿，擢南京右金都御史。崇祯元年（1628）以兵部右侍郎迁南京刑部尚书、拜兵部尚书。曾被解任，后复原职，再改任工部尚书。因病回归，明亡后卒。

四、谭肇基改革圩埂修筑规则

谭肇基，生卒年不详，字祝泰，号岐峰，新会（今属广东）人。雍正十二年（1734）进士，乾隆八年（1743）由龙泉知县调任长兴知县。

谭肇基初任长兴县令时，即令民间于水流所去之处随时开浚，不使堆积淤塞，此举在数年后颇见成效。谭肇基又亲历各溇港，相度地宜，浚港建闸。乾隆十一年（1746），谭肇基开浚运河。"凡应开处，先量明丈数，照田派工，立一木桩，大书晓示。圩长督开，咸急公而至，有至十里外者，不日完工，漕运称便。"❶

谭肇基在其任内最为令人称道的，当属改革圩埂修筑规则。从前，圩埂坍塌损坏，责任都由靠近圩埂的人家承担。那些家贫无力的贴埂人家，所修筑的圩埂自然不坚固，无法抵御大水。当整段圩埂面临遭殃之时，其余田主就群起责怪赤贫之家，挖其田土，拆其房屋，用来筑埂、打桩，试图保住整段圩埂。如此这般，若仍不能保住圩埂，愤怒的田主就会上门问罪，挥拳殴打，穷人无力赔偿损失，不得不鬻妻卖子才能补偿罪责。贴埂的穷人家破人亡，而全圩被淹现象仍难

---

❶ 同治《长兴县志》卷三《公署》，《中国方志丛书·华中地方》第586册，台北：成文出版社有限公司，1983年，第403页。

以避免。乾隆九年（1744）洪水倒坍，谭肇基亲临各区察访，遇到此类情状，深知坍埂修筑旧法不妥。谭肇基规定坍埂修筑的费用，要按照该坍田亩总数来分摊，而不应只由贴埂田主一人来承担。于是命人详加统计每坍的分户田亩数，责令每亩田每年派缴银子一分，并设置印簿，安排该坍田亩最多的一户作为"牌头"，坍银两与印簿，预先购置桩木，备好泥土，于每年春初将所有坍埂都翻修一次，若银两不足，就按实增派，若完全整固的，就停派银两。谭肇基还规定，如"牌头"克扣贪污，导致工程不坚固的，允许所有田主追究"牌头"责任，并改派他人担任"牌头"。这一规定让责任与利害公平分摊到每户人家，受到田主们的拥护。乾隆十一年（1746）四月，谭肇基让县衙发文，通令县内各区遵照新规则执行❶。

谭肇基在当时是小有名气的文人，因此他在任内也很注意文教建设。乾隆九年（1744），他下令重修了长兴学宫的大成殿、尊经阁和明伦堂。乾隆十二年（1747），修缮了孔庙，又捐俸重修城墙，设栅木锁钥，禁人私登。修复城门，铸铁叶重钉包裹，长兴城池焕然一新。乾隆十三年（1748），谭肇基延请吴菜等人编纂了《长兴县志》。乾隆十四年（1749）又修缮公署。同年，因政绩卓著，调任海疆，升为主事。

五、杨荣绪战后抚民兴水利

杨荣绪（1809—1874），字黼香，广东番禺人。道光十五年（1835）举人。咸丰三年（1853）进士，翰林院庶吉士，授编修。咸丰十年（1860）擢河南道御史，又任四川道御史、刑科给事中、礼科给事中。同治二年（1863），出为浙江湖州知府。

杨荣绪来湖州时，适逢太平天国战乱甫平，城乡一片破败萧条。杨荣绪为湖州的善后作出了巨大的贡献。他亲自安抚百姓，鼓励其恢复粮食、蚕桑生产。由于战乱破坏，湖州元气大伤，杨荣绪设立"善后局"，规划庶政，安抚流亡；因各县粮册散失无存，于是招民垦辟，由此地方经济民生渐有起色。同时，杨氏要求民间复种战乱期间被伐尽的桑树，贫者给以桑苗，由是丝业复兴。

在战后湖州社会经济恢复的基础上，杨荣绪疏浚溇港，兴修水利。但由于战乱的影响，杨荣绪履任湖州时，溇港系统管理废弛，淤塞严重。

> 沟洫堰塞，塍岸摧圮……大钱迤东至震泽县交界之湖溇类多淤浅……闸板乱后俱毁，闸夫每溇四人，向有公项存典生息……今成案已失，须另筹款……桥梁每被毁拆，石落河中，碍舟阻水……一遇淫

---

❶　同治《长兴县志》卷一《疆域·乡都》，《中国方志丛书·华中地方》第586册，台北：成文出版社有限公司，1983年，第205页。

潦，必至涌溢。❶

面对这种情况，杨荣绪着手实施溇港治理，他先是广泛征求有识之士的意见，在此基础上亲赴现场，勘探测绘，最终制定治理溇港的方案。在其任内 10 年间，他组织人力物力大规模疏浚溇港 4 次：同治五年（1866），开浚乌程、长兴两县溇港与有关塘河，同治八年（1869）竣工。同治九年（1870），开浚宣家港、杨渎诸溇、沈溇等溇港，共开土方 57148 方。同治十年（1871），开浚安港、罗溇、大溇、幻溇、濮溇、伍浦等 22 溇港，并溇口撩浅，共开土方 66005 方。同治十一年（1872），开浚北塘河 402 段，共挖土方 63480 方❷。

杨荣绪任内的溇港治理工作取得了相当大的成效。不仅如此，杨荣绪还制定溇港的日常管理工作规范，是为《重浚溇港善后规约》。

一、闸板七块、铁圈钩索全，如有损坏，即时修补；

一、闸基、闸槽、闸底兹皆备整，有损坏者必随时请修；

一、旧制重阳后闭闸，清明启闸，本港绅耆公商督同闸夫随时照办；

一、平时遇西北大风，亦宜闭闸，以防淤泥，闭闸后遇内河水亦宜启闸放水借以刷淤；

一、启闸时宜先测探闸内外淤泥，先行捞除，再启闸板；

一、港身如有壅积，闸夫随时禀知专管官，集夫浚除；

一、每逢秋后茭芦丛茂，闸夫务必芟除净尽，如不芟尽，扣发工食；

一、港之两岸新种杨树加意照管；旧种之桑催令移徙，新种者禀官禁止；仍随时加补丛竹杂树，以固港岸；

一、条列各事，均畫成闸夫，其本港绅耆，利害切己；仍不时督饬，如闸夫怠玩，准绅耆禀官责革。

杨荣绪在湖州知府任上政绩出众有目共睹。因此他在同治九年（1870）入京受奖，并在次年八月回任。同治十三年（1874）六月，杨荣绪去任，他被提拔为道员，然而未及上任便在寓所中去世。杨荣绪在湖州任内的贡献，得到了湖州人民和朝廷的高度认可。在其逝后，"郡人思之，请祀名宦祠"。而朝廷礼部以杨荣绪"政兼教养，绩著循良，请入祀名宦祠"上奏光绪帝，得到了皇帝的首肯，并于光绪元年（1875）十二月正式入祠。《清史稿》中有杨荣绪传。

---

❶　吴云：《两罍轩尺牍·王补帆中丞书》。

❷　湖州市江河水利志编纂委员会：《湖州市水利志》，北京：中国大百科全书，1995 年，第 190 页。

六、宗源瀚改善水土流失问题

宗源瀚（1834—1897），字湘文，上元（今江苏南京）人，祖籍四川宜宾。咸丰六年（1856）徙居常熟。咸丰八年（1858）从军经办江北大营粮台，以通判捐纳浙江候补同知，同治三年（1864）因功保举候补知府，同治七年（1868）八月委署严州知府。

同治九年（1870）七月，宗源瀚从严州知府任上调至湖州知府。这也是他第一次到湖州府任事，原因就是前任杨荣绪在湖州修治溇港水利成绩卓异，入京受奖。宗源瀚作为代理知府被调至此地，这是宗氏第一次到湖州府任事。宗源瀚甫一上任，就将湖州府境内的情况摸排清楚，组织人力疏浚了碧浪湖。同年，乌程乡绅吴云、徐有珂上陈《重浚三十六溇议》，浙江巡抚杨昌濬委派宗源瀚会同乌程、归安知县及士绅陆心源等查勘，一并商议开浚溇港事宜。宗源瀚兢兢业业，率人仔细勘察，定下疏浚办法，使得工程于当年十一月顺利开工。次年八月，杨荣绪从京城返回，宗源瀚就回归严州继续担任知府。杨荣绪继续宗源瀚的疏浚工作，于同治十一年（1872）完成。

宗源瀚任内的独特的水利贡献，当是妥善处理了由棚民过度开发导致的水土流失问题。宗源瀚深知，编户齐民，将棚民纳入正常的管制系统是应对棚民的关键。他将重点放在有"七县❶中心"的埭溪山区。宗源瀚委派埭溪巡检联合地方驻军，加大缉捕盗匪的力度，并且逮捕了一批带头作乱的棚民头子，这些举措震慑了平日里目无法纪的棚民。随后，宗源瀚在棚户聚集区开展人口普查工作，要求所有登册的棚民人户都必须到埭溪巡检司衙署报明身份，填写门牌底册。最后，他又起草了《查办埭溪一带七县境内棚民土著拟议章程》20条，这为日后官员处理棚民问题提供了指导和依据。在20条章程中，就有规定：

> 禁新开山场以顾水利。新开山场砂砾，随雨而下，有害水利。凡种山棚民，必须该山向有田地亩形者，方准垦种，向无田地亩形者，不准新开。违者驱逐。❷

宗源瀚以雷霆手段，打击了不法棚民，稳定了境内秩序，也使得湖州山区水土流失的情况得到改善。光绪三年（1877），宗源瀚再度调任湖州，不过很快又被调至宁波任职。

宗源瀚在光绪十五年（1889）年升任浙江候补道台。第二年（1890）浙

---

❶　七县：归安县、乌程县、长兴县、安吉县、孝丰县、武康县、德清县。

❷　宗源瀚：《颐情馆闻过集·守湖稿》卷九《查办埭溪一带七县境内棚民土著拟议章程》，《四库未收书辑刊》第10辑第4册，北京：北京出版社，1997年，第569页。

江通省舆图局成立，调宗源瀚任督办，主持其事。宗源瀚通晓水利，曾著有《湖州水利议》一文。黄河郑州决口后，他又著《筹河论》三篇，被李鸿章称誉为"河事既起，章满公车，未有见深切著明如此者"。光绪二十三年（1897）七月，宗源瀚在浙江候补道台任上去世，归葬常熟虞山。以政绩卓著宣付国史馆立传。

第五章

民国时期长兴水利建设

第一节　水利管理机构与制度

民国时期，中央和地方水利管理颇为紊乱，不同的水利事务一度归属不同部门。为了协调全国水政，统一、专门的水利机构开始设立，水政管理呈现专门化趋势❶。就浙江而言，北洋政府时期省政府设立浙江省水利委员会，南京国民政府时期设立浙江省水利局，隶属建设厅。各县级政府中，水利原由县公署（政府）中的建设科兼管，抗战结束后，各县设立水利协会（初名为水利委员会）专门负责❷。

同时，除了政府机构管辖水利事务，还出现了跨省、跨县的流域性水利组织，协助地方政府进行水利建设。尤其是北洋政府时期，由于政局动荡、财政短绌，政府对水利建设不能有效支持，官民合办的水利组织发挥了主要作用。如浙西十五县成立浙西水利议事会，浙江、江苏两省环太湖县份成立了督办太湖水利工程局。另外，各乡镇村内还设立有民间水利组织，由政府任命协助行水人员。这类协助行水人员对于基层水利事业的管理、维修起了很大的作用❸。

相应地，各类水利机关成立的同时，均颁布相应的组织规章或水利施工细则、办法，使得水利管理的操作具有明确依据，如《浙江省水利局规程》(1928)、《浙江省水利局施工测量规则》(1929)、《浙江省各县修浚堰荡沟渠办

---

❶　郭成伟、薛显林主编：《民国时期水利法制研究》，北京：中国方正出版社，2005 年，第 96～97 页。

❷　浙江省水利志编纂委员会编：《浙江省水利志》，北京：中华书局，1998 年，第 864～865 页。

❸　郭成伟、薛显林主编：《民国时期水利法制研究》，北京：中国方正出版社，2005 年，第 105 页。

法》(1931)、《浙江省各县堤塘修复规程》(1931)、《浙江省乡镇水利公会章程》(1932)，这反映了水利管理的制度化趋势。

一、长兴县政府中的水利机构

北洋政府时期，长兴县水利事务由长兴县公署管辖。长兴县公署于民国元年(1912)成立，设置四科，其中第二科管理财政、建设，水利事务由第二科负责。民国16年(1927)春，南京国民政府成立之后，改长兴县公署为县政府，水利事务仍由建设科（后改建设局）管理，并且作为其主要管辖事项。

民国36年(1947)浙江省政府要求各县水利委员会均改组为水利协会。长兴县水利协会成立于民国36年(1947)10月，其成员由县长、县建设科长等政府机关人员与地方士绅共同组成，分为工务、征募、总务三组，负责全县各种水利工程规划、经费预算、收支保管等事务。

浙江省长兴县水利协会组织规程❶

第一条　本县兴办各种水利事业，除依水利法办理外，特组织水利协会，定名为浙江省长兴县水利协会（以下简称本会）。

第二条　本会设会员十三人至十五人，以县长、县政府建设科长为当然会员，其余会员由县政府就左列人员聘任之：

一、县党部书记长；

二、县参议会议长；

三、县农会理事长；

四、县农业推广所主任；

五、水利工程或土木工程人员二人；

六、地方公正士绅五人至七人。

前项会员聘定后，由县政府将各会员履历汇报专员公署转报建设厅备案。

第三条　本会会员任期，除当然会员及县党部书记长，县参议会议长，县农会理事长，县农业推广所主任以其在职之任期为任期，其余聘任会员概为两年。

第四条　本会之职权如左：

一、关于本县各种水利工程经费之筹募，保管及收支事项；

二、关于本县各种水利工程之审核及监察事项；

三、关于本县县政府交议各种水利工程之规划事项；

---

❶　《浙江省长兴县水利协会组织规程》，长兴县档案馆，L279-290-0054-001。

四、关于本县各种水利经费预决算之审议事项。

第五条　本会设主任一人，由县参议会议长充任，应设工务、征募、总务三组，各设组长一人，分管各项事务，均由会员互推之。

第六条　本会各组各设干事一人至二人，均由主任函请县长就县政府职员中指派员任之，必要时，须由本会决议添任专任人员。

第七条　本会会员及专任人员，均为等给职，但因公出差，应以酌给以旅费。

第八条　本会每月举行常会一次，必要时，将由主任或会员五人以上建议，召集临时会议。

第九条　本会议决案及委托事件，送由县政府转呈建设厅核准施行。

第十条　本会各项经费收存支付情形，应按月列表分报建设厅财政厅会计处备案。

第十一条　本会办事细则另订之。

第十二条　本规程呈省政府核准施行。

二、流域性水利组织

（一）浙西水利议事会

清末民初时期，由于地方政局动荡，财政短绌，各县政府往往无力修复、新建水利设施。地方绅商遂提出自行组织公共团体，筹款修复水利工程。民国 2 年（1913），第一届省议会常会上，吴兴县议员潘澄鉴首提"疏浚浙西水利议案"，并对水利修濬的组织、经费、工程方案作了规划。民国 6 年（1917）9 月 21 日，经省议会与多方反复讨论，最终设立浙西水利议事会❶。议事会成员于浙西 15 县中每县遴选熟悉地方水利的士绅一员，其正副会长由 15 会员投票互选❷。第一届浙西水利议事会成员中，长兴县士绅蒋玉麟作为县代表会员参与水利兴修事务的决策，民国 15 年（1926）曾担任该议事会会长。

浙西水利议事会成立之初计划作为自治团体，但在筹设过程中经讨论，该议事会须受到浙江省长的监督，直接对省长负责。各县议事会成员选出后，须呈请省长正式委任，正副会长选出后亦须呈报省长备案❷。因此，该组织为官督民办的组织。

就其职权来说，浙西水利议事会对各县水利事件的兴修具有决定权，根据事项重要程度、涉及范围等决定优先次序，并制定水利兴修章程规则、核拨水

---

❶　陆启：《浙西水利议事会之历史》，《浙江水利议事会年刊》1918 年第 1 期，第 19～21 页。

❷　《浙西水利议事会互选细则》，《浙江水利议事会年刊》1918 年第 1 期，第 149～154 页。

利工程预决算等。民国前期，浙西地方水利兴修和维护，主要依赖该机构的规划和推动。长兴县泗安乡河道、合溪乡河道、城河河道、夹浦港等河道溇港的疏浚等提议，均由浙西水利议事会进行过讨论，甚至推动勘测调查❶。

南京国民政府成立之后，水利建设事务逐步纳入到政府机构管辖之中。民国17年至19年（1928—1930），浙江省政府先后三次修订《修正浙西水利议事会章程》，逐步削减了浙西水利议事会水利工程审议、补助等权限，水利工程事务直接由浙江省建设厅和水利局管理❷。1930年，浙江省水利局按流域将全省水利事务划分为五个大区，浙西水利议事会改称第一区水利议事会❸。因此，民国19年（1930）之后的水利工程修筑等事项，均为第一区水利议事会参与决策。

总体而言，民国时期，浙西水利议事会主持了长兴县大量水利工程设施的维修，尤其是抗日战争之前，浙西水利议事会（第一区水利议事会）对长兴县的水利事业的建设发挥了主要的作用。

（二）太湖水利管理机构

长兴东北部毗邻太湖，太湖的治理也成为本县的重要水利事务，民国时期曾专设管理太湖流域水利的行政机构。民国8年（1919）10月15日，浙江、江苏两省环太湖县份共同议设督办苏浙太湖水利工程局❹。据其组织规程所定，该局设立是为督办苏浙两省太湖上下游水利工程事宜❺。民国16年（1927）5月，南京国民政府设立太湖流域水利工程处，规划及实施太湖上下游水利工程事宜，并下令"浙西水利议事会、江南水利局、督办苏浙太湖水利工程局三机关，应即一并撤销"❻。根据《太湖流域水利工程处章程》，其工程区域"东至东海，南至钱塘江，西至宣歙天目山脉，北至扬子江为界"，浙江境内的工程范围即为包括长兴县在内的浙西16县❼。民国18年（1929）1月，太湖水利工程处撤销，改组为太湖流域水利委员会，负责治理包括苕溪、杭镇运河等在内的太湖流域各水系，隶属建设委员会。直至民国24年（1935）5月1日，太湖水利正式归扬子江水利委员会统一管理❽，太湖水利专门机构被取消。

太湖水利管理机构设立之后，对太湖及周边河道开始展开调查测量。但由

❶ 《浙江水利议事会年刊》1918年第1期、1919年第2期、1929年4～6期合刊。
❷ 《修正浙西水利议事会章程》，《浙江省建设厅月刊》1928年第12期，"法规"，第1页。
❸ 金延锋、李金美主编：《城市的接管与社会改造（杭州卷）》，当代中国出版社，1996年，第54页。
❹ 《督办苏浙太湖水利工程局致本会公函（通知启用关防由）》，《江苏省农会杂志》，1920年第7期。
❺ 《督办苏浙太湖水利工程局组织规程》，《河海月刊》，1921年第1期，第90页。
❻ 《国民政府秘书处公函：通知委员会议决案由（十六年五月三日）》，《太湖流域水利季刊》，1927年第1期，第1页。
❼ 《太湖流域水利工程处章程》，《太湖流域水利季刊》，1927年第1期，第3～5页。
❽ 《全国经济委员会报告汇编》第14集，1937年，第17页。

于经费短缺，实际上并未对浙江省环湖县份的水利建设发挥太多的作用。太湖局主持的长兴县的较大规模的水利建设，只有民国18年至20年（1929—1931）之间的太湖流域委员先后两次组建测量队勘测长兴至湖州的交通河道，制定长兴塘河修濬计划，并主持施工。此外，又于长兴县夹浦、紫金桥等处设立水位站、雨量站，监测每月的降雨量、水位高度等事项。

三、民间水利组织

民国时期，乡村的防汛抗旱多数为各村基层组织进行，各圩堤都有堤董组织，负责防汛抗旱，有严格的圩章圩规，并有固定的防洪经费（按田亩收粮食）和防洪物资。管理制度亦不断完善❶。民国以前，实行圩（圩）长负责制；民国年间，实行以圩（圩）为单位的堤董负责制。关于堤董、堤保之设置，南京国民政府时期进行了较为详细的规定❷。

民国20年（1931）7月31日，浙江省政府颁布《浙江省各县堤塘修防规程》，要求各县对境内现有地方进行修防，其中包括岁修、防汛、保护三类事务。各县堤塘修防事宜均由县政府督率建设人员暨水利委员会指挥各该区段堤董、堤保负责办理。一方面，每年秋汛后一个月内，将所属境内堤塘分别安全险要各段，绘具图说，呈报建设厅查核。另一方面，各县政府应就堤线固有区段或重行划定区段，设置堤董1～5人，堤保若干人。由堤董督率堤保，负责该管区段内堤线一切修防事务。堤董、堤保的设置是沿堤各区段内乡镇公所推选，然后报请县政府委任，每三年改选一次。县政府于每年年终，考察堤董堤保成绩，分别酌给津贴❸。

岁修工程即堤塘加高培宽、填补穴孔坎缺、堵塞崩溃、修理闸身闸板等工程。每年10月起至11月止，县政府需派员会同各区区长，逐一详细估勘应修工程，并于次年1—4月内开展维修。工程施工或向与该堤塘关系田亩户主征工，或募集亩捐，雇人承办。防汛事务是在每年7—9月三个月。防汛期内，主要由县政府督饬各该堤塘区段之堤董、堤保从事防险。遇水势涨增，堤塘有出险之虞时，应将水势涨度，按日填报，并临时号召民夫协同抢救。堤保并应受堤董指挥，负责该管段内堤线的往来巡查。险要区段，堤董、堤保需于防汛期内常川驻堤，随时查看，负责防汛人员于水势盛涨时，不得擅离防护处所。另外，堤董、堤保还有对该管区段内堤塘负有日常保护的责任，禁止乡民掘毁堤身、垦种堤面堤脚或堤腰、在堤上或堤腰栽植乔木、建筑房屋、在距堤脚5丈内取土

---

❶　《长兴水利志》第五章《防汛抗旱》，北京：中国大百科全书出版社，1996年，第99页。

❷　《长兴水利志》第九章《水利工程管理》，北京：中国大百科全书出版社，1996年，第225页。

❸　《浙江省各县堤塘修防规程》（二十年七月三十一日公布），《民国浙江史料辑刊（第1辑）》第一册，国家图书馆出版社，2008年，第643～649页。

或铲削堤身草皮等损毁堤塘的行为。若发现此类行为，堤董、堤保需即时制止❶。

长兴县政府在省政府颁布之规程基础上，又进一步细化规程，颁布了《长兴县堤塘修防规程施行细则》❷。该细则规定，堤塘除有特殊情形外，得为各该圩全体人民所公有，因此全圩人民对于堤塘负有修防、保护、监督之责。按其规定，每圩设堤董 1 人，其农田面积在 500 亩以上的圩区，设堤董 2 人，1000 亩以上圩区设堤董 3 人，以此类推，但最多设 5 人。另外，每圩设堤保若干人，视各堤需要，自行设置。堤董、堤保均由沿堤各区段内乡镇公所推选。如堤塘有关两乡或两镇者，则由两乡两镇共同推选。各圩内，有农田 20 亩或承田 40 亩，年龄在 25 岁以上，粗通文字、办事勤恳之人，可以提名选任堤董，而年龄在 25 岁以上、办事勤恳者，均可以提名候选堤保。凡堤董在 2 人以上者，得由县政府指定 1 人为主任，堤董负召集会议、保管经费及办理日常事务之责，并对外为代表。堤董、堤保均为义务职，并无薪金，若因公出差，可酌给川旅费；如成绩优良者，可给予津贴奖励❷。

各圩内有圩民大会、堤董会议两种，均由堤董或主任堤董召集之，遇必要时，得召开临时会议。圩民大会于春秋两季（3 月、10 月）召集全体圩民举行之，其职权包括：关于堤董堤保之推选与罢免事项、岁修及抢险工程之查验事项、堤塘之改良事项、经费之筹定及审查事项等。堤董会议每年举行 4 次（定于 1 月、4 月、7 月、10 月），召集堤董、堤保行之，其职权包括：关于岁修工程计划、岁修或抢修经费预算、经费之收集及报销事项等事项❸。

民国 26 年（1947），长兴县为有效维护各乡镇堤圩，召开了圩民大会，并订立《长兴县乡镇圩堤公约》❹，对于各乡镇维护堤圩的规则进行了简要的规定，包括每年修圩时乡民义务、施工准备、组织调配等。

长兴县乡镇圩堤公约（1947 年）

（一）该公约为维护圩堤，确保农田水利，经各圩圩民大会议决订定，凡圩内居民均应遵守之。

（二）圩堤为全圩农田之保障，每逢春节或冬季应置备桩木集工修筑，所有堤边及夹河内不许夹泥，以免堤身崩洞之虞。

❶ 《浙江省各县堤塘修防规程》（二十年七月三十一日公布），《民国浙江史料辑刊（第 1 辑）》第一册，国家图书馆出版社，2008 年，第 643～649 页。
❷ 《长兴县堤塘修防规程施行细则》《浙江省建设月刊》，1932 年第 5 卷，《长兴县水利志·附录》《地方水利管理规章》，第 305 页。
❸ 《长兴县堤塘修防规程施行细则》《浙江省建设月刊》，1932 年第 11 期，第 3～5 页，《长兴县水利志·附录》《地方水利管理规章》，中国大百科全书出版社，1996 年，第 305 页。
❹ 《长兴县乡镇圩堤公约》，《长兴水利志》"附录"，中国大百科全书出版社，1996 年，第 307 页。

（三）修理动工时，凡圩内住民，不分业佃均需按照所有田亩派工，不得拒绝其应派工数，视工程繁简临时决定之。

（四）各圩堤董堤保人数由圩民大会推选之，每逢修堤由堤董堤保事先通知，开工停工均以锣声为号，不得闻声不到或迟到早退，以致影响工作。

（五）如遇洪水泛滥，全圩居民应特别警戒，暂时放弃一切私务并不得在高田除草及田内捕捉鱼虾，同时须用牌锣延环巡视，昼夜不辍不得籍故推诿，倘发现崩垌迹象，执行巡视之人，应急鸣锣报警，全圩居民立即齐集抢救。

（六）圩门为全圩之锁匙，重守圩门之人应负责，不得稍有怠误，圩门关闭后，高田不得放水，以免淹没低田。

（七）凡修圩应派款项及工数，由堤董堤保会议公决，至年终公告以昭信实。

（八）凡圩内置办桩木、铁锥箍、石锤、绳索、土箕等财产，由堤董堤保负责保管，不得私自借用或毁损，否则应负赔偿之责。

第二节　河道疏浚工程

长兴县河道溇港纵横交错，水道的通畅，对于农田灌溉、交通运输、泄洪引水具有重大意义。民国时期，长兴县水利工程建设尤其重视各流域河道和溇港。但由于社会动荡，地方财政短绌，施工经费不足，河道疏浚工程只能择要进行。民国前期，浙江水利议事会所提出的长兴县河道疏浚的议案，基本上均因经费不敷导致搁浅，疏浚开展一拖再拖。至民国17年（1928），长兴县境内各处河道淤塞严重。

一、长兴县城河及其附近河道的疏浚

（一）长兴县城河的疏浚

城河为长兴县城所在地雉城镇附近的河道，是箬溪中游河段，为该河重要的泄洪孔道。同时，由于雉城镇为全县的政治、商业中心，城河又为重要的交通航线。民国时期，该段河道久未疏浚，淤塞严重，亟待疏浚。

民国15年（1926）5月，浙西水利议事会长、长兴县士绅蒋玉麟提案：疏浚长兴县城小西门及南门吊桥一带、丰乐桥下至转角、距城三里许之汪墩湾等三处河道。该段河道为顾渚、箬溪两河汇流之处，为西苕溪支流，是重要的泄水河道，另外该河直经长兴县城，是长兴与吴兴商船来往主航道，"于水利交通关系异常重要"。据调查，当时该段河道已经淤浅，亢旱时河水深度不到2英尺，即使最小船只也难以通过。"若不急为疏浚，水利交通均极妨害"❶。

浚河工程于当年六月十五日（旧历）开工，浙西水利议事会委任秦道本为浚河工程处主任督查施工。该工程中途因洪水泛涨，曾短暂停工，后于十一月十五日（旧历）继续开工，直至民国16年（1927）2月工程告竣❷。6月，时任浙西水利议事会会长陈邦彦偕同工程技术人员前来长兴验收。据其报告，三段疏浚工程共计已疏浚4070尺，共挖掘土方4979方❸。各段疏浚工程详情见表5-1。

表5-1　长兴城河疏浚工程状况［截至民国16年（1917）6月28日］❹

河　段		长/尺	阔/尺	浚深/尺	去土/方	工价
仓桥湾	第一段	180	45～75	3.0	360.00	每方工价 8角5分
	第二段	829（除去无需开浚段 70尺，实浚822尺）	36	3.1	917.35	
	第三段	784	36	3.2	903.17	
	第四段	1176	36	3.1	1312.41	
汪墩湾		520	36～50	3.7	840.56	
下一段		526	36	3.9	739.50	
总计		4070			5040.00	

城河疏浚工程的最大问题是经费筹集，屡经周折，工程经费最初预估3000余元，最终由浙江水利议事会拨补一部分，地方自行筹措一部分。议事会所拨款项为原夹浦港疏浚款项。民国7年（1918）9月曾议定专门疏浚夹浦港湖口拨款1500元，此时夹浦港的疏浚已另有拨款，因此将此项1500元用作县城河道的疏浚。地方筹措经费来源有两处：一处是民国14年（1925）长兴县早前征收的兵灾赈余款，计1059元2角2分；另一处是由本地商会筹款500元，合计1559

---

❶ 《呈报议决疏浚长兴夹浦港湖口补助工款移办小西门及南门吊桥等处河道工程情形文》，《浙西水利议事会年刊》，1929年第4～6期，第140～142页。

❷ 长兴县每年征收的抵补金特捐项下本有带征水利经费一款，作为修理河道圩堤之需。《议决疏浚长兴仓桥湾等处河道工程经费不敷请予拨补情形文》（十七年二月二十七日发），《浙西水利议事会年刊》，1929年第4～6期，第191～193页。

❸ 《陈会员邦彦验收长兴仓桥湾等处河道工程情形报告书》（十六年六月二十八日到），《浙西水利议事会年刊》1929年第4～6期，第76～77页；《呈复议决疏浚长兴仓桥湾等处河道工程经费不敷请予拨补情形文》（十七年二月二十七日发），《浙西水利议事会年刊》，1929年第4～6期，第191～193页。前后汇报数字有差异。

❹ 《陈会员邦彦验收长兴仓桥湾等处河道工程情形报告书》（十六年六月二十八日到），《浙西水利议事会年刊》1929年第4～6期，第76～77页；《呈复议决疏浚长兴仓桥湾等处河道工程经费不敷请予拨补情形文》（十七年二月二十七日发），《浙西水利议事会年刊》，1929年第4～6期，第191～193页。

元 2 角 2 分❶。但随着施工进展，经费远远不够。据民国 16 年（1927）2 月验收委员呈报，当时已掘土 4979 方，每方议定工价 8 角 5 分，共计经费 4232 元 1 角 5 分。另外加上筑坝所需的板木、毛竹、绳索、竹箬、贯车等工程材料、器械，共需经费 501 元 8 角 3 分 2 厘，两者共计 4733 元 9 角 8 分 2 厘。此时由地方商绅、轮船公司捐助款项共计 3867 元 9 角，尚缺款项 866 元 8 分 2 厘无处筹措。工程处主任遂向浙西水利议事会呈请，要求从长兴县将常年特捐带征的水利经费中予以拨补❷。

　　民国 27 年（1938）、28 年（1939）夏秋，浙西地区大水，长兴等浙西七县受灾严重。❸ 当时伪浙江省民政厅下令以工代赈，计划疏浚长兴县城河 5 段河道，分别为城内州桥市河、东门外城河、丰乐桥至文昌阁河段、西廿字桥河、东廿字桥河，总长度 9 里余，见表 5 - 2。此段河道开浚对于水利、交通、卫生、农田均大为有益，并可同时救济难民千余人，预估工程经费约 2 万元❹。但该工程有无最终施行，未见相关文献。

表 5 - 2　　　　　　　　　　　以工代赈工程河道简况❶

河　道	途　径	长	宽	淤塞情形
城内州桥市河	自大雄关至清和关	约 1.5 里	平均宽度约 8 公尺	向甚淤竭，平时船只往来常有搁浅之虞，加之事变后两岸破瓦颓垣俱坍落河内，因之河身益浅益窄，久则难治
东门外城河	南自南门城河口起，北至北门城河口止	约 2.5 里	平均宽度约 10 公尺	同上
丰乐桥至文昌阁段	自丰乐桥起，经龙潭湾大桥头，至文昌阁止	4 里余	平均在 10 公尺以上	河甚淤塞

　　❶ 《呈报议决疏浚长兴夹浦港湖口补助工款移办小西门及南门吊桥等处河道工程情形文》，《浙西水利议事会年刊》，1929 年第 4～6 期，第 140～142 页。
　　❷ 长兴县每年征收的抵补金特捐项下本有带征水利经费一款，作为修理河道坝堤之需。《议决疏浚长兴仓桥湾等处河道工程经费不敷请予拨补情形文》（十七年二月二十七日发），《浙西水利议事会年刊》，1929 年第 4～6 期，第 191～193 页。
　　❸ 《长兴县水利志》第四章《自然灾害》，中国大百科全书出版社，1996 年，第 72 页。
　　❹ 《江苏省赈济会兼理浙江赈济事宜报告书》第三章《浙江赈济》，"长兴县赈济计划"，（南京）同仁印刷公司，民国 29 年 7 月印刷，第 213～214 页。

河 道	途 径	长	宽	淤塞情形
西廿字河		约0.5里	平均在6公尺以上	近来亦甚淤塞，南头之水积潴不流，一经大雨，西南半城之水亦积潴不散
东廿字河		约0.5里	宽度均在5公尺以上	前被填塞，一经霪雨，东南半城尽成泽国

（二）县城附近河道的疏浚

县城附近的箬溪支流亦多有年久淤塞的情况。如清河桥至五里桥一段河道，为箬溪流经县城之后的支流之一。该段河道沿县城东门经城南至五里桥，与苕溪支流交汇，向东可连通太湖，关系航运、泄洪。由于多年失修，天旱时河道淤浅，不能行船，交通中断，洪水时河道淤堵，不能泄洪，甚至造成上游农田房屋被淹。民国22年（1933）2月，第一区水利议事会提出进行疏浚。据该会估计，"疏浚工程预计掘土39180公方，计划以人工开浚，需经费13356元8角7分"，同时亦制定施工规约。后因投标时标价超出预算，浙江省水利局令其改变原定全部用人工疏浚的计划，一部分河段改用机船疏浚。

该工程于民国22年（1933）3月1日开工，当年11月20日完工❶，共计挖土39213.62公方，工程经费12090.677元（表5-3）❷。

表5-3 五里桥河道工程经费❷

工程事项	数量/公方	单价/元	总额/元
人工挖土	33029.80	0.235	7762.003
机船挖土	3798.64	0.700	2659.048
准备土方	2385.18	0.700	1669.626
总计	39213.62	—	12090.677

民国22年（1933），长兴县水利委员会决议疏浚夹塘港。夹塘港为西乡干流，关系农田交通，颇为重要。因河岸倾圮，港身淤塞，河道不畅。经浙江省水利局测量估算，工程经费需8万余元。因长兴县财政有限，最终择定先修筑淤浅最为严重的画溪桥至雁翎桥一段，以及姚家桥、陈家桥两段，该三段河道

---

❶ 《疏浚长兴五里桥至清河桥一带河道工程》，《浙江省建设厅二十一年季刊》民国22年2月；《长兴五里桥河道》，《浙江省水利局总报告（上册）》，浙江印刷公司印刷，民国24年10月，第100页。

❷ 浙江省水利局，《浙江省水利局总报告（上册）》，浙江印刷公司印刷，民国24年10月，第103页。

工程经费预估 6590 元 7 角 3 分，在长兴县水利经费中支出。待以后筹齐款项，再疏浚其他河段。民国 22 年（1933）12 月 28 日，河道疏浚工程开工，至民国二十三年（1934）1 月完工，浚河泥土用于培修两岸堤塘[1]。

二、合溪乡河道修濬

合溪乡位于长兴县西北部，四面环山，西、北分别与江苏、安徽相接，该乡河道发源于此山区。合溪水系上通广德、宜兴诸县，下与西苕溪相连等，最后注入太湖，长 20 余里，是沟通徽南、浙西的交通要道。该处河流由于水势湍急，每遇大雨则易暴发山洪，山水挟带大量泥沙冲入河道，同时激流冲击河岸，致使两岸坍塌，长期如此河道淤浅不堪。

民国 7 年（1918），长兴县秦道本等士绅联名请愿，提出浙西水利议事会疏浚合溪乡河道。据称，此时各河已多年未有疏浚，水满时淤浅处尚且不到三四尺，干旱时节则难以通航。如此淤浅的河道，不仅使得两岸灌溉难于引水，一旦出现洪水，也容易造成泛滥，同时也使得水运交通无法进行，山区的竹木、柴炭、山货不能运出，导致本地人民生计困难。

但由于经费短缺，合溪乡河道也只能择要疏浚。合溪乡河道 20 余里，全程疏浚所费不下数万元。地方士绅商议筹划，先选择紫金桥湾、小浦湾、南窑、北窑、合溪镇老埠头等 5 处最淤浅河道进行施工。经大致估计，5 处河道共计疏浚长度约 400 丈，其中，紫金桥湾约长 50 丈，小浦湾亦约长 50 丈，南窑约长 40 丈，北窑约长 60 丈，合溪镇老埠头约长 200 丈。各处河道宽度平均加阔 1 丈，深度加深 5 尺，约掘土 18000 余方。同时对河道两岸筑坝戽水[2]。具体疏浚计划见表 5－4。

表 5－4　　　　　　　　合溪乡 5 处河道工程疏浚计划[2]

河　道	长/丈	原阔/丈	加阔/丈	原深/尺	加深/尺	去土/方
紫金桥湾	50	约 6	1	约 4	5 尺	1950
小浦湾	50	约 5	2	约 3	6 尺	1950 余
南窑	40	约 6	1	约 4	5 尺	1560 余
北窑	60	约 6	1	4	5 尺	2340

---

[1] 《疏浚长兴夹塘港》，《浙江省政府行政报告》，1933 年第 12 期；"一阅月之水利"，《浙江省建设月刊》，1934 年第 8 期。

[2] 《长兴县公民秦道本等请愿疏浚合溪乡河道拨款补助书》，《浙西水利议事会年刊》，1918 年第 1 期，第 129～132 页。

河 道	长/丈	原阔/丈	加阔/丈	原深/尺	加深/尺	去土/方
合溪镇老埠头	200	约 4	3	约 3 尺	6 尺	10200 余
总 计	500					18000 余

以上 5 处河道疏浚工程的经费，地方也无法自行筹足。据估计，工程所挖18000 余方泥土，包括加固堤岸、留筑厔水设施，平均每方需要 3 角，预估共需 5400 余元。经过向地方士绅民户筹集，仅筹得 2000 余元，剩余 3000 元则向浙西水利议事会呈请拨补。浙西水利议事会成立以前，各县历年曾于地丁税项下附征水利经费，浙西水利议事会则呈请省政府，从该项水利经费中拨出❶。

三、泗安乡河道的疏浚

泗安乡位于长兴县西南部，地势较高，该处河流主要为泗安溪。泗安溪上游支流均发源于周围山岭，河道上段落差较大，流至三里湾转角，河道才平缓。由于上游落差较大，每遇大雨，山洪暴发，将上游沿岸沙石瓦砾冲入河流，沉积于河道中央，日久则使河道淤浅。而据绅民称，泗安乡河道疏浚已有数百年未经疏浚，并且在清末战乱中建筑设施被破坏严重，至民国初年河道淤积已十分严重，亟待维修疏浚❷。

民国 7 年（1918），长兴县政府对全县河道进行疏浚，对泗安乡分配拨款2000 元，地方士绅、民众遂于当年 3 月 28 日开始对泗安乡河道丈量兴工。据其规划，泗安溪河道疏浚划分三段，先由中段开始，次至上段，最后疏浚下段。疏浚事项包括挖掘沙石瓦砾、清理河道、加固堤岸、设置拦沙木桩等❷。

此项工程经费也面临着严重的短缺。最初长兴县政府拨款 2000 元，但上段中段尚未完工则需使用经费 3300 余元❸，短缺 1300 余元。据地方士绅称，若加上第三段施工，则需再筹足 3000 元。因此，长兴县泗安自治委员严守铭、浚河筹备员许之楣则向浙西水利议事会提出该项经费由长兴县水利经费中拨款 2000

---

❶ 《长兴县公民秦道本等请愿疏浚合溪乡河道拨款补助书》，《浙西水利议事会年刊》，1918 年第 1期，第 129～132 页。

❷ 《长兴县泗安自治委员严守铭、浚河筹备员许之楣，请愿修浚泗安乡河道拨款补助书》，《浙西水利议事会年刊》，1918 年第 1 期，第 133～134 页。

❸ 据呈报，中段、上段的疏浚工程，已挖掘沙石泥土 3600 余方，按议定沙石每方工价 4 角、泥土每方 3 角 5 分，以及挑泥工每方 3 角 6 分，合计工价及雇工费用 2710 元。另外修筑材料（包括筑坝工料、拦沙桩木、竹篾等）600 余元，共需经费 3300 余元。

元，地方自筹 1000 元❶。由于资料阙如，泗安塘有无疏浚第三段河道、疏浚情形如何均不得而知。

抗日战争胜利之后，长兴县再次提出疏浚泗安塘。民国 35 年（1946）年底，长兴县政府计划利用工赈物资和义务劳役，动工疏浚泗安塘。

12 月初，县政府要求泗安镇召集地方士绅组建"疏浚泗安塘河委员会"，制定组织简章，同时成立工务所❷。12 月 5 日，泗安镇镇长金伯诚等 12 人召开成立大会，正式组建疏浚委员会，并选举出 7 名常务委员，以孙志成为主任委员❸。为便利工程进行，长兴县政府要求设立两处工务所，负责分段监督指导工程。在疏浚委员会成立大会上，决议分设泗安、管埭两处工务所❸。

长兴县疏浚泗安塘河工程委员会组织简章❹

一、本会为办理疏浚四安塘河工程定名为长兴县疏浚四安塘河工程委员会。

二、本会设委员十七人至二十一人，除四安镇长、管埭乡长为当然委员外，余由县政府就沿塘各乡镇热心公益人士中聘任之。

三、本会设常务委员五人至七人，由委员中互推之，并由常务委员中推选一人为主任委员，处理日常事务。

四、本会得设办事员三人至四人，承主任委员等之命，办理一切会务。

五、本会委员及办事员均为义务职，但因公得酌给川旅费或津贴。

六、本会会议视工程进展情形，随时由主任委员召集之。

七、凡工务上应需筑坝抽水及一切经费，双向通过之舟车及两旁受益田亩，征收供用费在县政府未将是项办法奉准施行以前，由本会先行筹借应用。

八、为便利工务进行起见，得分段设立工务所。

九、工务所以当地乡镇长为主任，各保甲长为助理，并得酌设办事员二三人，均为义务职，必要时得酌给津贴。

十、工务所应需经费由本会统筹支给，于工程结束后报会汇转县政府核销，并公告之。

十一、本简章呈本县政府核准施行，于工程结束后撤销之。

---

❶《长兴县泗安自治委员严守铭、浚河筹备员许之楣，请愿修浚泗安乡河道拨款补助书》，《浙西水利议事会年刊》，1918 年第 1 期，第 133～134 页。

❷《为聘任疏浚四安塘河工程委员会委员聘任希查照由》《为遵令成立疏浚四安塘河工程委员会检同会议录呈祈鉴核示遵由》，长兴县档案馆，L279 - 290 - 0113 - 001。

❸《长兴县疏浚四安塘河委员会成立会议记录》，长兴县档案馆，L279 - 290 - 0113 - 001。

❹《长兴县疏浚泗安塘河工程委员会组织简章》，长兴县档案馆，L279 - 290 - 0113 - 001。

工务所应行注意事项❶

一、工务所之责权如下：

（1）编定义务劳动服役壮丁名册；

（2）召集编组支配工作；

（3）管理及监工；

（4）领赈与发赈；

（5）工程材料之保管；

（6）挖起泥土之安置。

二、召集壮丁工作之先，须嘱自备饭食，并随带锄锹、扁担、粪箕如为经费可能须供给粪箕、绳索，记名配发，俾轻壮丁负担。

三、每日工作以八小时为限，作息时间鸣锣为号。

四、每日发赈于续由县府另行规定饬分。

五、经常办事人员得由会所供给膳食，每日主副食以一千元为限。

据估计，泗安塘疏浚工程所需费用 400 余万元，通过与经由泗安塘往来的商店船只以及沿途农户收取田亩受益费进行筹措❷。该项疏浚工程于民国 36 年（1947）4 月 28 日动工，当年 10 月下旬完工❸。期间疏浚泗安塘委员会曾提出中断施工。5 月底，以泗安塘镇长金伯诚为首的疏浚委员呈文县政府称，泗安塘经过一个月的疏浚，施工效果较差。例如开掘工程敷衍，施工时仅将原来河底的淤泥挑出，并未掘深，以至于河床仍旧十分浅狭，因此达不到蓄水效果，"一过山洪即被淤塞填平"。同时，河底淤泥堆积在河床两岸，一遇大雨即又冲刷到河道。另外，雇佣浚河工人多来自苏北，时常强借用具，态度嚣张，引起民众反感，对征收经费造成不良影响。尤其正值雨季，雨水较多，亦不利于施工。所以请求停工，改善施工方案❸。7 月 10 日，长兴县政府准予停工❹。此后应对施工方案进行了调整。

四、长兴塘的勘测与疏浚

长兴塘是长兴至吴兴主要水运航道，又称长湖水道，起自五里桥，途经吕山镇、钮店桥、吴兴霅水桥，至吴兴县城，全长约 50 里，可通行汽轮船。民国

---

❶　《工务所应行注意事项》，长兴县档案馆，L279－290－0113－001。

❷　《据报遵令成立疏浚泗安塘河工程委员会，附送会议录等情仰祈鉴核办理由》，长兴县档案馆，L279－290－0113－001。

❸　《为呈请疏浚四安塘工程浩繁从缓疏浚由》《浙江省政府建设厅训令》，长兴县档案馆，L279－290－0113－001。

❹　《据呈四安塘请从缓疏浚等情指饬知照由》，长兴县档案馆，L279－290－0113－001。

时期，随着长兴煤矿的发现和开采，该河道成为长兴煤矿轮船外运的唯一航道。长兴煤矿区将运煤小铁路修筑至五里桥，煤炭运至五里桥后，转由轮船运至吴兴县，再出太湖运至周边无锡、杭州、上海等城市，五里桥成为煤矿水陆转运枢纽。此次长兴塘的疏浚，主要是应长兴煤矿局的请求，为便利长兴煤矿的水路运输❶。

长兴塘曾于民国 15 年（1926）、民国 16 年（1927）两次进行局部浚深，但仍有多处淤塞。民国 18 年（1929）11 月 15 日，长兴煤矿局呈文南京政府建设委员会，要求对长湖河道进行测勘、疏浚。据长兴煤矿局称，长湖河道淤塞严重，河道狭窄，冬季河道水浅，难以行驶汽轮，造成煤矿运输艰难，尤其是八字桥一带最浅。长兴煤矿煤炭外运全部依赖该条河道，目前煤矿产量日益增加，长此下去必然造成煤炭积压。因此请求南京政府建设委员会转令太湖水利委员会，尽快派员勘测河道，迅速施工，并表示施工费用由长兴煤矿局承担❷。

（一）长兴塘河道的勘测

在南京政府建设委员会要求下，太湖水利委员会迅速派出技术长庄秉权前往长兴，先行查勘河道淤塞情形，并与长兴煤矿局商定经费办法。庄秉权于 12 月 3 日到达长兴，次日即乘坐煤矿局汽船经五里桥车站、吕山镇八字桥、吴兴县雪水桥，最终至吴兴县城进行河道视察，并测量了自五里桥至雪水桥河中线水深。据庄技术长此次勘查，该河道全段最浅地点有两处，一处位于八字桥上下约 3 公里的河段，一处位于吕山镇东约 1 公里的河段。该两处最深处仅 0.9 公尺❸，冬季最低水位时低至 0.6 公尺❹。经与长兴煤矿局局长商定，由太湖水利委员会组建派遣测量队，勘测五里桥至雪水桥一段河道地形、水准及断面图，用以施工设计及计算土方；太湖水利委员会承担测量队来回旅费，长兴煤矿局承担测量队膳宿及一切杂费，并派遣人员协助勘测❹。长湖河道第一次勘测情形见表 5-5。

---

❶ 《长兴县政府志》第六篇《中华民国长兴县政府》，杭州：浙江人民出版社，2019 年，第 433 页。

❷ 《长兴煤矿局呈文》（十八年十一月十五日），《建设（南京 1928）》，1930 年第 6 期，第 33～34 页。

❸ 公尺是米的旧称。

❹ 庄秉权：《呈奉委派前赴长兴煤矿局视察接洽疏浚河道情形复请鉴核由（十八年十二月十六日）》《太湖流域水利季刊》，1930 年第 3 卷第 2 期，第 21～27 页。

表 5-5 　　　　　　　　　　　长湖河道第一次勘测情形 ❶

河　段	长/公里	宽/公尺	深/公尺
五里桥车站至吕山镇	约 6	约 20~40	2~3.5
吕山镇至雪水桥	约 11	10~20	1~1.5，部分地点在 1 公尺以下
自雪水桥止吴兴（西苕溪河道）	约 11	40~60	6

12 月 23 日，太湖水利委员会在庄技术长的建议下，决议派遣测量队，以副工程师李文澜为测量队队长，督率工程人员等携带仪器前往长兴测量河道并绘图 ❷。根据队长李文澜在测量完工后的报告中所述，此次长兴塘测量队共计 9 人，包括副工程师李文澜（测量队队长），工程员 2 人（华钟文、胡庆焘）、制图员 1 人（吉一士），测夫 5 人。至吴兴后，另有长兴煤矿局派出铁路工人 12 人协助测量 ❸。

长兴塘河道的测量工程从民国 18 年（1929）12 月 25 日开展，至民国 19 年（1930）1 月 8 日野外工作及绘算等事务完工。所测河道从五里塘至吴兴雪水桥，其中五里桥至九里塘口一段，河道宽深，无需疏浚，因此仅仅估测了河道水深，并未详细测量，此段河道约 6 公里。进行详细测量的河道为九里塘至雪水桥一段，共计 11.7 公里。测量过程采用现代科学方法，非常严谨详细。所测内容包括河道水准、断面、地形三项，同时在起点处设置水尺一根，每日观测记录河道水位。

首先由工程员带领测夫沿河打桩，每 25 公尺打桩一个，以作后续测量点。打桩完工之后组成水准班，对各桩号河岸高度进行测定。为确保高度精准，每处河岸来回测量两次，要求两次测量数值不能超过 $7mm\sqrt{K}$（式中 K 为测程，单位为公里）。水准班完成高度测量之后，随即改组为地形班，用经纬仪视距法，测绘沿河两岸 50 公尺之内的平面图。在水准班测量进行的同时，另由工程员组成两组断面班，对河道断面进行测量和绘制。断面班每班工程员一人，测夫数人，各雇一艘小船，跟随于水准班之后，每 25 公尺测量断面一个，同时就地绘制河道横断面测量图。最终测量队共测量水准 11.7 公里，完成测量断面 482 个，测绘出长兴塘河道平面图 3 幅，横断面图 242 张，又绘成纵断面图 1

---

❶　庄秉权：《呈奉委派前赴长兴煤矿局视察接洽疏浚河道情形复请鉴核由（十八年十二月十六日）》《太湖流域水利季刊》，1930 年第 3 卷第 2 期，第 21~27 页。

❷　《令委李文澜等组织测队前往实测长兴塘由（十八年十二月廿三日）》，1930 年第 3 卷第 2 期，第 21~27 页。

❸　李文澜：《长兴塘测量经过》，《太湖流域水利委员会会刊》，1930 年第 3 卷第 2 期，第 15~17 页。

幅，并将各项测量数据详细记录，形成记载簿 1 本❶。

另外，根据实地勘测情形，测量队对施工土方进行了计算。测量队认为，该段河道大多处较宽，平均宽约为 40 公尺。为节省经费、缩短施工时间，建议在河道中流开挖深槽，漕底宽 5.6 公尺，河槽断面与两侧河岸坡度比为 2（横）：1（纵）。如此一来，即使在河道最低水位时，也能保持水深 1.8 公尺，可以容纳两艘吃水 5 尺深的运煤船并行航行。依照此方案，测量队编制了土方计算表 28 张，并计算出整条河道疏浚需挖土方 75787 立方公尺，合 26760 英方❶。

1 月 8 日，在五里塘至雪水桥河段的测绘完成之后，测量队又对五里桥至夹浦口河道进行勘测。此次测量路线由五里桥向北出发，经三里桥转西行，至长兴东门外北行，过汤溪后漾村转东北行，过环沉村后正北行，至夹浦口，全程约 29 里。此次勘测主要测量该段河道宽度、深度，并调查河道、夹浦口的淤塞情况，并拟出大致施工方案❷。

经勘测，此段河道河宽基本在 40～80 公尺不等，但自汤溪至后漾村一段窄处有 30 公尺，由后漾村将至夹浦镇一段甚至只有 20 公尺宽。该段水深在 1.1～2.4 公尺之间，其中以后漾村至夹浦一段河道最深，最深处可达 2.4 公尺，但夹浦湖口位置水深最浅，远不及内河水深，当时测量仅有 6～7 公寸深，据当地人称，最浅时仅有 2～3 公寸。出夹浦口入太湖，直至 1 公里外才进入深水，满足航运要求。河道情形详见表 5-6❷。

表 5-6　五里桥至夹浦口河道情形

河道	长度/公里	宽度/公尺	深度/公尺
五里桥至三里桥		约 40	1.2～1.5
三里桥至长兴东北角	4.5	约 50	1.4～2.5
汤溪至后漾村	约 3	30～40	1.1～1.6
后漾村之夹浦	约 6	50～80 不等，将至夹浦处宽超 20	1.7～2.4（干旱时水位尚可降落约 0.5）
夹浦口			夹浦口外湖水更浅，测量时仅六七公寸，据称最浅时仅二三公寸，直至 1 公里外深水，方可航运

根据勘测结果，测量队给出了此段交通运输解决方案：一是将五里桥铁路展修至夹浦镇，由夹浦口转轮船进入太湖。此段区域地势平坦，便于修筑，但

❶ 李文澜：《长兴塘测量经过》，《太湖流域水利委员会会刊》，1930 年第 3 卷第 2 期，第 15～17 页。
❷ 《呈报调查长兴五里桥至夹浦口河道情形由（十九年一月十七日）》，《太湖流域水利委员会会刊》，1930 年第 3 卷第 2 期，第 27～28 页。

以每里工料 2 万元计算，全程需 60 万元。二是疏浚五里桥至夹浦口河道，五里桥至夹浦口河段仅有部分淤塞处需要疏浚，施工费用估计在 5 万元左右。相较之下，显然河道疏浚花费更少。但无论哪种方案，夹浦口均需浚修。测量队建议，夹浦口外河道必须深挖一道水槽，水槽长约 1 公里，以便直达湖水深水区。另外，深槽两侧须加筑防水堤，用以阻挡太湖风浪，避免湖水向岸边冲击，再度导致泥沙沉积淤塞。湖堤建筑石料可就近在夹浦镇西北 9 里处的山中进行开采。整个工程费用，待详细测量设计之后再给出准确预算❶。

（二）长兴塘的疏浚施工❷

在对长兴塘完成测量之后，太湖水利委员会立即派副工程师夏寅治着手拟定施工计划。疏浚河道当时有两种方法，一是使用机船，二是雇佣人工。两种方法各有优劣：人工疏浚施工时间较短，也较为节省经费，但施工需要筑坝戽水，将河道抽干，这必然要中断河道航行。机船疏浚不妨碍河道通行，但效率较低。一艘挖泥机船挖掘松软泥土，平均每天可挖七八十英方，如照此速度，完成长兴塘疏浚则需要一年时间。使用此种方式工期过长，远远不能满足航运需求，同时所需经费数量过高。若要缩短工期，必须数台大型机船同时施工，但太湖水利委员会仅有一台靖湖号机船，亦远远不能满足施工需求。因此在两相权衡之下，决定采用人工疏浚方式。

按拟定的施工方案，将全部疏浚河道（吕山镇至霅水桥河段）分为 6 小段，各段同时开工。首先，于施工河道两端以及河道与其他河流交汇之处修筑堤坝拦水，同时在各段河道内抽水，将河水排干，中断长兴塘河道交通。此时期，所有航行船只由吕山镇南行至泗安塘，由泗安塘水道转行至吴兴。如此一来，长兴、吴兴间整体的航运不至于中断。

经查勘计算，吕山镇至霅水桥河段共有 28 处支流汇入，故需在支流汇入处需要筑坝 28 处，共计 865 公尺。长兴塘待疏浚河道两端及 6 小段河道之间，需要筑坝 7 处，共计 300 公尺。两项拦水坝合计共 1165 公尺。水坝的修筑根据河道平时水深而定。据测量，河道内平均水深 1.5 公尺（合 4.92 英尺）。为保证安全性，拦水坝规格拟定坝高约 8 英尺，坝顶宽 4 英尺，两旁斜坡坡度比为 2（横）：1（纵）。按此规格，拦水坝每英尺须填土 1.6 英方。各处水坝总共长 1165 公尺（合 3821 英尺），因此整个拦水坝修筑需填土 6100 英方。

筑坝完成之后，则开始对河道抽水。据所测数据，施工地段共长 11.7 公里，平均河身宽 32.5 公尺，水深 1.5 公尺，共计河水约 20033010 立方英尺，即

---

❶　《呈报调查长兴五里桥至夹浦口河道情形由（十九年一月十七日）》，《太湖流域水利委员会会刊》，1930 年第 3 卷第 2 期，第 27～28 页。

❷　夏寅治：《长兴塘疏浚工程计划书》，《太湖流域水利季刊》，1930 年第 3 卷第 2 期，第 1～4 页。

150247575 美加仑。计划使用 16 匹马力之进水管戽水机 10 架，每架每分钟可抽水 1200 美加仑，每日开动机器 20 个小时，共计需 10 日才能抽完河道河水。同时，考虑到下雨天气，需额外增加 5 日工作量，共计需抽水 15 日。另外，每小段施工河道中，又架设 2 架人力戽水车，每架各雇工人 4 名，预备河水极浅、天下微雨及戽水机器修理的情况下应用，以免中途停工。

疏浚过程中，对于河道中挖掘出淤泥的处理，施工方案也做了规划。整体预估挖出的 75787 立方公尺中，其中一部分用于填筑两堤岸。河道全程长 11.7 公里，两侧各加宽 1 公尺，加高 1 公尺，共计需用泥土 33400 立方公尺。剩余 42387 立方公尺淤泥再加上拆除拦水坝体的泥土，共计 50000 余立方公尺，则运入河岸两侧附近的桑田中。

在长兴塘疏浚施工时，另外还有一段工程需要事先筹备，即吕山镇至泗安塘这一段河道的捞浅工程。由于长兴塘筑坝戽水，航道断绝，所有航船均改走泗安塘。而由吕山镇至泗安塘段河道本身已有淤浅，在长兴塘施工期间，如遇有河道水位低落时，吃水较深的船只可能难以通行。因此需要勘测该段河道淤浅之处，使用机船择要施行捞浅，以保证施工期间船只顺利转行泗安塘。该段河道预计挖土 2500 方。

按以上施工计划核算，全部工程费用约计 33714.71 元，其中包括工程经费 27590.71 元，管理费 1074 元，预备费 1800 元，吕山镇至泗安塘捞浅经费 3250 元。具体经费项目详见表 5-7。

表 5-7　　　　　　　　长兴塘疏浚工程经费详细估计

（民国 19 年 1 月太湖流域水利委员会制）

项　目	数量	单价/元	总值/元	合计/元	说　　明
Ⅰ 工程经费		平均每英方 1.030 元		27590.71	
1. 挖土工资	26760 英方	0.500	13380		挖土工资系指挖掘工资及自河内至堤岸运力堤岸夯工滚工而言
2. 收用土地费	38.0952 亩	60.000	2285.71		填筑堤岸须收用土地 2×11700＝33400 平方公尺，合 38.0952 亩
3. 运送工资	18500 英方	0.030	555.00		河内掘出泥土除填筑堤岸用去 23400 立方公尺外，尚余 52387.1 立方公尺，合 18500 英方，须运入两岸桑田内
4. 筑坝费	6100 英方	0.800	4880.00		全部坝工共需填泥 6100 英方

项 目	数量	单价/元	总值/元	合计/元	说 明
5. 机力抽水费			3250.00		抽水机 10 架，每架每日油资以 15 元计，戽水机匠工资及租金每月约 50 元，平均以 2 个月计
6. 人力抽水费			3240.00		人力戽水车每小时 2 架，每架每日工资租金以 3 元计，6 小段 3 个月合计如左数
Ⅱ管理费				1074.00	全段施工时间连同阴雨停工日数约为 4 个月，故各管理费俱以 4 个月计算
1. 监工员薪水			—		总监工员监工员由本会及长兴煤矿局酌量委派原有职员充任，不另支薪
2. 工役工食			—		工役由长兴煤矿局派原有工役担任，不另支工食
3. 外勤费旅费			750.00		视察员监工员工役等往返旅费共约 150 元，总监工员一人支外勤费 60 元，监工员二人每月各支外勤费 45 元，4 个月计如左数
4. 木桩费	1440 个	0.100	144.00		中心桩一道，边桩两道，每隔 25 公尺各钉一个，每道需桩 420 个，三道共需 1440 个
5. 办公费			180.00		工程事务总分所三处，每处每月开支以 15 元计，4 个月合计如左数
Ⅲ预备费				1800.00	预备费约为一、二两项总数之 6%，预备工资增长时期，延长及其他临时一切意外之用
三项合计	平均每英方 1.140 元			30464.71	

续表

项　目	数量	单价/元	总值/元	合计/元	说　明
Ⅳ吕山镇至泗安塘捞浅经费	2500 英方	1.300		3250.00	根据本会"靖湖"机船最近在无锡县城挖土平均费用,每方约计洋 1.5 元,本段出土拟堆在两旁河岸相当地点,运送录呈较短,故土方单价拟以 1.3 元计算
总计				33714.71	

注　长兴塘曾于民国 15—16 年（1926—1927）局部浚深两次,据调查所得,每掘土一方约需洋 0.80 元（采用包工制）,本工程土方单价计为 1.140 元,较三四年前每方实多出 0.34 元,盖因:①近年来生活程度提高,各地工资亦随之增加;②每掘一方土须戽出水量较普通为巨（每土一方须戽水费 0.24 元）,实以挖土仅在河之中心一小部分与河身全部浚深稍有不同;③河内掘出之土一部分用以筑堤,堤防既可,因之以巩固泥土,安置亦较有规律,不若他处浚河掘出之泥随意弃置岸上,致第二次浚深时发生困难,即其余部分泥土亦拟随时置于适宜地点,因此工费不免较巨;④本段支流较多,坝工所费因之亦较大;⑤本工程施工时间定为 3 个月,苟非有五六百工人同时工作,恐难如期完工,为易于罗致大批工人起见,故工资较普遍稍高。

整个疏浚工程的监督、协调事宜,专门设立长兴塘工程事务所管理。事务所设总监工员 1 人,监工员 3 人（其中一人由总监工员兼任）,夫役 3 名,共计 6 人。工程事务所分总事务所一处,分事务所两处,分别就近管理河道施工。总事务所设在八字桥,由总监工员常驻该处。两处分所一处设在雪水桥,一处设在吕山镇,由其余两名监工员分别驻扎,就近办公住宿。

此外,施工方案对于疏浚工程进行步骤和工期作了详细规划。整体工程大致分为筹备、施工、善后事宜三个阶段。筹备期间包括人员赴任、工程材料和设备的安装等事宜,共计需时一个月左右。施工阶段主要是挖掘土方和运输堆土,工期约为一个半月。善后阶段包括拆除设备、结束事宜、人员返回等事项,为期预计一个月。总共需时约三个半月。最终,该工程计划得到批准,长兴塘疏浚工程很快得以兴工修筑,至 4 月上旬得以完工❶。施工步骤及工作日数见表 5 - 8。

表 5 - 8　　　　　　　施工步骤及工作日数

程　序	工　作　种　类	工 作 日 数
1	监工员等赴工在旅途中	3
2	筹备开工	3
3	运送筑坝材料筑坝及装置抽水机	15
4	抽水及钉立中心桩边桩	15

❶　《公函浙江水利局（第一二七号）》,《建设委员会公报》,1931 年第 16 期,225～226 页

程　序	工 作 种 类	工作日数
5	挖掘全部土方及填筑堤岸	54
6	验勘	3
7	拆除抽水机及坝工	20
8	办理结束事宜	7
9	监工员等由工次返会旅途中	3
10	合　计	113

（三）吕山镇至九里塘口段的疏浚

民国20年（1931）3月，长湖河道雪水桥至吕山镇段疏浚即将完工时，管理工程施工的长湖塘河工程事务所提出，将吕山镇至九里塘口一段河道也顺便予以疏浚❶。

对于该段河道的施工方式，相关各方进行了反复争论。长湖塘河工程事务所为节省工程经费，原计划按吕山镇—雪水桥河段方式，采用人工浚筑。具体方案是先于九里塘口处筑坝戽水，待排干河水之后，派人工挖浚河道。然而这种疏浚方式会导致河道不能通航。不同于吕山镇—雪水桥河段，该段河段并没有替代河道可用，河道的中断势必会影响长兴、湖州的交通运输，尤其是长兴的煤炭外运。最初，浙江省建设厅曾指令不要采用筑坝方式，以免中断煤炭运输。但长湖塘河工程事务所认为，吕山镇至九里塘口河段距离较短，施工仅仅造成短暂的交通中断，工程可迅速完成，故仍坚持原方案，并通知长兴煤矿局施工时间定于4月10日左右。

长兴煤矿局随后向国民政府建设委员会呈文申诉，坚决反对中断航运，要求改变疏浚方式。该局认为：第一，吕山镇至九里塘口只三四里，河身并不淤浅，并不急需疏濬；第二，九里塘口至吕山镇河道是长兴至湖州的唯一水道，不能中断。采用筑坝拦截的方式，不仅造成长兴煤矿中断运输，也极大地影响长湖日常交通。而此时长兴煤矿销量正盛，苏浙各地工厂所需烧煤全赖长兴煤矿局供给。一旦运输中断，影响巨大，甚至会导致工厂停工。因此提议抛弃筑坝方案，改用机船疏浚❶。

最终，长湖塘河工程事务所改变了筑坝戽水的施工方案，但也并未采纳机船疏浚的建议。该局认为机船疏浚费工费时，不能迅速完成，并不经济。经尝试以人工方式用铁扒挖泥，疏浚效果尚可，于是呈文浙江省建设厅、全国建设委员会，提出由施工队承包，雇佣工人铁扒疏浚。该方案既不用中断航运，又能取得疏通效果，

---

❶　《公函浙江水利局（第一二七号）》，《建设委员会公报》，1931年第16期，第225～226页。

得到了全国建设委员会的批准❶。

第三节 溇港疏浚工程

自清末以来，长兴县湖滨溇港因年久失修，淤塞严重，对农业、交通产生不利影响。进入民国，长兴县绅民多次呈请疏浚。但由于溇港疏浚规模较大，工程费用较多，在财政短绌的情形下，大多暂缓办理。如民国 6 年（1917）12月，浙西水利议事会刚刚成立，长兴县公民臧绍裘请愿开浚溇港案，但浙西水利议事会认为溇港疏浚"工程过大，经费无著，议决归入下届办理"❷。因此，总体而言，民国溇港疏浚工程勘测计划者多，真正实施者少。即使进行施工的工程，也是经过了长时间拖延才得以施行。

一、夹浦港修濬

夹浦港位于长兴东北部的夹浦乡，发源于金沙涧，属乌溪水系，有两个分支：一支是由吴家湾向北流至夹浦，长约 1.75 公里；另一支是由环城村向北流，两支流于夹浦汇合，最终汇入太湖，全长 1.9 公里。❸夹浦港及其湖口是长兴北部地区重要的河道之一，兼具有航运、灌溉、防洪功能。从交通航运上来说，夹浦港及其支流是通往太湖的重要交通航道，夹浦镇是其两条支流的交汇咽喉，经由此处，长兴商船可以出太湖通往太湖流域各重要城市，是苏、浙重要商路。从防洪灌溉上来说，夹浦港是洪涝年份重要的泄洪水道，而在亢旱年份，夹浦港是引太湖水灌溉的重要进水门户与渠道，尤其对于河道两岸的农田全赖夹浦港及湖口灌溉❹。

由于夹浦港下游及湖口地方地势低平，一直面临着泥沙淤塞的困扰：一方面是下游湖口河段水流变缓，泥沙沉淀；另一方面是太湖湖水终年对西南湖岸鼓荡冲积，两个方向的堆积作用使得湖口地方尤其容易淤塞。民国 7 年（1918）6 月，夹浦镇乡民上书请求疏浚，称夹浦湖口最近一次浚修是在光绪四年（1878），此后 30 年未曾疏通，故泥沙淤积严重。至民国初年，该处水道已十分狭窄，河道日渐淤浅。据其请愿书中称"口门中间水道狭隘如线"，河道中"水大时深有尺许，水小时深仅数寸"。淤浅的河道对该地农田灌溉、商船航运带来严重危害，"农民每每至苗禾种植之时，因口门浅小，灌溉无从，万分忧急"，

---

❶ 《建设委员会训令（第一六七号）》，《建设委员会公报》，1931 年第 16 期，第 226～227 页。

❷ 《本会议决次要各案呈文》，《浙西水利议事会年刊》，1918 年第 1 期，第 82 页。

❸ 《长兴县水利志》第一章《水系》，中国大百科全书出版社，1996 年，第 16 页。

❹ 《县呈公民臧献廷等呈为湖口淤塞农商攸关公叩提交水利会从速议决拨款疏浚，以救农商事》，《浙西水利议事会年刊》，1918 年第 1 期，第 98 页。

而往来商船，仅有小船可以出入，大船则难以通行，倘若大船遇到狂风大浪，就会无处躲避，对商旅人身财产安全造成威胁。故此时夹浦港湖口地方亟待修濬❶。

　　夹浦港及湖口的疏浚工程主要由浙西水利议事会主持，但由于经费短缺，施工规划一波三折，始终未能及时疏浚。早在民国7年（1918）6月，长兴县臧献廷等十数位乡民联名向浙江省省长请愿，同时，长兴县公署也向浙西水利议事会呈请修浚夹浦港湖口。民国8年（1919）7月2日，在浙江省省长公署的指令下，浙西水利议事会对官民两方请愿案进行并案讨论，最终议定拨款1500元补助该县疏浚夹浦港湖口。10月17日，补助方案得到省长审批，并指令浙西水利议事会对疏浚河道展开勘测，绘制工程计划图表❷。然而对于整个疏浚工程来说，浙西水利议事会所拨款项可称为杯水车薪，难以展开施工，故夹浦港疏浚工程迟迟未能施工。

　　数月之后，疏浚夹浦港的议案再次被提上浙西水利议事会的议程。此时，适逢长兴县乡绅蒋玉麟担任浙西水利议事会会长。民国9年（1920）1月28日，蒋玉麟等提出，长兴溇港年久失修，大半淤塞，提出先择要疏浚11处溇港（包括夹浦港、谢庄港、丁家港、庐渎港、金鸡港、百步港、殷南港、福缘港、花桥港、庐圻港、径山港等）。该提案经议事会讨论后，认为11处港道确为亟待疏浚，但由于溇港修濬向来没有专款，而目前经费又不足以支持全部疏浚，因此决定"要中取要"，从上列11处中再筛选出数处予以疏浚，并且按工程开展顺序，需要等吴兴县碧浪湖、菜花泾等处工程完竣后再行兴办。5月10日，夹浦等溇港疏浚案得到省长批准。但此后限于经费，碧浪湖等工程迟迟未能完工，因此夹浦港等溇港的修濬工程一直被搁置下来。

　　民国14年（1925），夹浦等港疏濬第三次被提起讨论。浙西水利议事会会长蒋玉麟提出，根据民国9年（1920）浙西水利议事会共同决议，待吴兴县碧浪湖、菜花泾等处疏浚完工后，即开始动工疏浚长兴县夹浦港等11处溇港。此时距决议案批准已逾五年，碧浪湖、菜花泾等处工程即将陆续完工，按原定施工次序，长兴县溇港疏浚事宜理应提上日程。况且，长兴县各处溇港搁置五年未能疏浚，河道淤塞更为严重，百姓饱受其害，连年催促议事会开工修濬。长兴县溇港作为下游泄洪河道，疏浚畅通之后，亦能极大地缓解上游河道的泄洪压力。虽然吴兴、长兴两县溇港均为下游，但相较而言，吴兴县设有专门经费每年对溇港进行维修，长兴县并无此项专款，且已淤浅数年，维修更为迫切。

---

　　❶ 《县呈公民臧献廷等呈为湖口淤塞农商攸关公叩提交水利会从速议决拨款疏浚，以救农商事》，《浙西水利议事会年刊》《浙西水利议事会年刊》，1918年第1期，第98页。

　　❷ 《本会呈省长呈复交议长兴县修浚夹浦港湖口拨款补助议决情形文（附原呈指令及本呈指令）》，《浙西水利议事会年刊》，1918年第1期，第97页。

该提议得到浙西水利议事会讨论通过，但由于原定的疏浚规划已逾五年之久，需要重新勘测制定施工方案❶。

由于疏浚溇港工程较大，花费较多，而地方财政短绌，经费有限，因此浙西水利议事会对疏浚规划十分审慎。对于施工河道，浙西水利议事会派出专门人员实地勘查，要求详细调查淤塞情形，区分轻重缓急，标示出重要程度，择要优先疏浚。选定施工河段之后，再详细测量河道状况，绘制图说，拟定详细施工计划，编制经费预算。最后各项准备事宜完成之后，提交水利议事会审议批准❶。

为选定施工河道和编制施工计划，浙西水利议事会先后两次派员实地勘测。最初，派工程办事处主任沈祯前往勘测，沈祯从原提议的 11 条溇港中选定了夹浦、庐渎、福缘、花桥、庐圻 5 条河道，并编写了勘测报告、工程计划、经费预算等图册。随后，浙西水利议事会为进行核实，又派会长蒋玉麟、副会长陈邦彦、会员钱宗翰、叶向阳及技术员姚士霖进行了第二次实地测勘，最终选定夹浦、福缘、花桥、庐圻 4 条河道予以疏浚❷。由此，长兴夹浦等溇港的疏浚方得以进行。经再次勘测之后，第二次勘测小组部分调整了第一组的施工方案，重新制定了施工计划，分述如下：

第一是夹浦港。其疏通河段，第一次勘测之后已立桩标号，从 0 号至 17 号。第二次勘测后，省去了 0 号桩至 6 号桩一段，因该段水深时能达 6 尺，河道尚能使用，暂不疏浚。从 6 号桩至 17 号桩水深不过 1 尺，需要重点疏浚。在疏浚宽度方面，地方士绅曾拟定宽度为内口开阔 80 尺，外口开阔 200 尺。为尽量达到长远效益，此次计划 6 号桩拓宽至 160 尺为度，17 号桩拓宽至 300 尺为度，浚深以水准 488.00 为标点。疏浚方向沿河道走向，先就东北向斜行开浚 500 尺，从十一号桩开始移转向东，直至出口。整体夹浦港疏浚预计掘土 16550.77 方。

第二是福缘港。经勘查，福缘港外口已被泥沙堆，日渐成为陆地，河道内槽最宽处不过六七尺，窄处仅有三四尺，上口最宽不过二三丈。调查人员认为，福缘港河道不宜拓浚过宽、过深。若开浚工程过大，必然要毁掉两岸农田，砍除田内桑树、茶树等，牵涉农民利益，不免发生纠纷，同时河道挖深堆土亦成问题。因此福缘港河道主要作为泄洪通道，不需过于宽深。报告建议，河槽上口宽度以 60 尺为度，河槽底部阔以 20 尺为度，出口处展开至 100 尺为度，浚深以水准 85.00 为定点。挖土口内核计约 12000 方，出口处约 1800 方。

---

❶　《呈报议决择要疏浚长兴夹浦等溇港工程文》，《浙西水利议事会年刊》，1929 年第 4～6 期，第 264～265 页。

❷　《浙江省长公署指令第一○二七五号》，《浙西水利议事会年刊》，1929 年第 4～6 期，第 377～382 页。

第三是庐圻港。勘测组认为，庐圻港主要亦作为泄洪孔道，非必要的河段暂缓疏浚。疏浚河道以 19 号桩为界，19 号桩以西至至漾口，暂不疏浚；19 号桩以东至入湖口，予以疏浚。疏浚方案则按照福缘港，河槽上口以 60 尺为度，底平以 20 尺为度，其出口处亦展开至 100 尺为度，浚深以水准 85.00 为定点。预估口内约挖土 9000 方，出口处开长 500 尺，约挖土 1800 方。

第四是花桥港。花桥港位于庐圻港上游不到 3 里处，该段河道疏浚方案并未进行改变，但具体拓宽、浚深数字资料缺如，仅有预估土方量：预计口内挖土 10602 方，口外 0 号桩至 1 号桩用机器挖土 3842 方。

以上四港的工程工价同时也进行了重新估算。根据第二次勘测情形，勘查组将福缘、庐圻两港核减机船土方 2567 方，按每方工价 1 元 4 角计算，共减少预算 3593 元 8 角。由此，四港疏浚工程共计用机船挖掘土方约 26692 方，用人工土方 35258 方，按每方工价 1 元 4 角计算，共需经费 58523 元 6 角。而对于土方工价，议事会又将其压缩为机船开浚每方给银 1 元 2 角 2 分，人工每方给银 5 角 5 分，经费核减至 51957 元零 8 分。预算见表 5－9❶

表 5－9　　　　　　　　　夹浦等四港疏浚工程经费预算❷

溇港	去土/方	工价/（元/方）	共计/元	口外去土/方	工价/（元/方）	共计/元	说　明
夹浦港				16550.77	1.22	20191.94	此项工程全在口外用机船开浚
福缘港	14985	0.55	8241.75	3150.00	1.22	3843.00	口外零号桩至一号桩用机船开浚
庐圻港	9671	0.55	5319.50	3150.00	1.22	3843.00	口外零号桩至一号桩用机船开浚
花桥港	10602	0.55	5831.10	3842.00	1.22	4687.24	口外零号桩至一号桩用机船开浚
合计	35258	0.55	19391.90	26692.77	1.22	32565.18	
总计	四港工程经费银 51957 元零 8 分						

然而，虽然夹浦等四港的疏浚方案做了详细规划，但由于经费短缺，加上政局动荡，又屡次经历战争，疏浚工程又拖延至民国 19 年（1930）1 月方开始动工，至 5 月疏浚工程才得以完成。但由于夹浦、花桥、庐圻 3 条河道验收未能达到标准，于民国 20 年（1931）重新施工至达标为止❸。从民国 7 年（1918）夹浦港疏浚动议开始，至民国 20 年（1931）完工，疏浚工程可谓一波三折，步履艰难。

---

❶　《呈报议决疏浚长兴夹浦等溇港工程计划预算文（十五年十一月二十七日发）》，《浙西水利议事会年刊》，1929 年第 4～6 期，第 377～382 页。

❷　《议决疏浚长兴县夹浦福缘等港工程修正计划预算清折》《浙西水利议事会年刊》，1929 年第 4～6 期，第 377～382 页。

❸　《长兴县水利志》"大事记"，中国大百科全书出版社，1996 年，第 284 页。

二、北横塘与石塘港的疏浚

北横塘为长兴县北部纵贯 34 溇港之横塘，西起夹浦口，东至小梅口，全长 49 里。因上游各河道水流均汇集于北横塘河，再分泻于各处溇港，故该河道被称为宣泄洪水之咽喉，并强调若疏浚溇港，必先开浚北横塘河❶。

但民国初年，北横塘河已长期未得到疏浚，日积月累泥沙沉积，河道已淤塞不堪，而下游之溇港也因此大受影响，"夏涝则水不能泻，冬涸则水无以蓄"，妨碍湖州乃至整个浙西的防洪、灌溉。因此浙西水利议事会甫经成立，即提出疏浚长兴县北横塘河❷。

民国 6 年（1917）2 月 15 日，根据规划的疏浚工程，浙西水利议事会设立三处工程事务所，其中第三工程事务所负责主持长兴北横塘河疏浚工程，并经过会员大会选定沈桢为主任❸。3 月 28 日，第三工程事务所沈桢、浙江省水利委员会第二测量队队长赵震有等前往长兴，在长兴县委员、自治委员等人陪同下，实地查勘北横塘河。经查勘，自夹浦口起至小梅口止，北横塘河多段河道淤塞严重：

"夹浦桥、清仙桥、流芳桥、大关桥、小关桥、仓心漾、径山港口、小沉渎、琐界桥、石塘港等处，或侵占日多，河身狭隘，或河底淤塞，舟楫不通，宣泄不畅，妨坏农田，亦应深广兼施，急行疏浚，以兴水利。"❹

在实地查勘的基础上，沈主任等拟定了疏浚计划，对河道淤塞情形、施工数量、工程需费等均作了详细预算。据调查，北横塘河全部工程长 24 公里余，分四段施工：第一段自夹浦桥至环沉漾，应需开浚地点一处，共计去土 4263 方，需费 1619.94 元。第二段自流芳桥至仓心漾口应须开浚地点三处，共计去土 22085 方，需费 8445.51 元。第三段自径山港口至清水漾，应需开浚地点三处，去土 14730 方，共估洋 4785.6 元。第四段自清水漾至小梅，应需开浚地点三处，共去土 18801 方，共估洋 6435.6 元，另加搬运石块费 300 元，合共估洋 8570.4 元。以上四段工程共计挖土 59879 方，预备费约 2342.1 元，共需工程

---

❶ 《开浚溇港上游北塘河北横塘河案》，《浙西水利议事会年刊》，1918 年第 1 期，第 39 页。上述民国时期材料所述北横塘河则贯穿全部长兴溇港，其所指范围与现今北横塘河有所差异。《长兴县水利志》第一章《水系》"泗安溪"一节载："又称太湖塘港，自长兴港袁家浜村东分支南流，经柴鱼子漾、七圩漾、芦圻漾、小沉渎、清水漾、蔡浦港至小梅港，全长 14 公里。"（中国大百科全书出版社，1996 年，第 16 页）。

❷ 《开浚溇港上游北塘河北横塘河案》，《浙西水利议事会年刊》，1918 年第 1 期，第 39 页。

❸ 《呈报选举三组主任呈文》，《浙西水利议事会年刊》，1918 年第 1 期，第 61 页；《呈复祝震等愿辞去会员职员文》，《浙西水利议事会年刊》，1918 年第 1 期，第 62～64 页。

❹ 《查勘北塘河、北横塘河工程沈委员公函》，《浙西水利议事会年刊》，1918 年第 1 期，第 69～72 页。

款 25763.55 元。具体计划及预算见表 5-10❶。

表 5-10　　　　　　　　　　北横塘河工程计划预算

分段	地　点	长/尺	宽/尺	拓宽/尺	原深/尺	加深/尺	土方/方	单价/元	总费/元
1	自夹浦桥至环沉漾	6766	52	42	3.5	1.5	4263	0.38	1619.94
2.1	自流芳桥至大关桥	4280	40		3.0	2.0	3424	0.34	1164.16
2.2	自大关桥至仓心漾口	13400	40		2.0	3.0	16080	0.35	5628.00
2.3	大沉渎	1045	38		1.0	6.5	2581	0.35	903.35
2.4	修建闸座及添置闸板								750.00
3.1	自径山港口至震泽桥	2610	46		2.0	3.0	3600	0.34	1224.00
3.2	自震泽桥至琐家桥（即小沉渎缺口东西两段）	1900	22	8（岸高7尺）	3.0	5.0	3914	0.32	1252.48
3.3	自琐家桥至清水漾	4100	22	8（岸高7尺）	1.0	4.0	7216	0.32	2309.12
4.1	自清水漾至石塘港口	6130	24		1.0	4.0	5884	0.40	2353.60
4.2	自北横塘河与石塘港交会处至小梅（即石塘港东段）	4252	60		1.0	4.0	10 205	0.40	4082.00
4.3	蔡浦港	1012	40		0.8	6.7	2712	0.40	1084.80 建筑水闸750 元，共计1834.80
4.4	建筑闸座闸板								750.00
	预备费								2342.10
合计							59879		25763.55

　　虽然疏浚方案颇为详细，但限于经费短绌，各项工程不得不择要疏浚。当时湖州所属溇港疏浚工程中，吴兴县北塘河被列为优先疏浚河道，长兴北横塘河全段列为第二优先。7月4日，省长指令，先行疏浚吴兴县北塘河，待北塘河工程完竣后，再行详细勘查疏浚北横塘河❷。北横塘河的疏浚由此搁置。

　　石塘港为北横塘最东段，位于长兴、吴兴交界处，自长兴鸭卵漾口起，东至吴兴小梅口，与吴兴机坊港连接，长约 3 公里。该港为东西向修筑之里河，可以通行小舟，又为北横塘河宣泄之要道。但由于淤塞已久，河床狭小，极大地影响航运交通、防洪灌溉，亟待疏浚。民国 21 年（1932），吴兴县民吴伯瑜、

❶　《工程预算案·北横塘河工程计划预算书》，《浙西水利议事会年刊》，1918 年第 1 期，第 47~51 页。

❷　《省长指令先办北塘河》，《浙西水利议事会年刊》，1918 年第 1 期，第 76 页。

长兴县民王一成等向第一区水利议事会递交请愿书，请求拨款补助疏浚该港，并呈交施工计划。

此前，第一区水利议事会在测量吴兴机坊港时，也勘查到石塘港部分河段（长兴王家桥至小梅村一段，即第三段）淤浅严重。鉴于石塘港该段河道与机坊港毗邻，而且与机坊港同在小梅口通入太湖，因此顺便予以测量。接到吴长两县县民的请愿之后，第一区水利议事会派议事会成员钱宗翰、陈勤士与技术员陈瑞卿前往勘查。

经议事员等查勘，石塘港淤浅严重，业已妨害交通和农业，但请愿县民拟定的疏浚计划过于简略，需要详细测量，且其工程预算单价过高，应予修正。勘查小组认为，王家桥以西至鸭卵漾口，约长一里，该段河道关系较浅，且未经浙江省水利局测量，应由该请愿人重新详细测估，自行筹款疏浚。王家桥以东至小梅口一段，已经由浙江省水利局详细测量过，可依照之前所测的图表制定施工计划。该段河道长 1761.9 公尺，合计挖土 3442.055 公方，以每公方单价 2 角 2 分计，共计工程费用 7357 元 2 角 5 分。12 月 24 日，浙西水利议事会执行会议经讨论决议，王家桥至小梅口一段河道议事会拨给补助经费 1500 元，剩余款项则由地方自行筹集；王家桥起至鸭卵漾口一段河道，因并非紧要河段，因此由请愿县民自行筹款，自行测量疏浚，浙西水利议事会不再给予补助❶。经浙江省建设厅批准，长兴、吴兴两县于民国 22 年（1933）1 月成立疏浚石塘港委员会，浙江省水利局派指导员 1 人前往指导。3 月 12 日开工疏浚，5 月 30 日疏浚工程完工❷。

除以上溇港工程之外，民国 37 年（1948）冬至民国 38 年（1949）春，长兴县疏浚了沉渎、琐家桥、花桥、鸡笼、小沉渎、庙桥六处溇港。因资料阙如，暂不详述❸。

---

❶ 《饬疏浚石塘港河道》，《浙江省建设月刊》，1933 年第 6 卷第 9 期，第 30～31 页。

❷ 浙江省水利局，《浙江省水利局总报告（民国 21 年 2 月至 24 年 6 月）（上册）》，浙江印刷公司印刷，民国 24 年 10 月（1935.10）；《浙江省吴长石塘港之疏浚》，《中国国民党指导下之政治成绩统计》，1933 年第 12 期，第 233 页。

❸ 《长兴水利志》"大事记"，中国大百科全书出版社，1996 年，第 286 页。

第六章 现代水利事业的勃兴
（1949—1979 年）

中华人民共和国成立后，长兴县人民政府十分重视水利建设，实行以"防洪为主"的方针，制定"上蓄、中疏、下泄"的治理规划，在流域上游建水库，筑堰坝，治涧滩，进行小流域治理；在平原整治河道堤塘，发展机电排灌，治理圩垾区。1949—1979 年间，长兴县不断摸索、不断提高，不断发展、不断完善，走出了一条现代勃兴之路。

1950—1952 年经济恢复时期，着重修复被毁水利工程，抢修破塘漏坝，改临时草土堰坝为浆砌石坝，扩建原有的小山塘及发展机电排灌等。1953 年开始有计划地兴修水利，根据县域环境特点，贯彻"防洪防旱并重，山区平原兼顾，发动群众为主，国家重点扶助为辅"的方针，大力开展群众性的兴修水利运动，在运动中贯彻执行"多收益，多负担；少收益，少负担；不受益，不负担"的合理负担政策，在低山丘陵地区先后修建一批堰坝，提高了抗旱能力；在平原地区治渗，培修，加固圩堤，增强了抗洪能力；在全县继续建立机电排灌固定机埠，以保障粮食生产。

1953 年起，全县各个乡镇和农业生产合作社都广泛发动群众，拦河筑坝，开沟引水。至 20 世纪 50 年代末期，县内掀起全民办水利热潮，和平、长潮、周吴、泗安等中型和小（1）型、小（2）型水库相继开工。山丘区的抗旱能力、平原地区抗洪能力有所提高。

20 世纪 60 年代，全县大力发展电力排灌以及主干河道的砌石护岸等工程，开始有计划地转入调整配套阶段，使水利建设趋向稳步发展。此期间续建完成泗安、周吴、长潮等中型、小（1）型水库。同时开始抛砌石护岸工程，重点维修西苕溪、泗安塘、吕山港、小箬桥及鸿桥、横山乡的长湖航道。至 1969 年年底，全县砌石护岸长达 27 公里。

20 世纪 70 年代，水利工作的重点是整治水系，拓宽浚深主要河道，进行园田化建设。全县按计划开挖和疏浚了合溪新港、泗安塘、长兴港等大小河道，增加了泄洪量，大大提高了平原圩区农田防御洪涝的能力。即使大旱之年也能引太湖水灌溉，保证生产、生活用水，其内河航运能力也得到明显提高。平原地区各乡镇水运畅通，形成了水上运输网络。长兴港作为长湖申线的重要河段，有"小莱茵河"之称；合溪新港被当地人称为"富民港"。

这一时期，县里还有计划地分片治理了圩（垾）区。适当的联圩并垾以缩短防洪战线；排涝分片，加高加固外围堤并配齐足够的排灌泵站。一系列配套工程改善了农作物生态环境，提高了农业产量。

同时，水土保持开始被重视，施行停垦还林、植树造林，注重发展林业，增加植被，提高森林覆盖率；以林保土，以土保水，以水保田，达到山、水、田综合治理的目的。

第一节　山丘区灌溉防洪体系的建立

长兴县境南、西、北三面山丘区总面积 912.77 平方公里，占全县总面积的 65.8%，山丘区有耕地 16.52 万亩，占全县耕地田面积的 26.9%，其中水田 14.14 万亩。山丘区是诸水系的中上游，河流源短流急，又是降水高值区，每遇暴雨，则山洪迸发、冲堤毁田；若遇久晴不雨，则溪涧断流、农田龟裂。故此区域常常非洪即旱，洪旱并存。据记载，1953 年 6—8 月底发生连续 70 天的旱灾，7—8 月降雨仅 116.4 毫米。1954 年 5—7 月又发生洪涝，3 个月降雨 1118.6 毫米。1957 年 6 月 30 日至 7 月 5 日 6 天内，长兴水文站记录降雨 331.3 毫米。1958 年 5—7 月又发生干旱 ❶。

历史上山丘区灌溉主要依靠小型堰坝、陂塘等蓄、引水工程，辅之以梯田、植树造林等治理措施，规模较小且不成系统，难以抵抗频繁的洪旱灾害。1951 年起由国家贷款扶助，改建和修复了泗安区的涧西坝、韩家坝、大桥坝、杨家坝、响水坝等，以及仙山乡的敢山坝、南天门坝和管埭乡的朱家坝。至 1952 年，全县共修建堰坝 37 条。1953 年，省政府对山丘区堰坝工程实行修、建并重政策，除修复原有的堰坝和历次被洪水冲毁的工程外，还要在一切可以拦引灌溉的溪涧河道增设新坝，以满足单季稻改双季稻的灌水需要。各乡和农业生产合作社都广泛发动和组织群众，拦河筑坝，开沟引水，使堰坝工程建设达到前所未有的规模。至 1961 年，全县新建、改建堰坝 699 条，其中灌溉农田百亩以上的有 60 条，分布在仙山、二界岭、煤山、槐坎、太傅、和平、长潮、管埭、

❶　长兴水利局编：《长兴水利志》，中国大百科全书出版社，1996 年，第 85～86 页。

白岘、鼎甲桥、水口、吴山 12 个乡镇。

20 世纪 50 年代末至 60 年代，由于兴建了大量的水库塘坝，有些堰坝则成为水库的配套工程，如和平港与泗安塘的上游的大部分塘坝。1950 年后，随着水库、塘坝、堰坝和机电灌溉的发展，兴建了一批引水配套工程。1971 年建成宿子岭水库引水隧洞，长 110 米，宽 2 米，引东、西道齐集雨面积 7.1 平方公里的来水入宿子岭水库。1977 年，建成二界岭水库云峰引水渠道上的五塘冲隧洞，洞长 150 米，宽 2.5 米，使原长 9.5 公里的引水隧洞缩至长 6 公里，增加引水面积 16 平方公里。1975 年 10 月，建成二界岭水库 U 型桁架式引水渡槽，长 90 米，架高 10 米，设计过水流量 0.8 立方米每秒。

通过 1950 年开始的大规模治山治水，从解决农田灌溉到防洪灌溉并重的山、水、田综合治理，长兴县山丘区的水利工程渐由零星分散发展到规模系统。至 1979 年，山丘区的农田灌溉已初步建成以提水灌溉为主，结合蓄水、引水灌溉，形成蓄、引、提相结合的灌溉防洪体系。30 年间，农田有效灌溉面积从 20 世纪 50 年代初的 1.3 万亩增至 14.2 万亩，惠及绝大部分的山丘区农田；易洪耕地面积从 20 世纪 50 年代初的 13 万余亩减至 3 万亩，易旱面积从 20 世纪 50 年代初的 13 万余亩减至 2.8 万亩。该区的粮食产量也因此从 20 世纪 50 年代初的平均亩产不足 200 千克增至近 900 千克，提高了 4.5 倍。

全县各主干河道经整治后充分发挥了引流灌溉作用。1978 年 6 月 16 日至 9 月 24 日，全县连旱 101 天。干旱期间，通过蓄、引水工程引太湖水灌溉，并利用全县 1417 台 17 966 千瓦机电排灌设备充分发挥提水灌溉作用。结果，该年除山丘地区受灾较重粮食歉收外，平原地区的粮食作物获得大丰收，全县粮食平均亩产 519 千克，总产量达 304 950 吨，为中华人民共和国成立后最高年。

一、山丘区蓄水工程建设

蓄水工程即选择有利的河势，利用有利的地形条件、汇水区域，通过拦河坝将天然降水产生的径流汇集并抬高水位，为农业灌溉和居民生活用水提供保障的集水工程。"筑于山丘者为陂，开于原壤者为塘"，即小型塘坝、山塘等蓄水工程，大都建造在山岕、山冲的梯田和岗地之处。历史上为解决农田灌溉问题，陆续兴建过一些陂塘，它们是 1949 年以前长兴县内山丘地区农田的主要蓄水灌溉工程，至 1949 年时多数已失修残破，只剩少量灌溉兼作饮用、洗濯或养殖的"村边塘"。

1949 年以后的长兴县蓄水工程按库容大小分有四个等级：总库容 10 万立方米以下的塘坝与山塘；总库容 10 万立方米以上，100 万立方米以下的小（2）型水库；总库容 100 万立方米以上，1000 万立方米以下的小（1）型水库；总库容 1000 万立方米以上，1 亿立方米以下的中型水库。

以上四个等级中，总库容 10 万立方米以下的塘坝与山塘建筑要求较低，可以就地取材，省工省钱，且灌区内渠道较短而工期短，大多当年能受益，可使山岕、山冲梯田及零星耕地得到灌溉保证。因此，20 世纪五六十年代在全县广大山丘地区掀起兴建塘坝的高潮。截至 1979 年，全县共有库容 1 万～10 万立方米的塘坝 200 余座，占全县蓄水工程正常库容的 17％；灌溉农田 31973 亩，占全县蓄水工程灌溉面积的 24.5％。全县有库容 1 万立方米以下的山塘 835 座，正常库容 272 万立方米，占全县蓄水工程正常库容的 6.3％；灌溉农田 20 583 亩，占全县蓄水工程灌溉面积的 15.6％。其利用系数高于其他各类蓄水工程。但这些工程标准低，大多无溢洪设施，遇暴雨或大暴雨被冲毁时有发生。如 1963 年 7 月 19 日，车头坞塘坝在大坝上开缺放水，造成垮坝事件。

小（2）型水库多分布于丘陵地区河流的上游，灌溉受益范围大都是山区梯田，这些水库还担负着所处地区的防旱、防洪重任，效益显著。这些小型水库工程投资较少，资金由国家投资和群众自筹相结合；建造材料也主要就地取用当地丰富的黏土与砂卵石料；工程量不大而工期短，大都抽调乡内 1 个或几个村的劳力施工。因与自身利益密切相关，群众迫切要求，兴建积极性高，建造技术也容易掌握，水库建成后效益都比较好。20 世纪 50 年代初期，在仙山乡开始兴建陈家大塘等小型蓄水工程；随着农业合作化高潮的兴起，20 世纪 50 年代中后期，大批蓄水工程相继开工。

在 20 世纪 50 年代中后期兴修蓄水工程的高潮下，也曾修建一些稍大型的蓄水工程。如 1955 年在民治乡（后改为二界岭乡）兴建了蓄水 253 万立方米的二界岭水库。但由于资金、物资、技术力量有限，除各队自建的部分小型蓄水工程当年受益外，一些较大工程很快被迫停建。1962 年下半年起，经济状况得到改善，停建的较大蓄水工程相继复工，后又陆续新建一批小型蓄水工程。1959 年下半年至 60 年代初期的国民经济调整时期，采取以建设小型水库为主的原则。截至 1979 年，全县共有库容 1 万～10 万立方米的塘坝 200 余座，小（2）型水库 21 座（表 6-1），小（1）型水库 8 座，中型水库有泗安水库、二界岭水库及和平水库 3 座。

表 6-1　　　　　　　　　1979 年前建成的小（2）型水库统计

水库名称	所在地	集雨面积/平方公里	坝高/米	总库容/万立方米	灌溉面积/亩	建设时间
西岕	二界岭乡毛家村	1.00	10.8	20.0	700	1970—1979 年
逃牛岭	二界岭乡邱家村	2.87	15.7	58.0	1550	1966—1971 年
桐罗岕	二界岭乡云峰寺村	2.69	12.0	17.4	600	1964—1967 年
西道	长潮乡东潮村	2.35	15.3	22.9	320	1965—1968 年

水库名称	所在地	集雨面积/平方公里	坝高/米	总库容/万立方米	灌溉面积/亩	建设时间
六十亩冲	长潮乡九龙村	0.28	6.0	15.0	420	1973—1977 年
虎塘	太傅乡寺基村	0.72	6.4	19.2	550	1958—1964 年
海家冲	太傅乡平阳村	0.20	9.0	16.0	500	1962—1967 年
蒋板岕	白岘乡庄头村	1.17	17.2	22.0	1100	1958—1963 年
白西冲	白岘乡访贤村	1.10	13.7	34.0	1350	1957—1960 年
东风	槐坎乡东风村	3.56	11.0	34.2	1100	1958—1964 年
东风岕	槐坎乡东风村	1.75	14.0	12.0	400	1968—1972 年
六都	槐坎乡六都村	2.47	16.2	46.4	1200	1958—1968 年
胜利	槐坎乡仰峰村	1.70	14.9	18.6	500	1966—1975 年
仰峰	槐坎乡仰峰村	2.40	11.5	24.0	1000	1964—1965 年
大岕	槐坎乡茶窝村	0.66	13.2	27.6	1000	1959—1967 年
回龙山	小浦镇光跃村	2.54	16.6	16.0	900	1958—1965 年
顾渚	水口乡顾渚村	2.97	13.2	30.0	800	1970—1975 年
三八	和平镇回车岭村	0.38	10.0	13.0	500	1958—1959 年
云野	管埭乡长山村	1.83	11.2	33.0	800	1956—1962 年
五峰	雉成镇五峰村	0.51	9.0	34.8	1100	1966—1971 年
平桥	长城乡何家西村	3.50	11.0	85.0	1356	1958—1979 年

（一）泗安塘流域蓄水工程

泗安塘流域是粮食低产区，民间有"泗安广德州，十年九无收"之说，一遇洪水则两岸泛滥成灾。其上游支流流域的农田多分布在山冲岗地，易受旱灾。

1951 年，由国家贷款扶助，改建和修复了二界岭的涧西坝、仙山的韩家坝，以及大桥坝、杨家坝、管埭的响水坝等灌溉农田在 1000 亩以下的堰坝。是年，又在仙山乡兴建了陈家大塘等小型蓄水工程。1952 年，县贷款兴建了仙山敢山坝、南天门坝，以及管埭朱家坝等灌溉农田在 1000 亩以下的堰坝。两年时间，全县共修建灌溉农田在 1000 亩以下的堰坝 37 条。

1950 年，有 2000 亩田因缺水未种上水稻；1953 年大旱，每亩仅收 50 千克，约有 1000 亩田颗粒无收。为了解决灌溉问题，由国家投资、长兴县政府承办，在泗安塘上游左岸支流清东涧所处的二界岭乡，兴建二界岭水库。在全县范围内招工 1400 人，1954 年 5 月 1 日开工，次年 5 月 19 日竣工，主坝为黏土斜墙坝，大坝截水墙建在红砂岩和沉积岩基础上。灌溉渠道总长 9494 米，其中主渠长 1544 米，东干渠长 3650 米，西干渠长 4300 米。附属建筑有团子山引水坝、进水涵洞、东西分水闸、长矛岭节制闸，青桐涧与涧西倒虹吸，渠道分水闸17座，跌水11座及西渠渡槽、涵洞各1座。1955年5月19日工程完工，坝高14米，坝顶高程42.16米，坝顶长120米。同时建副坝2座，库容253万立方米。

1971年扩建工程开工，大坝从14米加高至16米，库容由253万立方米增至350万立方米。1973年春，经县农林水利局测量设计，开挖长9.5公里的云峰引水渠，引水流量为8立方米每秒。1973年春，经县农林水利局测量设计，开挖长9.5公里的云峰引水渠，引水流量为8立方米每秒。1973年冬，开始进行第二次扩建。在大坝左右二坝头山坡清除风化层，基础至砾岩挖深1米、宽1米的嵌墙。迎水坡从原防渗斜墙顶部，用重壤土填筑，加高至20.5米。重建反滤层。背水坡亦同时加宽加陡，相应加高两条副坝，坝高筑至10米，总长367米。同时改造引水渠，在五塘冲开挖一个长150米的引水隧洞，两头明渠长239米，引水流量扩大至20立方米每秒，使引水渠从原9.5公里缩至6公里，引水面积增至16平方公里。1977年完工。1955年，二界岭水库建成后，受益实灌农田6010亩。1977年扩建后，灌溉农田8000亩，其中6000亩达到保收田标准。

1959年，在泗安塘干流上游兴建泗安水库。施工人员在全县30个公社内抽调、组成6个民工营、32个民工连，共5000人。同时还成立了泗安水库工程指挥部，设政治、工程处，下设组织、宣传、保卫、总务、工程、物资等股及医务室、退赔办公室等部门。1959年1月16日开工，1960年10月停工，当时已建坝高4米至6米，浇制混凝土涵管1座，石方开挖3000立方米，砌石护坡500平方米。1962年7月13日，长兴县委以60号文报省委、地委，要求续建泗安水库。同年8月9日，浙江省水利电力厅以水电基字第501号文批复，列入1963年基建计划。同年10月底，浙江省委书记江华来水库视察，决定续建。11月复工。1964年8月31日工程基本竣工。当时溢洪闸由钱塘江治理工程局施工，最大泄量364立方米每秒。该闸为二孔泄水闸，顶底为工作桥及启闭室。闸门前有1/4椭圆形实体导水墙及平板胸墙。闸室上游底部为混凝土防渗铺盖，门叶为平面钢板。启闭设备为2台25吨电动卷扬机。下设扩散式消力池，输水涵洞系现浇钢筋混凝土方形涵管，浇筑在溢洪闸右侧闸墙内。灌区输水总干渠自水库绕仙山东流至仙山乡的茅塔村，长1.8公里；北干渠自茅塔村向北经泗安镇西折向东流，经上红庙、老鸦塘至管埭的南岗村，长5公里；南干渠自茅塔村向东流经汪家山、塔山至天平桥的李王村，长8.2公里。另建渡槽1座（长25米），分水闸、涵洞20多座。1963年11月，将原直穿库区长6.7公里的318国道改道绕水库北部，长8.8公里，于次年5月1日建成通车。1974年11月，建成水电站，装发电机组2台套，共150千瓦。

泗安水库集雨面积108平方公里，主流长16公里，集流时间5.1小时。水库为年调节，以防洪为主，防洪受益 24 万亩，关系人口 10 万人，管埭以上的 2 万亩农田抗洪能力可提高到 20 年一遇的洪水不倒坍。梅雨、台汛期控制水位 14 米，相应库容 635 万立方米；10 年一遇以下的洪水，保上游安全，水位不超过 14.5 米，蓄水 860 万立方米；10～100 年一遇的洪水，保下游安全，发挥防洪效益，水位 18.35 米；100 年一遇以上的洪水，保工程安全，闸门全开，水位 19.35 米；遇到最大可能出现的降雨量，保坝水位超过 19.3 米时，启用非常溢洪道。

宿子岭水库位于泗安塘左岸支流长潮涧上，地处长潮乡高潮村，距 318 国道 3.5 公里；集雨面积 9.1 平方公里，其中引水集雨面积 7.1 平方公里；设计总库容 162 万立方米，死库容 1.5 万立方米；计划灌溉面积 5074 亩，实灌 2500 亩；可拦蓄部分洪水，减轻泗安塘泄洪压力；是以灌溉为主，兼顾防洪、综合经营的蓄水工程。1964 年冬开工兴建。1966 年坝高筑至 12.7 米至 14.5 米。1968 年坝高筑至 16 米。1970 年，在背水坡接长涵管 30 米。1971 年，背水坡底用砂砾石料加宽 8 米，并筑至 9 米高，大坝加高至 18.5 米。1972 年，在背水坡加宽 4 米至坝顶，大坝两端山坡岩石破碎未处理。当库水位蓄至 11.25 米时，涵管出口顶部和右端山坡交接处两处漏水，背水坡 8 米高处有潮湿现象。水位提高，漏水增大。1973 年定为危险水库。1972 年至 1973 年冬，用黄土灌浆加固处理，漏水减少。1975 年库水位 15.5 米时，坝基原老洞处漏水。同年 7 月 3 日，暴雨后坝顶出现 100 米长的纵向裂缝。县农林水利局决定扩建，做防渗黏土斜墙，大坝加高至 24 米。1975 年冬，挖斜墙嵌槽，长 140 米，最深处达 10.6 米，槽底宽 3 米。1979 年 1 月，继续挖斜墙嵌槽，长 72 米，基础挖至砂岩，引东、西道岕 7.1 平方公里的来水入库。1971 年开挖，次年完成，输水涵洞为 2 条钢筋混凝土圆管。

长潮水库位于泗安塘左岸支流长潮涧上游，地处长潮乡长潮界山门口。为解决长潮乡长中、长潮、前村、东潮、九龙、师姑岗 6 个村以及白阜乡的柏家村等地的农田灌溉用水，完善泗安塘灌溉防洪工程体系，长潮乡抽调全乡民工，于 1959 年 9 月 23 日开工建库。水库大坝于 1959 年冬开挖。东西段心墙长 140 米开挖至砂岩层，最深挖至 7 米，底宽 4 米。开挖后立即回填，右岸为坚隔土，嵌槽深 0.5 米、宽 0.5 米。心墙中段长 20 米，未开挖好。1965 年 9 月至 1966 年 7 月，心墙中段重挖后回填，坝高筑至 6 米。1968 年，坝顶筑至设计高程 128.66 米，心墙挖宽 4 米。1969 年扩建，背水坡加宽 10 米。1972 年冬，又加宽背水坡 10 米，完成扩建计划，坝顶高程 133.16 米，心墙宽 6 米至 4 米，呈 30 度向背水坡倾斜至坝顶。1977 年做防浪墙，高 1 米。输水涵洞为钢筋混凝土圆管，内径 0.7 米，进口洞径 0.6 米，洞长 81 米，进口底高程 121.16 米，出口底高程 120.16 米，最大输水量 2.1 立方米每秒。闸门为插板式，以手摇螺杆启闭。1959 年至 1960 年春，浇制涵洞底板长 54 米，浇筑涵洞长 13 米。因涵管位置低、管径小而停工。1962 年 2 月复工时，涵洞向山坡上移，重新浇制涵洞。溢洪道在大坝右端，为宽浅式，浆砌块石护砌。进口底高程 132 米，底宽 49 米。直立式导水墙，设计最大过水深 1.88 米，最大泄洪量 199 立方米每秒。1970 年完成。1984 年 6 月 14 日洪水，最大过水深 0.77 米。辅助设施有灌溉干渠 3 条，总长 12.8 公里，渠道砌石 2050 米，小桥 7 座。淹没区高程 130.16 米以下淹没土地 250 亩，房屋迁移 24 间，涉及 7 户 32 人。灌溉总面积 3150 亩。农田抗旱能力从原来的 20 天提高到 50 天。保收田 1500 亩。水库养鱼面积 130 亩，一般年产量 5 吨。

云野水库位于泗安塘右岸二级支流李王港上游，地处管埭乡长山村。于 1956 年 11 月 28 日开工，抽调全乡民工施工。1962 年建成。集雨面积 1.83 平方公里。拦河坝为黏土心墙坝，坝高 8.5 米，坝顶长 91 米，顶宽 2 米。总库容 33 万立方米（设计坝高 12 米，总库容 36.25 万立方米），正常库容 22 万立方米，灌溉农田 800 亩。

（二）西苕溪流域蓄水工程

和平水库位于西苕溪支流和平港的上游周坞山。和平镇有农田 1.75 万亩，80% 以上是丘陵易旱梯田。原有水利设施除一些堰坝与少量山塘外，无相应的蓄水与拦洪工程。1958 年，长兴县人民委员会以长水（58）12 号文报嘉兴地区水利局，要求建造和平水库。1957 年 12 月 28 日，和平水库开工。成立和平水库工程指挥部，由和平、长城、便民桥 3 乡镇征调民工 1000 人施工。坝基山谷狭小，两岸岩石外露，但当地筑坝土料尚丰富。大坝清基后，心墙开挖宽 10 米，挖深 2.8 米至 3.5 米；靠西边山脚长 35 米，挖至坚隔土；向东 110 米，挖至岩石。1959 年 5 月，大坝筑至高程 61.46 米，控制蓄水高程 56.16 米。该年灌田 6800 亩。1959 年冬至 1960 年春，大坝筑至高程 66.16 米，灌溉面积达到 11588 亩。1979 年 9 月，提出工程扩建计划。灌溉干渠 4 条，总长 39 公里。第一干渠从狮子坝经百亩样至毛家山，长 12 公里，可灌溉农田 4000 亩；第二干渠从施村至吴村、毛家石桥，长 9 公里，灌溉农田 5000 亩；第三干渠从施村经唐伯兴、马家边、旧宅至回车岭、羊毛山，长 12 公里，灌溉农田 3000 亩；第四干渠从施村至长岗，长 6 公里，灌溉农田 2600 亩。自水库至施村利用原溪涧作为总渠。工程扩建后，和平水库工程效益有所增加。灌溉面积增至 14600 亩，其中保证灌溉面积 7400 亩。

青山水库位于西苕溪右岸的二级支流晓墅港的支流上，地处吴山乡沙埠村。吴山乡为解决沙埠、韦山、南漳 3 村 3500 亩梯田的灌溉用水，于 1971 年 12 月组织全乡民工施工。土方任务由受益的沙埠、韦山、南漳 3 村负担 40%，其他村负担 60%。1979 年以后承包给工程队修建。集雨面积 3.4 平方公里，主流长

4.45 公里，集流时间 0.67 小时。

（三）箬溪（合溪）流域蓄水工程

桃花岕水库位于合溪新港左岸支流桃花岕上，地处后漾乡牛步墩村，是以灌溉为主的蓄水工程。为解决后漾乡牛步墩、车渚里、川口村及小浦镇高地村农田的灌溉，长兴县水利局决定兴建桃花岕水库。1959 年冬开工，初期组织太傅、畎桥、天平桥、林城 4 乡镇民工施工，后期由太傅乡灌溉受益区抽调民工续建完成。1959 年，大坝开挖坝基后停工。1964 年冬复工。1966 年冬，筑至坝高程 98.16 米，左坝头 98 米，蓄水受益。1969 年至 1971 年春，筑至坝高程 106.96 米至 108.84 米。1974—1977 年，筑至坝高程 110.66 米。1978 年 11 月，筑至坝高程 111.16 米，加筑 1 米高的防浪墙。

横岕水库位于合溪上游右岸支流南涧的横岕上，地处槐坎乡十月村。集雨面积 5.4 平方公里。拦河坝为黏土心墙坝。设计坝高 20 米，总库容 120 万立方米，正常库容 105 万立方米。灌溉农田 3000 亩。工程于 1978 年 10 月开工。1978 年 10 月大坝开挖至基岩，最深 5 米，底宽 3.8 米。1979 年 1 月回填完成心墙部分。输水涵洞为长方形，设于左坝头。进口高 6 米，出口高 5 米，长 60 米。管长 1.2 米，宽 0.8 米，进口为圆形，直径 1 米。铸铁插板式闸门，以手摇螺杆启闭。后因资金缺乏等多种原因，截至 1979 年，尚未堵口合龙。

二、山丘区引水工程建设

引水工程是借助重力或其他动力把水资源从源地输送到用水地的措施。民国中期，日军一度占领长兴，战争不断，人民无力进行水利建设，沟洫淤塞，堰坝残破。1949 年后，各级人民政府发动群众，大力修复堰坝，疏浚沟渠，农村小水利工程发展迅速。1951 年起由国家贷款扶助，改建、修复和兴建了大量的水库塘坝，省政府对山丘区堰坝工程实行修建并重政策，要求除修复原有的堰坝和历次被洪水冲毁的工程外，在一切可以拦引灌溉的溪涧河道增设新坝，以满足单季稻改双季稻的灌水需要。各乡和农业生产合作社都广泛发动和组织群众，拦河筑坝，开沟引水，使堰坝工程建设达到前所未有的规模。

（一）灌溉农田 1000 亩及以上的堰坝

圣旨坝位于常丰涧上游鼎甲桥乡的团圆塘，坝身为浆砌块石坝，长 26 米，高 2 米。该工程沿常丰涧西岸用块石砌筑 1 公里长的防洪堤，然后在涧中筑拦河坝引水，灌溉鼎甲桥以北 1000 余亩农田。后几经修缮，运行情况良好。

广兴坝位于合溪支流北涧上，地处煤山镇四都村狮子山。1950 年以前靠筑临时草坝灌田。1949 年夏秋间，草坝被洪水冲毁。1950 年春，经浙江省农林厅水利局批准并负责测量设计，专署贷给大米 4547 千克，改建成浆砌块石坝。1950 年 3 月成立广兴坝水利委员会，由县实业科组织施工。4 月 4 日开工，5 月

20 日竣工。坝高 0.85 米，坝长 17.2 米，顶宽 1 米。浆砌块石护面，厚 0.5 米。受益农田 1015 亩。

清塘坝位于合溪南涧上，地处槐坎乡新槐村。1949 年前为临时草土坝，1949 年夏秋草土坝被山洪冲毁。1950 年春，成立乡水利委员会，发动群众改建成浆砌块石坝，国家贷款大米 12500 千克作为工程经费。浆砌块石护面，厚 0.5 米。坝高 1.5 米，坝长 350 米，顶宽 3 米。为便于放毛竹或山货，坝中间留有 3 米宽的筏道，并设有闸门控制。在坝右端山坡开有引水灌渠，受益农田 1197 亩。

（二）灌溉农田 1000 亩以下的堰坝

1951 年起由国家贷款扶助，改建和修复了泗安区的涧西坝、韩家坝、大桥坝、杨家坝、响水坝等堰坝，以及仙山乡的敢山坝、南天门坝和管埭乡的朱家坝。至 1952 年，全县共修建堰坝 37 条。

1953 年，各乡和农业生产合作社都广泛发动和组织群众，拦河筑坝，开沟引水，使堰坝工程建设达到前所未有的规模。至 1961 年，全县新建、改建堰坝 699 条，其中灌溉农田百亩以上的有 60 条，分布在仙山、二界岭、煤山、槐坎、太傅、和平、长潮、管埭、白岘、鼎甲桥、水口、吴山 12 个乡镇，灌溉农田 20625 亩。

20 世纪 50 年代末至 60 年代，由于兴建了大量的水库塘坝，有些溪涧随着上游蓄水工程的兴建拦截，变得稍旱即干，无水可引；有些堰坝则成为水库的配套工程，如和平港与泗安塘的上游等主要河流的大部分堰坝，在泗安水库建成后成了灌区配套工程的一部分。

（三）渠道、渡槽

自 1951 年 3 月建成鼎新抽水机站后，机电排灌迅速推广。1959 年 11 月底，学习南浔公社的治水经验，在建设电力排灌的同时，因地制宜开挖干、支、斗三级渠道，搞好田间渠系配套，充分发挥电力排灌的效益。长兴县组织开展渠道规划、测量工作，发动全县近 10 万人，进行开挖渠系工程。首先在雉城公社、鸿桥公社展开，继而在和平公社、虹溪公社推广。经一冬春的努力，共开挖干、支二级渠道 1248 条，长 619.8 公里。

1965 年建成的天平桥公社的龙山沿山渠道，自李王大队至畎桥出泥桥港，长 4.5 公里，可汇集 5.66 平方公里的山间来水，受益农田 6000 亩。泗安镇九里桥沿山渠长 1.5 公里，拦截近 1 平方公里的山间来水入泗安港，使白塘圩 2000 亩滩田改为圩田，提高了抗洪能力。1969 年 4 月，建成便民桥公社便民沿山渠，长 1 公里，完成土石方工程量 5000 立方米。该渠使南岸山间来水直接排入外港，减轻了便民桥公社三乡圩 1.2 万亩农田的排涝压力。1977 年 10 月，建成长城公社凡市沿山渠，长 3 公里，开挖土方 6.5 万立方米。这条排水渠使该公社杨桥、何家西、凡市、东周等大队 1500 亩农田得以减轻洪水危害。

1970 年后，田间工程进入以治水改土为中心，排、灌、降三结合，山、水、田、林、路、村全面规划与综合治理的新阶段。1978 年起，里塘公社大力开展渠系建设。开挖明渠 16 条，长 6990 米，设小分水井 29 座。筑渠路结合式二级渠道 18 条，长 8630 米。在渠道进口处设有涵管式分水堰 20 座，由铸铁拍门控制；田头用预制匣式放水洞，由 4 英寸（10.8 厘米）拍门控制，计 330 座。开挖排水沟 16 条，长 5500 米，并利用 5 孔水泥板于每条沟上置 1~2 座人行小桥。建主机耕路 1 条，宽 5 米，长 2.95 公里；二级机耕路面宽 3 米，总长 6.4 公里。每 2 块田配制小拖桥 1 座，互为通行。渠系建成后，田间排灌条件得到改善，同时节约了用水，降低了成本，还避免了抢机器（船机）的争水纠纷。

随着水库、塘坝、堰坝和机电灌溉的发展，还兴建了一批引水配套工程。如，1971 年建成宿子岭水库引水隧洞，长 110 米、宽 2 米，可引东、西道集雨面积 7.1 平方公里的来水入宿子岭水库。1975 建成的二界岭水库 U 型榆架式引水渡槽，长 90 米，架高 10 米，设计过水流量 0.8 立方米每秒。

三、山丘区提水工程建设

提水工程是指用抽水装置把水提升到一定高度，然后自流输送到用户的措施。排灌工程即将农田多余水量提取排放到其他地点的排水工程和对需水农田补充水量的灌溉工程。山丘区提水工程多用于排灌。20 世纪 50 年代前，长兴的提水、排灌工具以人力水车为主，个别地区则用牛力水车和风力水车。而西苕溪、泗安塘等沿河岸圩区，洪水来时，多依靠开启斗门、涵洞来排水。20 世纪 50 年代初，机械提水、排灌在长兴发展起来，逐渐代替水车。1954 年内涝，全县动用水车 10148 部，其后大力发展机械排灌。

机械提水、排灌的动力主要靠泵站提供，包括泵机组及其管路设备（泵装置、动力机、辅助设备）和配套建筑物在内的工程设施。其土建部分有站身（厂房及水下建筑）、进出水建筑物、引水建筑及其配套建筑物等，其动力机靠燃油、煤气或电力发动。提水工程中的泵站有梯级泵站和泵站群两类组合。

梯级泵站一般由数个布置在不同高程的提水泵站组成。第一级泵站从水源取水，其后各级泵站均以前一级泵站出水作为该级站水源，水从一级站开始逐级经泵站提升，实现对整个灌区的灌溉。梯级泵站连接形式有两种：开敞式渠道和封闭管道。开敞式渠道连接的泵站，水流由前一级站出水池，通过渠道进入后一级站的前池或进水池。每级泵站都具有开敞的进出水池，形似独立。此种连接站间的输水渠道一般很长，从数公里直至数十公里，在远距离调水中甚至更长。

封闭管道连接的梯级泵站，一级泵站的出水管道从泵出口一直延伸至二级站的水泵进水口。通常此时两站距离较近，可以提高扬程，在一定高程上担负（供水）灌溉任务❶。

（一）机械排灌的发展

1951年3月，浙江省农林厅水利局在鼎新区吴城村（现鼎甲桥乡）建立长兴县第一座示范灌溉泵站——国营浙江省水利局鼎新抽水机站，以机械提水灌溉，效益显著。1952年，由县供销社投资，在横山、后漾、天平桥、和平等10个产粮乡镇建立10座固定机埠，各配8.8千瓦的中速煤气机，为普及推广抽水灌溉进行示范。以后陆续建立了东高田、西高田、姚步桥、上马墩、下龙湾、塘子湾、王家浜、高道寺、张家村、大家坅、油车浜、仙人浜、三家村、玄坛庙等十几座固定机埠（泵站），配有抽水机（水泵）、煤气机多台，灌区扩大到多个乡镇。这些泵站的建成，为大面积使用机械提水灌溉、实现农业现代化迈出了第一步。机械提水灌溉极大的优越性促进了机械提水工程的迅猛发展。

1954年，长兴县接收省办鼎新抽水机站，改名为长兴县鼎新抽水机站。同时增设灰棚湾机埠，建靴子浜机埠，将灌区扩大至虹星桥。1955年，县供销社开始对农业合作社供应进、出管径分别为20.3厘米和15.2厘米的水泵，配5.9千瓦的柴油机。该年，全县共有抽水机63台，配用动力533千瓦，受益农田7.05万亩。

1957年年初，县水利局在新箬乡试行集体抽水机站。在自愿的原则下，采取"折价入站，按股分红"的办法，将全乡8台抽水机组织起来。实行灌区统一划片，按片统一定机，全站统一调度，收费统一标准，机手统一报酬。这一做法，在扩大灌溉面积、降低生产成本、提高农田灌溉保证率等方面都取得了明显效果。1959年前，除和平、仙山、二界岭、长潮、大云（太傅）、煤山、槐坎、白岘等公社外，全县其他公社先后成立了民办抽水机站。1959年年底，各民办抽水机站的抽水机全部下放，除已经办起农机修配厂的站以外，其余民办抽水机站全部解体。一部分基础较好的乡又陆续重建了机电排灌站，对全乡抽水机进行技术管理。1960年，全县机械排灌共有抽水机342台，配用动力3484千瓦。

1965年，35千伏天平桥变电所建成，10千伏出线至泗安地区。1975年，建成泗安变电所，主变压器容量3200千伏安，35千伏电源由安吉县梅溪发电厂引入，10千伏出线至仙山、泗安等4路。这些输电线路和变电所的建成，促进了山丘地区电力提水灌溉的发展，电力提水逐渐取代机械提水。1962年以后，机械排灌面积逐年减少，采用机械排灌设备的国营长兴抽水机站于1970年撤销。该站原有的机械排灌设备下放给有关乡镇，只在遇洪涝、旱灾时作为机动

---

❶ 刘超：《泵站经济运行》，北京：水利电力出版社，1995年，第7页。

的抗灾工具使用。至 1979 年年底，全县约有抽水机 171 台，配柴油机 998 千瓦。

（二）电力排灌的发展

1956 年年初，由县人民政府拨款，利用私营长兴电厂的电力，架设了一条由雉城镇龙潭湾至观音浜的低压专用线，建立了县第一个电力灌溉固定机埠。该机埠装机 10 千瓦，灌田 500 亩。同年，县人民政府与湖州电厂协商决定，在最大负荷不超过 200 千瓦的范围内，向长兴提供农业排灌用电。1956 年 6 月 13 日至 8 月 12 日，架设湖州长兴 13.2 千伏高压线路，长 29.4 公里。8 月 21 日至 9 月 27 日，又架设长兴—吕山 13.2 千伏支线，长 10.3 公里。同时由长兴配电所架设 5.25 千伏 3 路分线，长 13.4 公里。共计建成湖州—长兴总线、支线、分线 53.1 公里。另建成长兴古城山容量为 240 千伏安变电所 1 座，电压 13.2 千伏、5.25 千伏，以二线一地制向附近农村供电。

解决了电源后，国营长兴抽水机站将 6 台变压器以及电动机、水泵分别安装在 6 艘木船上，流动抽水灌溉。总动力为 157 千瓦，灌区为城郊等 4 个公社 20 个机埠。1957 年竣工，受益农田 1.69 万亩。经实践，这种流动的作业方式不安全，效率不高，于 1959 年春全部取消。后由古城至虹星桥和长桥增设高压输电线路，建成 6 座固定机埠，灌溉农田扩大到 2.63 万亩。至 1961 年，有水泵 34 台，配电动机 34 台、279 千瓦，灌溉农田 5.2 万亩。

1962 年以后，新安江电力引入长兴，相继建成各变电所，为农田排灌打下基础。该年 9 月，长兴县第一座 35 千伏安变电所于五里桥建成。同年 10 月接入华东电网，设有 35 千伏湖州—长兴输电线路一条，长 24.08 公里，另有 10 千伏出线 5 条，分别至雉城、鼎新、吕山、虹溪、鸿桥。之后，相继建立电力排灌机埠。

第二节　河港中下游的疏浚

长兴县经汉末至唐及五代吴越时期的发展，县内人口逐渐增多，从而加速了对太湖地区的开发。至南宋末，已呈现"围田相望，皆千百亩"的盛况，并建有涵闸、斗门，以时启闭，控制蓄泄，圩田的建设逐渐臻于完整和巩固。至明初，全县圩区范围已基本定局。但长兴县平原地区的河道纵横密布，上承山水，下受太湖水位顶托影响，南有西苕溪洪水夹击，汛期洪水宣泄不及，常常发生洪涝灾害。因此筑堤挡水，开河排涝，以保证圩田系统的安全，是本县重要的水利任务。

一、河道整治

长兴县平原地区的河道纵横密布、互为贯通，历代都有对河道整治的记载。

自明朝万历三十四年（1606）至民国 35 年（1946），对城河做过多次疏浚。民国年间还疏浚过泗安塘、合溪乡河道、长湖塘河、五里桥河道等。但是限于条件，大多数河道仍是狭窄、淤塞、宣泄不畅。

1950 年以后，当地人民政府有计划地分期分批治理水系，先后拓浚大小河道 30 多条，总长 205 公里。其中长兴港、合溪港、泗安塘 3 条河道，疏浚长度 63.63 公里，完成土方工程量 828.5 万立方米，同时还对西苕溪长兴境内河岸进行了抛、砌石护岸。

（一）西苕溪整治

西苕溪穿越长兴境内朱家、彭汇、石泉、严家、前坵、背家、黄良、螺陀、塘前、下云等 10 处重要险湾。据 1989 年实测，彭汇湾河底高程为 −12.71 米，黄良湾最深处河底高程为 −11.54 米。洪水对两岸坵堤冲刷严重。据传，自 1851 年以来，由于洪水冲刷，黄良湾坵堤每年后退，坵内一个 20 多户人家的村子竟全部拆迁。1949—1964 年，该处向内移进 30 多米。自 1964 年冬开始，县内组织人力先对西苕溪沿岸险湾进行抛石护岸，待堤身稳定后再行砌石护岸。在施工期间，各乡镇开办水利石矿 28 处，自采石料，以降低费用。20 世纪 70 年代后，险湾地段坵堤已趋稳定。至 1990 年，沿西苕溪两岸共抛石护岸 6249 米，砌石护岸 14683 米，保护 10 只坵，总面积 71.2 平方公里，内有水田 56741 亩，人口 43382 人。其中 10 处险湾共抛石长 5349 米，抛石量 56709 立方米，砌石长 6540 米，完成石方 22845 立方米，保护总面积 47.2 平方公里，内有水田 38648 亩。

除洪山港外，长兴境内西苕溪 4 条支流河道的治理均以乡镇为单位组织施工，其经费来源以乡镇自筹为主，国家补助为辅。

洪山港自吴山乡横涧村至吴山渡入西苕溪，全长 4.5 公里。为开发青山石矿，发展水利，县委决定新开挖洪山港。1973 年 11 月 24 日，县革命委员会以 138 号文下达。同年 12 月 2 日开工，发动全县 27 个公社（除太傅、泗安、管埭、仙山、二界岭公社）2 万多名民工投入施工。至 1975 年 5 月全面竣工通航。

和平港自邵埠头至陈家坟附近，长 2.9 公里，现底宽 12～15 米。1956 年春，和平乡进行疏浚，河底拓宽至 7 米。1978 年，为解决防洪排涝，便利交通运输，新开挖和平街至陈家坟附近河段，长 2 公里。

长城港自长城西矿金墩桥至下股桥入西苕溪，开挖拓浚河道长 3 公里，整治后，河底宽 12 米，河底高程 −1.81 米，边坡坡度为 1：1.5。1976 年 11 月开工，1977 年 3 月完成土方开挖任务，并拆建桥梁 3 座，砌石护岸 4 处，长 5.1 公里。整治工程损失水田 13.5 亩，旱地 6.5 亩。工程实施后，下庄、南庄、金孙坵（姚家坎）3 个村的引水灌溉条件得到改善，并为长城石矿、农村运输开辟了航道，可通航 80 吨位的船只。

（二）泗安塘整治

泗安塘流经长兴至湖州入太湖，历来以湾多、滩多、桥低、河床狭窄闻名，流传有"九桥十三渡，廿二湾到沙滩"的民谣。由于河道弯曲、狭窄，河水涨落幅度大，每遇洪水侵袭，两岸漫堤倒缺坍塌时有发生，洪涝灾不断。泗安塘历代均有修治和疏浚工程，20世纪50年代以来，对该港重点进行了治理。

1955年12月，县人民政府组织群众出资金3.8万元，将泗安塘河底拓宽至6.5米，完成土方4.4万立方米。

1957年，浙江省航运管理局投资4万元，疏浚泗安塘入太湖的主要河道小箬桥港，自石山桥至李家巷河段，炸除礁石并拆建小箬桥、石山桥、荷辫桥。

1968年12月，结合"八三"国防工程投资约10万元，疏浚午山桥至吕山河段，除虹星桥至大德桥河段河底拓宽至10～12米外，其余均拓宽至12米，河底高程-1.34米。还疏浚了五里渡、天平桥、林城、虹星桥等处浅滩，清除桥下沉石；维修改造天平桥、林城桥、午山桥、虹星桥、大德桥等危桥；拓宽横塘渡、吕山两处河段弯道。

1970年11月30日，浙江省革命委员会生产指挥组和省夺煤大会战指挥部联合批准疏浚泗安塘。1971年冬开工，施工高峰期最多出工7万人。1972年春完工。疏浚地段自午山桥至泗安老鸦塘，全长18.7公里。整治后河底宽12米，河底高程-1.34米，边坡坡度为1:2。还对天平桥乡西南村和管埭乡塔上村两处河道进行了裁弯取直，切除三里湾、塔上湾、沙埠头等弯道；改建、新建桥梁5座；拆建涵洞7座；砌石护岸30公里。由省水利厅投资85万元，县投资31.45万元。省拨物资：钢材217吨，木材70立方米，水泥190吨。

1972年，疏浚泗安小桥头至城隍桥河段，长2.5公里，工程完工后河底拓宽至8米，底高程-1.34米。

太傅1号港自贺家岗向南入泗安塘，长2.5公里。疏浚后，河底宽8米，底高程-1.34米，边坡坡度为1:2。1976年12月开工，由大云公社施工，最高出勤1200人，至1978年10月全面竣工。除开港外，还建翻水站1座，装机3台，165千瓦；建桥2座，斗门1座，涵洞1座。整治工程损失土地50亩。治理后使3000亩丘陵梯田得到灌溉。该港成为太傅乡的主要运输河道。

姚家港在叶旺坝与姚洪坝之间，长5.1公里，是西苕溪的分洪河道。原河底高程在0.16米以上。1977年12月开工疏浚，当月完成。疏浚后，河底高程-0.84米，底宽5米，边坡坡度为1:2。另建机耕桥3座，人行桥3座，斗门1座，涵洞12座，机埠1座。共开挖土方21万立方米。损失土地80亩，其中旱地35亩。改善了农田排灌和水上交通。

陈桥港自陈桥至样桥入泗安塘，长7.7公里，是西苕溪的分洪河道。1978年1月开工，2月底完成土方开挖任务。河底高程从0.16米挖深至-0.16米，河底拓宽至 5 米，边坡坡度为 1∶2。除疏浚外，还建桥梁 7 座，其中里塘公社负责建 4 座，县补助 1.7 万元；林城公社负责建 3 座，县补助 1.3 万元。另改建涵洞 4 座，陈桥港口砌石护岸 200 米。该港与姚家港除泄洪外，还使圩安联合坽、姚洪坽、包徐坽、下庄坽等地改善了排灌条件和水上交通。

里塘港自里塘桥经里塘北桥至新桥入泗安塘，长 7.9 公里，原河底高程 0.46～0.66 米。里塘北桥至新桥河段，河面狭窄，河底宽 2～3 米。开挖后，河底拓宽至 8 米，河底高程 −1.34 米，边坡坡度为 1∶2。1973 年 12 月开工，由里塘、虹星桥、林城、天平桥 4 公社组织施工。土方开挖当月完成。还建人行桥 3 座、机耕桥 2 座、涵洞 2 座，并对李庄坽、下庄坽等砌石护岸。该港除分泄西苕溪洪水外，还改善农田排灌 2 万亩。该港开挖后，里塘乡建成里塘、刘余两个联合坽，在坽内相继疏浚了周村坽门港、徐庄中心港、后洋港、面长港、向阳港、刘余港、余村浜港、忠塘桥港，总长 16.4 公里，这些港均贯通里塘港，从而使该乡村村通水路，改善了全乡农田的排灌条件。

虹星港自小午山村至邱会桥入九里塘港，长 3 公里。1978 年 12 月开工，由虹星桥公社施工。1979 年 1 月 18 日竣工。整治后，河底宽 6 米，河底高程挖至 −0.84 米，开挖土方 13 万立方米。另建桥 3 座，机埠 2 座，涵洞 4 座。

坝头桥港自李渎村至坝头桥，接蒋家桥，长 2.3 公里。由观音桥公社施工。1979 年 11 月开工，次年 2 月竣工。整治后，河底宽 3 米，底高程 −1.14 米，边坡坡度为 1∶1.5。共挖土方 6 万立方米。另建跨距 15 米的机耕桥 1 座，净宽 4 米的控制闸 1 座。

吴家桥港自丁村机埠向东至乡政府入深大港，长 2 公里。疏浚整治后河底宽 3 米，河底高程 −1.14 米，边坡坡度为 1∶1.5。由观音桥公社施工。1979 年 11 月开工，次年 2 月完工。共开挖土方 3 万立方米。另建跨距 15 米的机耕桥 1 座。

蒋家桥港自蒋家桥至泥桥头，港两端分别连接双机埠港和深大港，长 1.3 公里。经整治后，河底宽 5 米，河底高程 −1.14 米，边坡坡度为 1∶1.7。由观音桥公社施工。1978 年 12 月开工，次年 2 月竣工。开挖土方 5.7 万立方米。另建跨距 20 米的公路桥 1 座。

双机埠港自乡办砖瓦厂至双机埠入泗安塘，长 2.4 公里。整治后河底宽 5 米，河底高程 −1.14 米，边坡坡度为 1∶1.7。由观音桥公社施工。1978 年 12 月开工，次年 2 月竣工。开挖土方 9.3 万立方米。另建跨距 15 米的机耕桥 2 座，净宽 4 米的控制闸门 2 座。

深大港自港口向北至施家浜接斜桥港，折东北入泗安塘，长 5 公里。经整治后，河底宽 5 米，河底高程 −1.14 米，边坡坡度为 1∶1.7。由观音桥公社施工。1979 年 12 月开工，次年 2 月底竣工。开挖土方 19.25 万立方米。后又建跨距 15 米的机耕桥 4 座，净宽 5 米的控制闸 2 座，装机 220 千瓦的排涝站 1 座。

（三）箬溪整治

箬溪总流域面积 381.3 平方公里，有农田 30 万余亩。由于箬溪河道狭窄淤塞，宣泄不畅，一遇暴雨，仍决口毁堤，洪涝灾时有发生；但一遇大旱之年，则溪流干涸，无法引太湖水灌溉。其区间来水按 20 年一遇的洪峰流量为 1270 立方米每秒，原来的新塘港总泄流量仅 300 立方米每秒左右，且又是县内主要航运通道，制约着长兴经济的发展。古代箬溪的整治多限于县城护城河的疏浚，1950 年后，对该溪进行了更大范围的重点治理。

合溪新港。原合溪港自小浦黄泥潭开分洪口向东流，至新塘沈家角入太湖，全长 14.7 公里。因原合溪故道弯曲狭窄，泄洪量仅为 150 立方米每秒，难以担负该流域的主要泄洪任务，两岸农田时受洪涝灾害。1970 年，县委决定开挖合溪新港，将 450 立方米每秒的流量直接向东分洪入太湖。同时改造、扩大水上运输网络，为发展长兴经济提供有利条件。1970 年 11 月，成立合溪新港工程指挥部，下设政工、保卫、后勤、施工组。11 月底完成测量放样及政策处理等准备工作，12 月 1 日正式开工。整治后合溪新港河底高程，黄泥潭分洪口为 -0.84 米，太湖口为 -2.84 米。河道纵坡降 0.14‰。黄泥潭至小桥头河底宽 20 米，小桥头以下至太湖口河底宽 20~25 米，边坡坡度为 1:2。附属工程有：闸门 22 座，桥梁 14 座，翻水站 1 座。在长桥涧下游士林头以西，筑防洪埂 1 公里，开排洪渠 1.3 公里，排泄南界、北界 25 平方公里的来水入合溪新港。同时调整排灌渠系 8 条，开挖排灌渠道 4650 米；改建机埠 6 座及涵洞、跌水 150 余处；改建军用电话线路 2 条。

1970 年 12 月中旬，完成土方 241 万立方米。1972 年上半年，又完成疏浚太湖口水下土方 1.5 万立方米。附属建筑物于 1971—1972 年完成。征用土地 1990 亩，其中水田 1453 亩，桑地 274 亩，旱地 263 亩。房屋拆迁 136 户，共 485 间，其中瓦屋 340 间。合溪新港整治工程计投资 210.4 万元，其中省、地（区）投资 140 万元。

该工程解决了 6.49 万亩农田防洪问题，受益人口 5.7 万人，灌溉受益农田 5.28 万亩，同时又作为内河货运港，被当地群众称之为"富民港"。

长兴港原名新塘港，旧河道狭窄弯曲，雉城附近河道淤塞，城西一段壅水严重，致使两岸农田时受洪涝灾害。为减轻合溪港、泗安塘中下游洪涝灾害的威胁，并扩大引太湖水灌溉面积，改善县内水上交通，1975 年经浙江省水电局批准，开挖长兴港。1975 年冬，成立长兴港工程指挥部，下设政工、保卫、后勤、施工组，由各公社组成 31 个民工团投入施工。12 月初开工，最高出工达 13 万余人。工程以整理原河道为主，竹山潭处裁弯理顺，河底拓宽至 15 米，河底高程 -1.84~-1.34 米（设计为 1 米），边坡坡度为 1:2，泄量 249 立方米每秒。

　　同时，疏浚姚家桥港。自林城镇上游开分洪口进口，新开一段河道对穿东河坝至牌楼桥，拓宽姚家桥至画溪桥河段，汇入合溪老河道，长 11.42 公里。疏浚整治工程完工后，河底拓宽至 12 米，河底高程挖深至－1.84～－1.34 米，边坡坡度为 1：2，分泄泗安塘洪水 108 立方米每秒。

　　自画溪桥至雉城镇仓桥，长 4.8 公里，经西黄土桥口，截紫金湾至仓桥。治理后，河底宽 28 米，河底高程－2.46～－1.84 米，泄量 293～330 立方米每秒。

　　自仓桥至杨湾，长 1.8 公里，在仓桥新开一段河道至大桥头向东达杨湾。治理后，河底宽 30 米，河底高程－2.86～－2.46 米，泄量 325 立方米每秒。

　　自杨湾经上莘桥、阔板桥至朱家大桥新开一段河道，经东浜村，由原新塘口入太湖，长 7 公里。河底宽 32 米，河底高程－3.84～－2.86 米，泄量 352 立方米每秒。疏浚河道总长 30.22 公里，自林城分洪口至太湖口长 25.02 公里，自小浦镇至太湖口长 18.8 公里。

　　同时新建闸门 8 座；砌石护岸 8 处，护岸长 4972 米；新建、改建桥梁 31 座。房屋拆迁 2669 间。雉城镇沿河拆迁水塔、船厂设施、电话线、高压线、输油管、地缆线等设备。农村拆迁了机埠、氨水池等设施。长兴港整治工程共开挖土方 515 万立方米，完成石方 4.5 万立方米，混凝土 0.4 万立方米。共用去钢材 245 吨，木材 700 立方米，水泥 7500 吨。开挖征用土地 1280 亩，堆土征用土地 2270 亩。

　　长兴港整治工程于 1976 年 1 月完成土方开挖任务。整治后工程效益非常突出，防洪受益农田 23 万亩，受益人口 28 万余人，灌溉受益农田 18 万余亩。长兴港是长湖申线的重要河段，治理后扩大了水上运输航道，1976 年县内水上货运量增至 391.06 万吨，被称为"小莱茵河"。

二、溇港治理

　　长兴境内 3 条主要河流、过境来水和区间径流，皆通过沿湖各溇宣泄入太湖。这些溇港是航运通道，也是旱时沿湖地区农田的灌溉水源。至 1949 年，仍有 30 条溇港，其中夹浦港、合溪新港、长兴港、杨家浦港、沉渎港、横山港是主要的排灌溇港。由于地势低下，每遇山洪则有大量泥沙随水势的平缓淤积于港口和湖底。又因两岸边坡上的不合理开垦种植，一遇大雨泥沙便直接冲入溇港。于是形成屡淤屡浚的局面。

　　传统的治理太湖的水利措施主要有沿湖筑堤、修建节制闸、禁止湖堤垦种、疏浚导流等。中华人民共和国成立后，人民政府实行"上蓄、中疏、下泄"的治水方针。在泗安溪、箬溪等河流上游兴建了泗安水库等蓄水工程，在西苕溪上游也修筑了大量的蓄水工程，并培修加固滨湖堤防。这些措施拦蓄了一定数量的洪水，减轻了各溇港排泄洪水的压力。

1949年年底，开始疏浚小沉渎、琐家桥、庙桥、杨家浦等溇港。小沉渎港疏浚长543米，河底宽10米，河底高程－1.84米。庙桥港疏浚长720米，河底宽5米，河底高程－1.84米。杨家浦港疏浚出口段长649米，河底宽4米，河底高程－1.84米。两级边坡坡度均为1∶1，1.16米高程处建有马道。水上部分发动鸿桥、横山等乡镇群众施工，水下部分及港口河底用挖泥机船疏浚。1950年6月5日完工，共疏浚土方23 952立方米，由省政府拨大米20吨予以赈工。

1957年11月25日，开工治理城东涝区，拓浚杨家浦港湖口段及花桥、小沉渎、芦圻等溇港。其中，杨家浦港湖口段疏浚长1844米，河底拓宽至16米，河底高程－1.84米，迎水坡坡度为1∶2，1.16米高程处两边滩地宽各为7米，堤顶高程3.16米，顶宽5米，设计泄洪流量145立方米每秒。花桥港疏浚长1017米，河底宽8米，河底高程－1.84米，堤顶高程3.16米，顶宽5米，两级迎水坡坡度放缓至1∶2，1.16米高程处两边滩地宽各为5米，设计泄洪流量80立方米每秒。小沉渎港疏浚长2079米，河底拓宽至10米，河底高程－1.84米，堤顶高程3.16米，顶宽5米，两级迎水坡坡度均为1∶2，1.16米高程处两边滩地宽各为5米，设计泄洪流量100立方米每秒。芦圻港疏浚长750米，河底拓宽至10米，河底高程－1.84米，堤顶高程3.16米，顶宽5米，两级迎水坡坡度均为1∶2，1.16米高程处两边滩地各为5米，设计泄洪流量100立方米每秒。工程的水上土方部分由鸿桥、横山乡组织群众完成，水下土方用挖泥机船开挖。共疏浚土方46.2万立方米，其中水下土方5.23万立方米。

1962年冬，开工疏浚莫家、宋家、小沉渎等溇港，共计长3050米。疏浚完成土方12万立方米，其中水下土方5万立方米。水上土方部分由夹浦、新塘、鸿桥等公社完成，水下土方用挖泥机船开挖。1963年春完工。

1969年冬，开工治理杨家浦港大茆洋桥至排田漾河段，全长8000米。计划河底拓宽至20米，河底高程－1.84～－0.84米，河道纵坡降为二级边坡，高程1.16米以下的坡度为1∶2，湖口部分的坡度为1∶2.5；3米以上的坡度为1∶1.5。泄洪流量195立方米每秒。1973年春完工。

1971年，用机械疏浚夹浦港自夹浦公路桥至太湖口的一段，长932米，河底宽10～15米，河底高程－1.84米，边坡坡度为1∶1.5。

1973年2月，长兴、吴兴两县联合疏浚南横山港（鸭绿港）。自鸭卵漾至小梅口河段，长2.5公里，河底宽12米。开挖土方10万余立方米。护岸砌石长5公里，计石方1.2万立方米。1976年起，又拆建双板桥、社塔塘桥，自小梅口至鸭卵漾连接陈湾支线。陈湾线长1.02公里，常年可通航100吨级船舶；鸭卵漾以西至王家坝可通航30吨级船舶，全长12.86公里。

至此，长兴县境内各溇港已基本完成拓浚，并在各主要河道上进行了抛砌石护岸。各溇港达到安全排泄 10 年一遇的洪水，在长兴港等主要航道上可通航 100 吨级的船舶，为繁荣发展长兴经济打下有力的基础。

三、涵闸工程

涵闸是涵洞、水闸的简称。涵洞是堤、坝内的泄、引水建筑物，水闸是修建在河道、堤防上的一种低水头挡水、泄水工程。在汛期与河道堤防和排水、蓄水工程配合，发挥控制水流的作用。长兴的涵闸工程起源较早，宋代太湖流域开始围堤造田时，便以涵闸排水、引水和防洪。当地大闸门叫斗门，小船可以进出；小闸门叫盒，排水用的叫高盒，引水用的叫低盒。闸孔净宽大多在 1 米左右。闸门的上下游水位差，大都在 2～3 米。1949 年以前的闸身结构简单，以干砌条石为主，门叶采用木结构或木叠梁，人力启闭。

20 世纪 50 年代以后，随着水利建设的发展，河道的分洪、拦洪，圩区的防洪、排涝都通过闸门加以分片控制。渠道的分水、配水也采用闸门调节。20 世纪 50 年代初期受技术、资金、材料、排涝设备等影响，闸身结构简单，闸墙和翼墙较短，门叶大多为木叠梁，闸门净宽大多在 3 米以内，以人力启闭。后来建的钢筋混凝土闸门，耐腐蚀性能好，但多为横向关启，易淤积，且止渗漏差。

1957 年第一次治理城东涝区时，建闸孔净宽 3 米左右的水闸均用松木桩加固基础，以混凝土浇制底板，闸身用水泥砂浆浆砌块石筑成。这些水闸起着分片排涝和控制洪水进出的作用。1971 年建成的合溪新港后漾南、北红旗闸，闸孔净宽 6 米，门叶为钢丝网水泥双曲扁壳结构，以油压启闭。1949—1979 年建闸孔净宽 3 米以上的水闸已经有 60 余座（表 6-2），门叶形式有钢丝网水泥插板门、钢丝网水泥人字门、钢筋混凝土门、平面钢板门、钢结构弧形门、木叠梁门和钢丝网水泥双曲扁壳正向门等。启闭形式有螺杆、横向关启、手提式、卷扬式、葫芦起吊和油压启闭等。这一时期初步兴起的涵闸工程建设，为 20 世纪 80 年代以后涵闸工程的大力发展打下了基础。

表 6-2　　　　　　1949—1979 年建闸孔净宽 3 米以上的水闸

所在地点	所在乡镇	闸孔净宽/米	水闸高度/米	门叶形式	启闭形式	建成年份
吴家小山	管埭	4.8	8.0	钢丝网水泥插板门	螺杆	1971
黄巢	管埭	5.0	8.0	钢丝网水泥人字门	横向关启	1972
俞村方家桥	里塘	3.0	6.5	钢筋混凝土门	横向关启	1975
江西圩	里塘	3.0	6.9	钢筋混凝土门	横向关启	1975
里塘东闸	里塘	4.0	6.5	平面钢板门	螺杆	1978
黄公西闸	里塘	3.5	6.5	平面钢板门	螺杆	1979

所在地点	所在乡镇	闸孔净宽/米	水闸高度/米	门叶形式	启闭形式	建成年份
河桥	虹星桥	3.2	4.7	木叠梁门	手提式	1957
六合盘邱社	观音桥	4.0	6.8	钢筋混凝土门	横向关启	1975
北坅门	吕山	3.0	4.6	平面钢板门	螺杆	1958
联合坅北	吕山	3.0	5.8	平面钢板门	螺杆	1979
关王坅1	长桥	3.9	5.1	钢筋混凝土门	横向关启	1969
巷里村重阳港	长桥	3.0	5.7	钢筋混凝土门	横向关启	1977
关王坅2	长桥	3.1	5.7	钢筋混凝土门	横向关启	1978
钮店湾杨湾头	雉城	3.2	5.4	钢筋混凝土门	横向关启	1976
独山大坅门	吴山	3.2	6.1	平面钢板门	螺杆	1962
邵家	便民桥	3.0	5.6	平面钢板门	螺杆	1971
明亮桥	便民桥	3.0	4.6	钢筋混凝土门	横向关启	1974
后山西坅门	和平	3.0	4.4	平面钢板门	螺杆	1976
五里桥朱家湾	下箬寺	3.0	3.1	木叠梁门	手提式	1962
金童桥	下箬寺	3.0	5.3	钢筋混凝土门	横向关启	1976
银童桥	下箬寺	3.0	4.4	钢筋混凝土门	横向关启	1976
陈家角	下箬寺	3.1	3.6	平面钢板门	螺杆	1978
董家门	下箬寺	3.5	3.4	平面钢板门	螺杆	1984
倪家田札门坅门	横山	3.0	4.3	木叠梁门	手提式	1957
大坅坝	横山	3.2	4.2	木叠梁门	手提式	1958
邱家荡	横山	3.3	4.5	木叠梁门	手提式	1958
沈家坝西浜	横山	3.2	3.0	木叠梁门	手提式	1958
吴家渎化	横山	3.2	4.0	木叠梁门	手提式	1958
大公坅陈家巷	横山	3.3	4.5	木叠梁门	手提式	1958
金家浜	横山	3.0	4.0	木叠梁门	手提式	1968
陈家村	鸿桥	3.0	3.0	木叠梁门	手提式	1957
南孙	鸿桥	3.1	4.0	木叠梁门	手提式	1958
七坅浜	鸿桥	3.1	5.3	钢筋混凝土门	横向关启	1958
九十亩	鸿桥	3.0	3.7	钢筋混凝土门	横向关启	1958
王家坝	鸿桥	3.0	3.0	钢筋混凝土门	横向关启	1961
金星西浜	鸿桥	3.4	3.1	木叠梁门	手提式	1962
亭子桥	鸿桥	3.1	3.4	钢筋混凝土门	横向关启	1972
北孙	鸿桥	3.0	3.4	钢筋混凝土门	横向关启	1978
沈家台	鸿桥	3.0	4.1	钢筋混凝土门	横向关启	1978

续表

所在地点	所在乡镇	闸孔净宽/米	水闸高度/米	门叶形式	启闭形式	建成年份
大树下	新塘	3.0	4.0	木叠梁门	手提式	1964
计家角	新塘	3.0	3.9	木叠梁门	手提式	1964
金鸡港	新塘	3.0	4.2	钢筋混凝土门	葫芦起吊	1970
对封浜西	新塘	3.0	5.3	钢筋混凝土门	横向关启	1972
沉渎港	新塘	3.0	5.3	钢筋混凝土门	横向关启	1972
东庄	新塘	4.0	5.3	钢筋混凝土门	横向关启	1972
张家浜	新塘	3.0	5.3	钢筋混凝土门	胡芦起吊	1972
西庄漾	新塘	3.0	5.3	钢筋混凝土门	横向关启	1972
西庄北	新塘	4.0	5.3	钢筋混凝土门	横向关启	1972
徐家渭	新塘	3.0	5.3	钢筋混凝土门	横向关启	1972
沈家角	新塘	3.0	5.3	钢筋混凝土门	横向关启	1972
长浜	后漾	3.0	4.5	钢筋混凝土门	横向关启	1970
南泥垱桥	后漾	3.0	5.6	钢筋混凝土门	横向关启	1970
小桥头	后漾	3.0	4.2	钢筋混凝土门	横向关启	1970
潘家湾	后漾	3.0	4.7	钢筋混凝土门	横向关启	1970
南庄大垱	后漾	3.0	5.0	钢筋混凝土门	横向关启	1970
南庄烘垱	后漾	3.0	4.5	钢筋混凝土门	横向关启	1970
南庄徐家汇	后漾	3.0	4.7	钢筋混凝土门	横向关启	1970
南红旗闸	后漾	6.0	7.0	钢丝网水泥双曲扁壳正向门	油压启闭	1971
北红旗闸	后漾	6.0	7.0	钢丝网水泥双曲扁壳正向门	油压启闭	1971

第三节　垱、圩区整治

　　圩田是中国古代改造低洼地、向湖争田的造田方法，即在浅水沼泽地带或河湖淤滩上围堤筑坝或导河筑堤，围堤造田，逐步形成堤内可种田、堤外可航运的农田水利工程体系，长兴当地也称之为垱田。圩（垱）田面积大小不一，大的有以小河、浜兜为界的 500 亩左右，小的只有几十亩。这些耕地高程大多在 2.16～3.16 米，是县内重点易洪区。长兴县历代劳动人民沿湖筑堤，建涵闸、斗门调节水位，疏港导流，控制蓄泄，世代相袭不断完善，使太湖滨湖平原成为农业经济最发达的地区。但限于历史条件，传统的圩堤难以抵御 5 年一遇以下的洪涝灾害，常常出现"禾稼淹没殆尽，颗粒无收"的水灾损失。

　　中华人民共和国成立后，投入大量资金和人力物力，实施治河筑堤、发展机电排灌、改造圩区等水利措施，使圩（垱）区的农业生产和人民生活有了保障，同时也促进了工业、交通运输等各业的发展。

一、培修圩（坽）堤

20世纪50年代初期，对圩堤主要是修补。发动群众以工代赈，修复原来千疮百孔、残缺不全的堤防，以抵御洪涝。1950年，经在全圩区内调查摸底，首先对鸿桥、横山、新塘、夹浦等乡镇的圩堤进行堵缺、治渗、培修。修复坍渗的圩坽19只，长4963米。用去桩木600根、石灰25担（1.25吨）。此后，每年都把培修圩堤列入冬春兴修水利计划，并付诸实施。

1954年，全县暴雨成灾，共倒坽21只，冲毁工程22处。1954年冬和1955年春，党和政府发动群众开展了以培修坽堤为重点的群众性治水运动，对1954年内涝发生后的圩堤坍损情况进行了检查、培修。实行以工代赈，不仅使培修坽堤工作顺利进行，也帮助受灾农户解决了生活困难。经一冬春培修，坽堤高度一般比1954年最高水位高出0.3～0.5米，顶宽大多在1米以上，边坡有所放缓，及时修复了缺口与漏洞。此后，历年都把培修加固坽堤列入兴修水利的主要项目。经多年的维修，特别是1955年、1964年、1972年这3年的大规模培修加固，使坽堤得到稳固，使全县境内圩坽区的农田有了一定抵御洪水袭击的能力。

二、联圩并坽

历史上遗留的圩坽工程规模都比较小，由于圩堤单薄矮小，大多近似田埂，田面高程大多为1.16～2.16米，有的在1.16米以下，众多漾荡穿插其间，因此几乎年年有不同程度的内涝发生。1950年以后，进行了几次规模较大的治理。

20世纪50年代中期，由于生产力的发展和农村互助合作运动的兴起，生产规模扩大，有力地促进了坽田建设。为巩固坽堤，便于管理，缩短防洪战线，开始推行联圩并坽的治理措施。1957年秋季，在对城东地区（滨湖圩区）作全面调查后，着手进行圩区水利规划，并分期实施。原规划按地形将全区合并为46片，由于资金等多种原因未能实施。20世纪70年代，在以平整土地、治水改土为中心的园田化建设中，坽田规模更加扩大。1970年起，贯彻周恩来总理亲自主持召开的北方农业会议精神，田间工程进入以治水改土为中心，排水、灌溉、降低水位三结合，山、水、田、林、路、村全面规划与综合治理的新阶段。全县掀起农田基本建设高潮，进行大规模平整土地的园田化建设。土地平整符合标准的地区，田块大小一样，一块田大都南北长80～100米、东西宽14～16米，面积2亩左右，一头引水，一头排水，能灌能排，排灌分系。平整土地时，铲除山丘、坟墓，减少了田埂，还在联圩并坽中缩短了坽堤，增加土地面积。长兴县1949—1979年联圩并坽情况见表6-3。

表6-3　　　　　　　　　长兴县1949—1979年联圩并圩情况一览

新圩名	所属乡镇	原圩堤长/米	新圩堤长/米	总面积/平方公里	合并前圩名	合并年份
清临圩	吴山	11.90	10.20	2.55	清溪圩、临溪圩、吴山小圩	1971
三乡联合圩	便民桥	21.22	13.40	14.50	三乡圩、东圩、西圩	1972
观东片	观音桥	17.40	8.70	4.29	罗家圩、丘马圩、王乙圩	1974
观南片	观音桥	17.86	11.30	6.22	吴庄圩、西元圩、陈东圩	1974
城西片	观音桥	13.07	9.30	4.47	城西圩、朱庄圩、南前圩	1974
包齐圩	林城	20.90	10.00	6.30	包齐科、叶旺圩、黄罗圩、雁鹅圩	1974
下庄圩	林城	15.30	10.00	5.90	下庄圩、洋和圩	1974
牧安圩	长城	16.00	11.00	5.04	牧安坪、金孙圩、狄家圩	1976
里塘联合圩	里塘	50.38	18.33	14.97	高盟圩、高明圩、周村圩、周家圩、徐庄圩、旺顺圩、庙后圩、藕塘科等	1978
官长圩	白阜	11.07	8.37	3.66	官庄圩、长圩	1979

三、规划排灌

20世纪50年代以来，随着水利建设的发展，河道的分洪、拦洪，圩区的防洪、排涝都通过闸门加以分片控制。渠道的分水、配水也采用闸门调节。但1979年以前受技术、资金、材料、排涝设备等影响，闸身结构简单，闸墙和翼墙较短，门叶大多为木叠梁，闸门净宽大多在3米以内，以人力启闭。

1951年，鼎新抽水机站开始高效率灌溉农田。1952年，县供销社建立10座固定机埠抽水灌溉农田，从而为长兴县的机械排灌发展打下基础。1957年秋季，在对城东滨湖圩区作全面调查后，着手进行圩区水利规划，原计划建控制闸13座，实施11座，其中横山乡6座，鸿桥乡5座。闸底板用混凝土浇筑，厚50厘米。基础为直径18厘米、长5米的松木桩。间距纵向为80厘米，横向为50~60厘米。闸墙与翼墙均为水泥砂浆浆砌块石。闸孔净宽3米左右，顶高程3.16米左右。11座闸中有10座于1958年建成，1座于1959年建成。共完成土方16250立方米，浆砌块石1274立方米，混凝土689立方米。

1957年冬，为治理城东涝区（滨湖圩区），建固定翻水站23座，配柴油动力机310千瓦，国家投资16.4万元。这样减少了船机移动时机械效率的损失，提高了排灌效率。

20世纪60年代后，随着电力排灌的逐步发展，电力排灌替代机械排灌，原有机械排灌设备仅作为抗灾救灾时的辅助设备。1962年年初，长兴县人民委员会成立长兴县电力排灌工程指挥部，对全县电灌工程做出全面规划设计。第一期建设重点在城东（滨湖圩区），以求提高涝区的抗灾能力和改善灌溉条件。同年9月5—7日，在14号台风所造成的洪涝灾害抢救中，电力排灌发挥了重要作用。

第四节　水利工程的管理、维护与综合经营

一、水利工程的管理

水利工程建成后的管理，直接关系到能否长久发挥其效益。水利工程管理是地方水行政机构的主要职责。长兴县的水利管理有着悠久的历史，但真正进行各种水利工程全方位的管理还是在20世纪50年代以后。1949年5月，长兴县人民政府成立，设置了实业科，由该科主管水利。1952年4月，实业科更名为建设科，分管水利，后又改为农林科、农林水利局。"文化大革命"期间，县革命委员会曾设生产指挥部农业组，管理农林、水利。后农林水利局设革命领导小组。1977年9月恢复农林水利局的设置，对全县水利工程与设施实行统一管理。

（一）水库管理

泗安水库管理所成立于1964年11月，由县水利局直接领导，主要负责泗安水库防洪调度、灌溉、发电、维修养护等多种经营管理工作。

小（1）型以上的水库，均在水库建立后成立水库管理委员会，由当地乡镇政府领导，管理水库的灌溉及防洪，结合水产养殖、发电等多种经营。如二界岭水库管理所属二界岭乡政府领导，为集体所有制，灌区组织为二界岭水库灌区代表会。和平水库管理委员会属和平镇，以管理灌溉为主兼管防洪，结合水产养殖、发电等多种经营。

小（2）型水库由所在地乡镇政府组成管理小组或确定专人管理，其他小型库塘由所属村指定1~3名管理人员管理。

视不同情况，中小型水库建成后，大都因地制宜各自订立一套管理制度。下文例举和平水库灌溉管理制度。

和平水库灌溉管理制度（摘要）

1. 建立组织

成立灌溉管理委员会，由公社（区）书记任主任，管理区（乡）书记、生产队长等为委员，领导管理工作。

2. 划片分段

全灌区共划为11片，平均每片754亩田。

3. 建立"五定""三包"放水制度

五定：定每片放水专管员1人；定抗旱天数为90天；定工分，每人补贴工分1600分；定用水标准，按水稻各生长期的需水要求，以土质、天气、高低田等不同情况来制定（具体略）；定奖惩，每月一小评，全年一大评，视管理等情况而定（略）。

三包：包放水时间，自6月1日至10月20日；包灌溉范围，全灌区11片，均放水到田；包工程养护，放水员必须做到有漏必补、有缺必填，保持放水通畅，养护修理在2工日（含）以内的由放水员负责，2工日以上的报生产队派人修理。

4. 放水程序

凡用库水灌溉，必须提前1~2天将放水申请单送交灌溉管理委员会审批，经查情况属实后通知放水员前去领水，任何人不得私自挖缺放水。按农田先远后近，先高后低，先干后潮，先早稻后晚稻，先孕穗与扬花、后孕穗前与乳熟田的次序放水。

（二）乡镇水利管理

1978年以前，各公社无专职的水利管理组织。1979年以后，全县34个公社（镇）先后设立水利管理站，各有水利专管员1人，主要负责乡镇内水利工程的规划、整修、管理养护等工作，充当乡镇政府的参谋助手，以充分发挥水利工程的效益。

（三）圩（圩）堤工程管理

1949年后，全县各主要圩（圩）均以圩（圩）为单位建立了圩堤管理委员会。视圩大小定管理人员，一般5~7人，至多11人。设正副主任，由民主选举产生，经组织批准任命，隶属乡、村级政府。圩堤管理委员会下设工程、财务、物资器材、巡逻、保卫、多种经营等管理机构。

县水利机械局于1963年制定了《长兴县圩堤管理工作试行条例》。条例分总则、组织领导、圩堤工程管理、防汛抢险、奖惩抚恤共5章13条，为具体实施作了规定。

（四）堰坝、泵站管理

堰坝灌区范围较大的堰坝由受益区有关乡、村推选代表共同组成堰坝管理委员会，指定专人管理堰坝及附属设施等，并分片指定放水员。灌溉范围较小的堰坝，一般由受益区的村（队）指定专人管理堰坝和放水。

泵站电力排灌泵站由受益乡镇、村（队）固定专人管理，有碾米、磨粉、饲料加工等加工业务的泵站，增加相应的管理人员。泵站由所在乡镇、村（队）领导，业务上受乡镇水利管理站指导。

二、水利工程的维护

白蚁对县内水利建筑物均有危害，尤其对水库大坝和圩区堤梗危害最大。有害白蚁以黑翅土白蚁为主。水利部门十分重视对白蚁的防治工作，尤其是建立局水利工程管理股以来，将其作为一项主要工作来抓，在每年春、秋季节均组织力量，重点对主要圩堤、小（1）型以上水库及主要的小（2）型水库，进行检查防治。

白蚁的危害程度，以二界岭水库为例：1976 年汛前检查，右坝段发现有白蚁活动，挖出蚁巢 240 个，其中直径 1 米的有 3 个，0.4 米以上的有 19 个。因而导致大坝 6 处漏水，渗漏量达 1.58 立方米每秒。同年，该库被列为病库，限制蓄水，因此未能发挥应有的效益。此外还有一些库塘甚至因此出现渗漏水、圩堤渗漏、坍方等病险事例。

3 座中型水库自 20 世纪 70 年代以来，都有不同程度的白蚁危害。经几次喷药、钻孔灌毒浆等措施处理后，白蚁得到基本控制。

泗安水库于 1975 年检查有白蚁活动。1976 年至次年，曾挖诱杀坑 40 个，喷撒灭蚁灵药剂，未能根治。1979 年 6 月，在大坝左坝段 0～250 米处，开挖探槽一道（宽 0.6 米、深 1 米、长 20 米），发现蚁穴 10 多处，每穴直径 20 厘米左右，还有众多蚁道和进出孔。至此基本解决白蚁隐患。

1976 年汛前检查二界岭水库，在该库大坝右坝段发现白蚁。该年冬季，进行破坡，用"4301"氯丹混合水剂以 1∶200 的比例拌土，回填毒土 4 万立方米。共用氯丹 158 千克。投资 3 万余元，国家补助 2 万元。此后蚁害基本得到控制，仅有个别点仍有白蚁活动。

三、水利工程的综合经营

除灌溉、防洪外，水库还开展水库养鱼和利用弃水发电等综合经营，主要在小（1）型以上的水库开展。全县 8 座小（1）型以上水库中，有 6 座因地制宜开展了多种形式的综合经营。如种植业方面有果木、鲜花、茶叶、杉木等，养殖业有鱼、鸭、鸡和猪等，还有茶叶加工厂、小型工程队和水库发电等。

泗安水库年发电量 20 万～30 万千瓦时，养鱼面积 5000 亩，1967 年亩产 6.5 千克。二界岭水库与乡供销社合资联办酒厂，1984 年 8 月至 1985 年春，产酒 100 吨，并利用酒糟作养鱼、养猪的饲料。还划出库区 20 亩地，承包经营花木场。宿子岭水库养鱼面积 123 亩，山林面积 350 亩，其中种青梅 88 亩、杉树 40 亩。长潮水库养鱼面积 130 亩，一般年产量 5 吨。桃花岕水库养鱼面积 273 亩，年产鱼 2.5 吨，年发电量 10 万千瓦时。

20 世纪 50 年代后，圩区的综合经营主要在大圩范围内开展。全县水田面积在 3000 亩以上的坽（圩）有 35 只，经多年的经营实践，大都能达到以坽养坽。其中综合经营较好的为吕山乡大施坽。大施坽东在纽店桥与湖州市区交界，南临西苕溪，西接胥仓港，北靠泗安塘。总面积 15180 亩，内有水田 7053 亩，坽堤长 14.47 公里。大施坽水利管理委员会始建于 1954 年。20 世纪 70 年代后期起开展综合经营，主要项目有：办水利石矿，1975—1985 年，水利石矿生产用于坽堤抛砌石护岸及建造排涝站、闸门、桥梁等水利用块石 3 万吨。坽内开发荒水 1450 亩养鱼，年放养鱼苗 10 万～12 万尾，年收入 7 万元。此外，坽内开发滩涂成桑地 15 亩，年产桑叶 10 吨。以上各项收入除用于每年村、坽干部误工补贴 2 万元外，还支出坽内养路费 1 万元，以及支付坽内排涝费及一般防洪抢险费用。该坽还为坽堤砌石长 2.5 公里，抛石长 0.6 公里，建造排涝站 4 座，投资 20.8 万元；兴建、改建坽门 2 座，投资 2 万元；兴建农用桥 23 座，投资 6.9 万元。从而达到了以坽养坽，自给有余。

此外，随着机电排灌的发展，有的乡镇为便于修理排灌设备，曾办起农机修配厂。在进行河道砌（抛）石护岸采石中，还办了一批水利石矿。

第五节　现代气象与水文测报系统的建立

为了提高水库运行管理水平，满足防洪、灌溉的需要和合理利用有限的水资源，达到科学管理、优化调度、安全运行的目的，长兴县逐步建立现代的气象与水文测报系统。该系统包括天气预报、水文测验两部分。水文测验是在水库坝址上下游附近控制条件好的河段设计水位观测设备，架设或配置流量测验设备，对坝址以上来水进行规范的测算，结合需要对水位等水文要素进行监测。

长兴县在民国年间已开始零星的气象与水文测报。1950 年以来，逐步建立与完善测报网络。通过天气预报与水文测报，及时掌握了天气与水文要素，为抗灾救灾指挥调度提供了可靠的依据。

一、天气预报与信息传递

1956 年以前，每到汛期，由县防汛抗旱指挥部值班人员收听浙江省、上海市及中央人民广播电台发布的天气预报，根据情况布置预防。1956 年成立广播站后，除收听上述电台发布的天气预报之外，县广播站也转播天气情况（台风等）。

1958 年，长兴县建立气象站，配备风速仪、雨量计、温度计、湿度计、气压计等各种常规气象观测仪器，开展每日、月度、季度及全年天气预测工作。1961 年，气象站一度被撤销，1971 年重建。1973 年在太傅乡设立气象哨站，协助观测气象，并安装了气象警报器。

气象站预测的天气信息，通过县广播站播报，每天定时或不定时向全县各乡、镇发布天气预报和各种灾害性天气警报（如台风、大风、暴雨、冰雹等）。

二、水文测报和信息传递

长兴水文机构始建于民国时期，最初只有进行降水量观测统计的雨量站和观测水位高程的水位站。

1949 年以后，长兴县相继设立多处雨量站、水文站，还有临时报汛站，分布县内各代表性区域（表 6-4）。泗安水库、二界岭水库及和平水库每年汛期都进行水位和雨量观测、水文情报拍报。

表 6-4　　　　　　　　　　1949—1979 年设置的水文站统计

站名	所在村镇	位置坐标	所属河流	设站时间	主要观测项目
范家村	便民桥乡沈家里村	119°51′E，30°51′N	西苕溪	1952 年 3 月	水位、流量、降水量、水质、输（含）沙量
长兴	雉城镇东门	119°53′E，31°00′N	长兴港	1929 年 10 月	水位、流量、水质、降水量
诸道岗	小浦镇诸道岗	119°48′E，31°03′N	箬溪	1957 年 1 月	水位、流量、降水量、蒸发量
天平桥	天平桥乡	119°44′E，30°54′N	泗安塘	1962 年 1 月	水位、流量、降水量
合溪新港	后漾乡里村	119°55′E，31°03′N	合溪新港	1965 年 4 月	水位、水质、流量
访贤	白岘乡访贤村	119°40′E，31°08′N	箬溪	1962 年 3 月	降水量
尚儒	煤山镇尚儒村	119°47′E，31°11′N	泗安塘	1962 年 1 月	降水量
大园	煤山镇大园村	119°44′E，31°06′N	箬溪	1966 年 1 月	降水量
槐花坎	槐坎乡槐花坎	119°42′E，31°04′N	箬溪	1956 年 4 月	降水量
仰峰界	槐坎乡仰峰岕	119°39′E，31°05′N	箬溪	1979 年 12 月	降水量
横岕	槐坎乡横岕村	119°39′E，31°02′N	箬溪	1979 年	降水量
夹浦	夹浦乡	119°56′E，31°07′N	箬溪	1930 年 1 月	水位、降水量
吕山	吕山乡	119°56′E，30°56′N	吕山岗	1963 年 6 月	水位

续表

站名	所在村镇	位置坐标	所属河流	设站时间	主要观测项目
虹星桥	虹星桥镇	119°52′E，30°55′N	泗安塘	1962 年	水位、降水量
鸿桥	鸿桥镇	119°59′E，30°59′N	长湖航道	1962 年	水位、降水量

长兴县水文测报的内容主要是洪峰水位，以上下游相关图解为主。1959 年开展江河水文站简易洪水测报的有西苕溪的范家村水文站、箬溪的诸道岗和长兴水文站。20 世纪 50 年代后期开始，采用暴雨洪水相关、上下游洪峰水位合轴相关等，进行洪峰水位的测报。20 世纪 60 年代初期，由于几次台风洪涝灾害，曾开展平原地区退水测报。

1952 年以前，遇有暴雨、洪水，都由县防汛抗旱指挥部向水文站查询。1957 年设报汛站后，各报汛站将汛情以密码形式电报，由邮递员直接送到县防汛抗旱指挥部。1978 年开始，长兴水文站采用 70 系列徐州产 1～3 瓦无线电机收发报汛。

第六节　水 环 境 保 护

长兴县地处浙江省北端，自然植被良好。南宋以前，长兴县人口大多聚居于濒水谷地，密度较小，故人为因素对山丘区的原生植被影响甚小，山丘区少有水土流失情况。南宋以后人口大量南迁，长兴县人口骤增，且一些强宗巨室侵吞沃土良田，广置田宅以图私利，使得大量贫苦农民被迫进入山区垦土造田以维持生计。山区植被破坏造成水土流失，使许多古老的陂塘逐渐淤废。明初太湖流域税繁租重，迫使佃户弃耕逃亡，原有水利工程长期失修，加重水土流失，遇雨泥沙随水逐流，淤塞河道；遇旱则尘沙飞扬，漫无天日。清乾隆、嘉庆年间，人口再次剧增，外来之人口租荒山大量种植番薯、玉米、芝麻、花生之类，森林草木连根拔除致使沙土松浮，每遇大雨便有大量泥土随山洪而下。优美的水环境进一步遭到破坏。民国时期，虽有禁垦山场之令，但鲜有实施；加之日军侵扰，迫使大批贫苦农民迁避山区，烧山垦殖，毁林种粮，遍及峰巅峡谷。一般垦殖三四年，土地已经瘠薄，随即弃荒而垦殖他地，山林损毁尤其严重。

20 世纪 50 年代后期，长兴县开始重视水土保持，施行停垦还林、植树造林，注重发展林业，增加植被，提高森林覆盖率；以林保土，以土保水，以水保田，达到山、水、田综合治理的目的。大面积水土流失的状况开始得到改善。

一、停垦还林、封山育林与植树造林

停垦还林是长兴县人民政府治理水土流失采取的主要措施。根据中共中央政务院、华东军政委员会和省委关于保护山林、水利，搞好水土保持工作的指示，县政府发布了"严禁开垦陡地山地，实行停垦还林"的布告和命令，并对贫困山农进行救济，安排生活出路。土地改革中，政府分给山农可耕土地。农业合作化运动中，随着土地统筹经营，动员"散棚"山农下山进村，参加集体劳动，使从事"刀耕火种"的山农成为集体农民。1962—1963 年，公社基本上停止了乱砍滥伐行为，并停垦还林 1.15 万亩。

1950 年 4 月 3 日，长兴县颁布政府保护森林的法令，号召群众成立保林护竹小组，封山育林，严禁乱砍滥伐和挖掘竹笋等。1953 年建立区、乡、村护林组织 408 个，护林人员达 10614 人。至 1955 年，全县封山育林 10.83 万亩。1958—1961 年，由于"大跃进"和三年自然灾害，全县损失木材 10.49 万立方米、毛竹 600 万支。1962—1963 年，有山林的 18 个公社、156 个大队、1126 个生产队，大多恢复、建立护林组织，有固定专职护林员 375 人，季节护林员 1120 人，插护林牌 3966 块，基本上制止了乱砍滥伐。1963 年，封山育林达 30 万亩。"文化大革命"时期，山林受到破坏。1969—1972 年，仅槐坎公社十月大队的木材采伐量就达 372.24 立方米。1973 年，水口公社砍伐木材 143 吨，为批准数 18 吨的 8 倍。1974 年，小浦、泗安、红山 3 个国营林场及八三机场等地，被砍伐松、杉等树木 3.2 万株以及杂料 100 吨，损失木材 1200 立方米，700 亩地被夷为荒山。1979 年 4 月 25 日，长兴县革命委员会发出《关于保护森林，加强竹木市场管理的通知》，乱砍滥伐现象有所缓解。

民国年间也曾开展过多种植树造林的活动，但至 1949 年，尚有荒山 33 万亩、疏林 15 万亩亟待绿化。1950 年后，人民政府以指令性计划下达植树造林、绿化荒山任务，发动群众年年植树，以扩大森林资源，保持水土，改善生态环境。1950—1987 年，全县共造林 70.02 万亩。全县增加人工林 21.44 万亩，天然更新林 13.92 万亩。林木蓄积量由 1956 年的 5.57 万立方米增至 72.27 万立方米。

植树造林可分以下 4 个阶段：

（1）1950—1957 年，农民分得山林，政府在苗木等方面予以扶助，并设立造林事务所专人技术指导。共造林 6.5 万亩，成活保存 4.61 万亩，占造林面积的 70.92%。其中国营造林 1.21 万亩，存活率 78.35%。造林树种以乡土用材及木本粮油居多，松、杉等用材林占 53.43%，油桐、油茶、板栗等木本粮油经济林占 42.33%，防护林等占 4.24%。

（2）1958—1961 年，全县 10 个大公社、2 个国营林场，采用大兵团作战方式造林。

（3）1959年、1960年，两年造林40.13万亩，核实面积9.14万亩，存活5.5万亩，占造林面积的13.71%。

（4）1962—1971年，农村人民公社实行"三级核算、队为基础"，10年间共造林26.78万亩。在发展松、杉等用材林的同时，还注意发展油茶、茶叶、桑树、板栗等经济林。

二、堰坝固化与小流域治理

山丘地区普遍土层薄，土壤透水性能差，每年夏、秋两季易发生暴雨，造成水土流失。如合溪港等河流的上游，坡陡谷深，集流时间快，又是县内暴雨山洪易发区，一旦大雨或暴雨，山洪顺流而下，时有冲决堤岸、淹房毁田等灾情发生。历史上除少量的坝用石砌外，大多是临时草坝。一遇山洪，则整条溪流的草坝自上而下垮塌，泥浆顺流而下在港浦淤积，助长山洪涨势，加剧水土流失。

20世纪50年代，全县大力改建临时草坝为永久性砌石坝或浆砌块石坝、混凝土坝。小型堰坝由群众自力改建，较大堰坝国家给予适当的财物补助。这类工程于20世纪60年代已基本完成。现在除个别山涧地区偶尔见到临时拦水土坝外，均已建成永久性石坝。

合溪港流域的上游，涉及白岘、煤山、槐坎、小浦等乡镇。诸道岗水文站以上流域面积235平方公里，是主要的水土流失区之一，河道纵坡降5%，全系砂卵石河床，一遇洪水，泥砂、卵石滚滚而下。20世纪50年代，该流域得到重点治理，一些临时草坝改建成了块石或浆砌块石坝，如广兴坝、清塘坝等。同时，在20世纪50—60年代，兴建了一批拦洪蓄水工程。至20世纪80年代，共建成大小水库、塘坝328座，拦蓄总水量384.75万立方米，同时拦蓄了大量泥砂向下游河道的输送。1952年7月6日建立的小浦林场，共有山地50734亩，早已郁闭成林。1978年10月建立的小浦镇林场，有山地598亩，现已郁郁葱葱。同时各乡都办起了村级林场，还有个人承包山林。

乌溪流域的常丰涧流域面积49平方公里，长15.3公里，砂卵石河床，河道纵坡降10%，上游两岸山坡陡峻，一遇大雨，洪水夹带砂石，急流奔腾，暴涨暴落，也是严重的水土流失区。著名的古代水利工程圣旨坝在其上游。20世纪50年代后，经多次修浚，将圣旨坝改建成浆砌块石坝，两岸砌石加固，长1公里余。同时在圣旨坝以上12公里长的涧滩上，建成梯级混凝土滚水坝（谷坊）33座。其坝长分别为18～43米、高1.2～3米，起到了阻拦砂石、削减水势的作用。

第七章 水利建设走向新时期 (1979—2012 年)

改革开放至 2012 年的 30 多年中，在长兴水利工作者和全县人民的共同努力下，长兴水利建设取得令人瞩目的成就，实现历史性跨越。民生水利取得重大进展，农田水利设施整体推进，提升了农业抵御自然灾害的能力；城市防洪工程基本建成，百姓生命财产得到最大程度保障；"千万农民饮用水工程"建成，人人共享水利发展与改革成果；水环境治理迈出重要步伐，"万里清水河道"建设，重塑江南美丽水乡，首创"河长制"，使人水和谐的理念和绿色发展的价值追求深入人心。越织越密的安全网，让长兴面对洪涝台风灾害时，变得更有底气；越建越美的水利环境，让长兴百姓充分享受到水利建设的社会效益和经济效益。

第一节 山丘区水利基础设施的全面提升

中华人民共和国成立后，为切实解决水旱灾害，促进工农业发展，水利建设进入"高歌猛进"时期，长兴也不例外。至 1979 年，全县已建成中型水库 3 座、小（1）型水库 3 座、小（2）型水库 21 座，塘坝上百座，堰坝 700 余条。水利基础设施的建设和河道水网的整治，使长兴基本具备了控制普遍水旱灾害和开发利用水资源的物质条件。但囿于当时资金和技术力量的限制，山丘区水利基础设施仍然面临诸多问题，主要表现在：原有水库建设标准偏低，综合功能发挥不够；合溪流域洪涝灾害频发，亟须建设大型水库；山丘区森林破坏和水土流失较为严重等，这些问题严重影响当地百姓的民生与安全。这一时期长兴对山丘区的治理围绕病险水库的除险加固、大型水库建设、小流域涧滩治理等，加强工程管理，通过科学治水，提高水利工程的社会效益和经济效益。

一、病险水库的除险加固

"水库在长期的运行中，持续受到渗流、冲刷、超标准洪水和大地震等因素的破坏，筑坝材料逐渐老化，大坝承受水压力、渗压力等巨大荷载的能力不断降低，如果任其恶化，轻则影响水电站设计功能的发挥，重则可能造成坝溃厂毁，殃及下游，给人民群众的生命财产和国民经济建设带来极大灾难。"[1] 1975年8月，特大暴雨引发淮河上游大洪水，使河南省驻马店地区包括两座大型水库在内的数十座水库漫顶垮坝，给当地人民造成毁灭性灾难。水利电力部于当年颁发新的水库防洪安全标准，依照新标准，全国开展大范围的水库除险加固工作。1998年长江流域特大洪水之后，我国加快病险水库除险加固工作的实施步伐，先后启动实施多批次规划。浙江省早在1973年就在全省开展水利工程安全大检查，省水电局于当年年底在义乌召开全省水库安全会议，对一批库容百万立方米以上的险病水库，逐一落实除险加固方案。1998年，全省进行水库安全普查，将除险加固列入重要工作日程，"共投入9亿多元资金，对1600余座水库的险情进行了应急处理。2002年，全省再次开展水库安全普查，普查发现二类、三类水库大坝1200多座，这些病险水库不但制约水库效益的发挥，而且严重威胁下游1000万人民生命财产安全"[2]。为解民忧、保民安，浙江省委省政府于2003年开始实施"千库保安"工程，该工程是省"五大百亿工程"之一和"平安浙江"建设的重要内容，计划用5年时间加固1000座水库，完善配套安全监测管理设施，推进水库标准化建设，实现水库"安全、高效、美丽"的总体目标。

长兴县的水库除险加固工作大体可分为两个阶段：第一阶段为1979—2002年，这段时期以提高水库大坝的安全性为主要内容。具体措施包括：

（1）针对提高防洪能力的加固处理。长兴县3座中型水库均采用加高坝顶、增加防浪墙、增大泄流能力等方式提高水库的防洪能力。和平水库于1980—1981年扩建，大坝筑至高程68.66米，并筑0.9米高的防浪墙[3]。1982年，泗安水库的保坝工程开工，增设大坝防浪墙。1985年和1988年，分别进行了背水坡放坡砌石加固处理和迎水坡15米以下的返修护坡处理[4]。1996年，泗安水库实施增容工程，主要包括大坝加固工程、电站新建工程、老隧洞封堵及新隧洞

---

[1] 严实等著：《病险水库的大坝与安全》，北京：中国水利水电出版社，2014年，第1页。

[2] 浙江省水利厅：《实施千库保安工程 促进社会安定和谐》，《水利建设与管理》，2007年第5期。

[3] 《长兴县水利志》编纂委员会：《长兴县水利志》，北京：中国大百科全书出版社，1996年，第132页。

[4] 《长兴县水利志》编纂委员会：《长兴县水利志》，北京：中国大百科全书出版社，1996年，第126～127页。

开挖工程，水库的正常库容由 860 万立方米扩展到 1360 万立方米❶。其他小
（1）型、小（2）型水库均有不同程度的加固和扩容。如宿子岭水库 1966 年坝
高筑至 12.7～14.5 米，1984 年坝高达到 24.4 米。青山水库坝高从 1979 年的 20
米增高至 1985 年的 32 米，并筑 1 米高的防浪墙❷。

（2）针对渗流隐患的加固处理。坝体接缝、裂缝和空隙流出的水如果超过
一定的限量，会危及大坝安全。渗流隐患的形成有大坝设计的原因，如斜墙或
心墙防渗体厚度不够、排水体顶部不够高等，也有坝体施工质量的原因，如上
下土层结合不良、铺土层碾压不实等。除此之外，白蚁也是造成大坝渗流的重
要原因。针对渗透，一般通过开钻灌浆的方式进行处理。桃花岕水库于 1980 年
5 月 11 日进行开钻灌浆治漏，至次年 11 月 17 日，共完成 27 个钻孔，其中坝头
17 个、溢流堰 10 个。经当年汛期最高洪水位 110.5 米时检查，附近地段及原漏
水孔洞均无渗漏水现象❸。宿子岭水库于 1987 年 11 月 10 日进行灌浆治漏加固。
水利部门每年春、秋两季均组织力量检查水库白蚁情况，3 座中型水库均有不同
程度的白蚁危害。1979 年，泗安水库在大坝左坝段 0～250 米处发现蚁穴 10 多
处，每穴直径 20 厘米左右，用黄土毒浆灌注处理❹。二界岭水库、和平水库均
在 20 世纪 80 年代进行过白蚁治理，1986 年全县水库白蚁防治普查显示，白蚁
已基本消灭。

（3）针对溢洪道及输水建筑物的加固处理。溢洪道用于宣泄规划库容所不
能容纳的洪水，一般不经常工作，但却是水库枢纽中的重要建筑物。溢洪道按
泄洪标准和运用情况分为正常溢洪道和非常溢洪道。前者用于宣泄设计洪水，
后者用于宣泄非常洪水。长兴的水库在 20 世纪 80 年代普遍进行了溢洪道及输水
建筑物的加固处理。泗安水库在 1982 年的保坝工程中开挖非常溢洪道，长 450
米，纵坡降为 2‰，最大泄量 1135 立方米每秒❺。和平水库在 1982 年的扩建工
程中，兴建溢洪道陡坡 670 米，尚未完工便于 1984 年被洪水冲毁，1985 年再度
开工，于 1989 年 6 月 30 日完工❻。宿子岭水库在 1984 年将溢洪道从 15 米加高

❶ 长兴县水利局：《长兴县水利志》（内部资料），第 74 页。
❷ 《长兴县水利志》编纂委员会：《长兴县水利志》，北京：中国大百科全书出版社，1996 年，第
133～139 页。
❸ 《长兴县水利志》编纂委员会：《长兴县水利志》，北京：中国大百科全书出版社，1996 年，第
138 页。
❹ 《长兴县水利志》编纂委员会：《长兴县水利志》，北京：中国大百科全书出版社，1996 年，第
232 页。
❺ 《长兴县水利志》编纂委员会：《长兴县水利志》，北京：中国大百科全书出版社，1996 年，第
126 页。
❻ 《长兴县水利志》编纂委员会：《长兴县水利志》，北京：中国大百科全书出版社，1996 年，第
132 页。

到18米❶。

2003年3月，省水利厅发布《在全省实施水库千库保安工程建设若干意见》，要求实施水库标准化建设，初步建立"工程安全、设施齐全、功能完备、管理高效、环境美丽"的高标准水库安全管理体系，项目主体是小（2）型以上水库，长兴水库的综合治理进入第二阶段。上一阶段的除险加固以硬件建设为主，属于"头痛医头、脚痛医脚"的应急处置，一些工程隐患未得到根治，水库安全管理能力尚未健全，影响水库综合功能的发挥。"千库保安"工程是全方位的水库安全工程，既对水库存在的各种安全隐患进行加固、改造，同时也完善水库的监测与管理设施，强化水库安全管理能力建设。2003—2012年，长兴县内6座小（1）型水库、25座小（2）型水库全部列入省"千库保安"工程建设，并完成治理，共投入资金8603万元，其中小（1）型水库1831万元，小（2）型水库6772万元❷。"千库保安"工程（表7-1）是对全县蓄水工程的一次整体提升，工程完成后，水库大坝存在的各种安全隐患得到加固和改造，水库闸门启闭机及其埋件得到更新和改良，配套完善了水库大坝观测设施和水库水文测报设施，同时建立起了适应时代发展趋势和工程运行管理要求的水库工程管理运行机制。

表7-1　　　　小（1）型水库"千库保安"工程治理基本情况❸

库名	所在乡镇	建成年份	总库容/万立方米	正常库容/万立方米	灌溉面积/公顷	千库保安治理时间	投入资金/万元
周吴水库	林城镇	1978	280.00	240.0	306.67	2006年7月20日	290
宿子岭水库	泗安镇	1984	140.31	120.5	204.67	2010年11月20日	612
桃花岕水库	龙山新区	1958	126.00	105.0	100.00	200年5月20日	130
青山水库	和平镇	1972	127.50	103.5	306.67	2003年4月20日	100
长潮水库	泗安镇	1972	116.00	83.0	209.47	2010年	609
横岕水库	槐坎乡	1999	126.00	103.0	33.33	2003年4月20日	90
合计			915.81	755.0	1060.81		1831

二、合溪水库的建设

合溪水库位于合溪干流，距长兴县城约12公里，是长兴唯一一座集供水、灌溉、生态等综合利用为一体的大型水库。工程于2007年12月24日正式开工，

---

❶ 《长兴县水利志》编纂委员会：《长兴县水利志》，北京：中国大百科全书出版社，1996年，第134页。

❷ 长兴县水利局：《长兴县水利志》（内部资料），第76～78页。

❸ 根据长兴县水利局编《长兴县水利志》（内部资料）第76～77页整理。

2011年10月22日建成。合溪水库建成后，为长兴百姓提供了清洁水源，提升了长兴的防洪标准，装点了长兴秀美的生态画卷。

（一）建设背景

合溪位于长兴县中北部，水系由西部山区一路东向太湖。合溪上游因坡陡流急，水势纵横，每当汛期来临，暴雨如注，洪水肆虐。"大雨一下水盈丈，晴末三日溪滩白"，一场场洪涝灾害给长兴人民留下了惨痛的记忆。上拦合溪之水修建大型水库，中固20公里港堤，下疏合溪港淤泥，曾是几代长兴人的梦想。从20世纪五六十年代以来，在合溪流域修建水库的呼声一直很高，但由于当时经济条件所限，一直搁浅。合溪水库能顺利立项并开建，与太湖流域综合治理息息相关。1987年，《太湖流域综合治理总体规划方案》出台，确定了十项治太骨干工程长期建设规划。1991年太湖流域大洪水以后，治太骨干工程全面实施。1998年太湖流域再次遭遇大洪水，1999年100年一遇的特大洪水又接踵而至，治太工程建设提速。2001年，国务院批转《关于加强太湖流域2001—2010年防洪建设的若干意见》，合溪水库被列入实施方案建设项目名录。长兴县随即作出部署，着手开展工程勘察以及编制项目建议书、可研报告、环评报告、初步设计等前期基础性工作。经过扎实充分的筹备，合溪水库被成功列入《"十一五"期间全国大型水库建设规划》项目名录，也被浙江省确定为《杭嘉湖地区防洪规划》的重点项目。2005年6月，国家发展改革委批复合溪水库工程项目建议书。2006年10月，长兴县组建合溪水库建设工程指挥部，由时任副县长金树云担任总指挥，县政府办负责人、县水利局负责人任副总指挥，其他县级部门和相关乡镇30余人为指挥部成员。2007年12月19日，省水利厅批准合溪水库可择日开工。

（二）建设经过

在省水利厅正式批准之前，各项准备工作也在有序进行。对淹没区的人口、房屋、财产等进行调查登记，对淹没区的企事业单位固定资产、从业人员等进行调查登记，组建长兴县合溪水库工程建设开发有限责任公司作为独立法人，负责工程立项、建设，开展招商引资、融资工作。2007年12月24日，伴随着工程奠基仪式上挖下的第一锹土，合溪水库建设工程正式拉开帷幕。枢纽工程由拦河坝、溢洪道、供水建筑物和放空洞组成。拦河坝分为重力坝段和黏土心墙砂砾石坝段两部分，坝顶长752米，坝顶高程32.2米，最大坝高48.94米，坝顶宽6米。主要建筑物设计防洪标准为500年一遇，校核标准为5000年一遇，总投资14.08亿元❶。为了将绘制的蓝图早日变成美好的现实，合溪水库的建设者们全力以赴抓进度、赶工期。2008年5月7日，导流明渠通水；12月30日，

---

❶ 长兴县水利局：《长兴县水利志》（内部资料），第73页。

重力坝非溢流坝分部工程开工。2009年8月23日，重力坝下游消力池施工完成；10月1日，工程实现二期截流。2011年3月12日，弧形闸门开始安装；4月29日，库区蓄水安全通过鉴定；6月1日，举行下闸仪式，弧形闸门进入试运行；8月16日，工程通过蓄水验收；8月27日，导流底孔实现成功封堵；10月22日，合溪水库正式下闸蓄水，标志着合溪水库工程基本建成并投入运行。

　　作为中华人民共和国成立后长兴规模最大、投资最多的水利工程，合溪水库在建设过程中经历了重重困难。首先体现在施工难度上。合溪流域地质条件复杂，大坝所在位置河床地层岩性为（泥质）粉砂岩、石英砂岩、页岩等不透水沉积岩，大坝深基坑开挖至最深处达37米。在施工过程中又先后遭遇强台风、雨雪冰冻灾害天气、梅雨暴雨等多种恶劣天气袭击，更加重了施工困难。其次体现在征地拆迁和移民安置上。合溪水库共征收土地13169亩，涉及3个乡镇10个行政村，迁移人口1163户3032人；工业企业迁建51家，其他还包括铁路改建，通信、广播、电力设施以及文物古迹处理等，尤其是在移民安置上，涉及群众切身利益和基层社会稳定，需要协调解决的问题十分繁杂。为此，县委县政府领导高度重视，于2006年出台《长兴县合溪水库工程建设土地征收及拆迁安置政策处理实施办法》，2007年根据2006年9月1日实施的《大中型水利水电工程建设征地补偿和移民安置条例》（国务院令第471号）精神，再次出台《长兴县合溪水库工程建设土地征收及拆迁安置政策实施办法补充规定》，对工程建设征收的集体土地补偿费、安置费标准根据不同地类作出规定。合溪水库工程建设指挥部和库区3个乡镇干部集中时间、集中人员、集中精力，夜以继日、全力以赴推进库区征地拆迁工作，克服了时间紧、任务重、难度大的重重困难，仅仅用了100多天的时间，于2011年7月在和谐、平稳的氛围中全面完成农房和企业的征拆任务，未出现一起人员安全事故和群体性事件，取得征地拆迁工作的全面胜利，为合溪水库按时下闸蓄水提供了根本保证。

　　时任长兴县委书记章根明在合溪水库工程现场曾说，"合溪水库工程建设是全县人民期盼已久、社会各界广泛关注、各级领导高度注视的重点工程项目。它的建成不仅显著提高长兴县平原防洪能力和区域供水能力，而且对于推动长兴县经济社会可持续发展、建设山水园林型现代化新兴城市具有重要意义"。❶水库建成后拦蓄合溪流域山区洪水，滞洪削峰，可直接保护包括县城在内的6个城镇21.7万人，同时减少进入太湖流域的洪水5262万立方米，有效减轻太湖的防洪压力，提高长兴平原及城市防洪能力，将长兴县防洪标准从不足20年一遇提高到50年一遇。水库库区内植被覆盖好，人口密度相对较低，水质常年可保持在国标Ⅰ～Ⅱ类水平标准，可向城镇和农村生活、工业用水提供清洁水源，

❶　《合溪水库惠民生》，《浙江日报》2011年10月21日，第11版。

供水范围覆盖长兴县城及周边 7 个乡镇，受益人口 38.6 万人，供水规模高达每天 20.7 万吨，年供水量达到 6047 万立方米❶。站在合溪水库的大坝上，放眼望去，三面环绕青山，碧波荡漾，山水相映成趣，风景优美怡人。置身于这个人水和谐的环境中，能够切身地感受到长兴水环境的改善和区域生态环境的提升。

三、兴建塘坝与小流域涧滩治理

长兴山丘区的山岕、梯田和岗地之处，大多是一些无灌溉设施的高田，一遇旱年每亩仅收几十千克，甚至颗粒无收。在中华人民共和国成立之前，塘坝是山丘区农田的主要蓄水灌溉工程。塘坝工程修建的技术要求较低，可以就地取材，省工省钱，一个村或几个村就能建成。灌区内渠道较短，因此工期也短，管理方便，大多当年修建，当年就能受益，使山岕、山冲梯田及零星耕地得以灌溉，保证收成。

20 世纪五六十年代，长兴开始大规模修复和兴建塘坝。截至 1990 年，全县共有库容 1 万～10 万立方米的塘坝 245 座，正常库容 737.72 万立方米，占全县蓄水工程正常库容的 17%；灌溉农田 31973 亩，占全县蓄水工程灌溉面积的 24.5%。全县有库容 1 万立方米以下的山塘 835 座，正常库容 272 万立方米，占全县蓄水工程正常库容的 6.3%；灌溉农田 20583 亩，占全县蓄水工程灌溉面积的 15.6%，其利用系数高于其他各类蓄水工程❷。但这些塘坝大多无溢洪设施，每遇暴雨易出现塌损，每年冬季塘坝治理是山区乡镇冬修水利重点，有些乡镇在塘坝治理中通过机械清淤清库，达到治理目的，增加库容，提高效益。2011 年全国水利普查统计❸，长兴县内蓄水 1 万～10 万立方米的塘坝共有 368 座，总库容 981.87 万立方米，灌溉面积 2131.53 公顷（表 7-2）；1 万立方米以下的小塘坝 712 座，总库容 206 万立方米，灌溉面积 1372.2 公顷❹。这些建在山丘区的塘坝在暴雨时可拦截上部和中部的地表径流，将水引入山塘存蓄，既保护中部和下部的农田，天旱时又可以利用蓄在山塘里的水灌溉，有效解决山区农民用水问题，一举两得，为山区农民节水增收提供了有力保障。

---

❶ 《合溪水库惠民生》，《浙江日报》2011 年 10 月 21 日，第 11 版。
❷ 《长兴县水利志》编纂委员会：《长兴县水利志》，北京：中国大百科全书出版社，1996 年，第 143 页。
❸ 2010—2012 年，国务院组织开展了第一次全国水利普查。普查的标准时间点为 2011 年 12 月 31 日，普查时期为 2011 年度。普查范围为中华人民共和国境内（未含香港特别行政区、澳门特别行政区和台湾地区）河流湖泊、水利工程、重点经济社会取用水户以及水利单位等。
❹ 长兴县水利局：《长兴县水利志》（内部资料），第 79 页。

表 7 - 2   2011 年全国水利普查长兴县 1 万～10 万立方米塘坝情况汇总

序号	乡镇	1 万～10 万立方米塘坝总数/个	库容/万立方米
1	泗安镇	223	603.96
2	煤山镇	5	13.90
3	白岘乡	5	13.66
4	和平镇	59	118.55
5	龙山街道	2	7.00
6	虹星桥镇	1	1.00
7	夹浦镇	2	8.00
8	雉城镇	1	2.40
9	林城镇	11	24.10
10	槐坎乡	26	69.10
11	水口乡	19	86.95
12	小浦镇	7	15.10
13	李家巷镇	3	7.50
14	画溪街道	4	10.65
合　计		368	981.87

历史上长兴山丘区森林茂密，不少村庄因树木繁多、风景秀美而命名，如杨树湾、枫树坝、画溪、百鸟冲等。民国时期，随着人口的逐渐增多，出现较为严重的森林破坏和水土流失。中华人民共和国成立后，长兴政府开始重视水土保持工作，大面积水土流失的状况开始改善。改革开放以后，随着人口的进一步增加和工业的发展，长兴采用生物措施和工程措施相结合的方式，加大水土流失治理。生物措施主要以停垦还林、封山育林、植树造林为主，至 1990 年，全县森林面积增加至 75.8 万亩，林木覆盖率为 35.5％。工程措施主要以改造堰坝和小流域涧滩治理为主。20 世纪 80 年代，在合溪港流域主要对北涧、南涧、牛埠涧、杨林涧等河段进行治理，泗安塘流域治理了二界岭西涧，其他各小流域都进行过不同程度的整治。但由于涧滩治理面广量大，受资金、技术等多种因素制约，许多未能达到预期效果。

进入 21 世纪后，长兴在小流域涧滩治理上采取治理与开发并举、以开发促治理、以治理服务于开发的思路。合溪北涧和金沙涧两条小流域治理从 1996 年开始规划。合溪北涧在治理中加强水土保护，将工程措施和非工程措施相结合，在清涧修堤过程中，修建沿线公路，同时围垦造地，修建公园和工业园区。金沙涧流域治理与流域生态保护、旅游开发相结合，对涧滩进行全面疏浚整治，对一些险段进行护砌，保护了生态项目顺利实施。至 2003 年，合溪北涧和金沙涧共治理涧滩 10.5 公里，修建防洪埂 2.4 公里、堰坝 3 处，并对两岸荒滩地进行治理，植树造林 62 公顷，封山育林 1600 公顷，工程总投入 460 万元❶。这两个小流域被列入"十五""十一五"浙江省小流域治理项目。2009—2011 年，长兴重点对合溪水库上游的煤山镇杨梅涧、白岘乡的白岘涧、槐坎乡的合溪南涧、水口乡的烂泥塘涧以及和平水库上游周坞山涧等 5 处小流域进行水土流失治理，总治理面积 58.9 平方公里，提高了该区域的防洪标准。

第二节　平原圩区与水环境治理

　　长兴县境的中部是平原区，耕地面积占全县耕地面积的 52.7%，田面高程均在 10.00 米以下，大都在 2.70 米左右，上承山水，下受太湖水位顶托影响，南有西苕溪洪水夹击，汛期洪水宣泄不及，常常发生洪涝灾害。改革开放后，长兴对平原区的治理首先集中在联圩并圩上，提升圩区的防洪能力。其次，通过泵站改造和节水灌溉促进农业节水增效、维护农田水利工程良性运行。随着经济的快速发展，工业企业遍地开花，河道湖泊污染日益加重，以提升水环境质量为目标的河道清淤和水域保洁成为 21 世纪之初长兴河道治理的重要内容，长兴首创"河长制"，成为我国河长制的发源地，为解决全国河湖治理的普遍性难题贡献了长兴智慧。

一、联圩并圩进一步发展

　　中华人民共和国成立后，以群众投劳为主，政府财政给予适当补贴，长兴进行了大规模的培修圩堤、块石护岸等工程。改革开放后，随着农业生产规模的扩大和农业科技的发展，小规模圩田防洪抗灾能力低的弱点显现出来，政府积极提倡缩短防洪线路的连圩并圩工程，收到了良好的社会效益和经济效益。如虹星桥南部，在 1975 年这里共有大小圩圩 15 个，圩堤线长 58.3 公里，而且所有圩堤都矮小单薄，尽管每年都动员群众加固圩堤，但圩堤基础差、路线长，遇上洪水还是经常倒圩受灾。1975 年，政府在这里确定连圩并圩工程项目，提出"万亩良田一圩装，渠道紧靠大路旁，三千亩蚕桑披绿装，旱涝丰收有保障"的奋斗目标，到 1982 年，将原有的 15 个圩合并成一个圩，圩堤长度减少到 18.3 公里❷。在连圩并圩的同时，疏浚内外河流，新设防洪闸门、排涝站、灌溉机埠、涵洞等，将圩堤加高加固加宽成为 20～50 年一遇的堤防标准，大大提升了该圩区的防洪能力。20 世纪 80 年代，里塘公社的连圩并圩工程曾多次在全省农业水利会议上做典型发言。里塘联合圩建成后，历经多次洪水考验，即使在 1999 年

❶　长兴县水利局：《长兴县水利志》（内部资料），第 105 页。
❷　长兴县政协：《长兴记忆——圩》，中国国际图书出版社，2018 年，第 26 页。

"6·30"特大洪水中，仍然安然无恙。圩区综合治理工程促进了联圩并圩技术规范化。主要采取中、小包围两种格局，主要河道不堵，排水河道不堵，航道不堵，以利交通。原则上不打破原有乡、村界线，以便管理。防洪统一按 20 年一遇的标准设计，加固加高外围堤防。按照 10 年一遇的防洪标准分片排涝，拓宽疏浚河道，并配有足够的排涝泵站，与田间工程配套。至 1990 年年底，平原圩区共有 67 只圩合并成为 15 只圩。原圩堤长 306.66 公里，缩短至 166.84 公里，占原圩堤长的 54%，保护面积 102.25 平方公里，其中水田 8.67 万亩❶。

进入 21 世纪，农田水利建设的新材料和新技术层出不穷，各地在培修圩堤时引入机械化施工。同时，将河道清出的淤泥充填圩堤内塘，巩固圩堤基础，采用矿山矿渣加固堤防，增强了堤防的强度。

长兴历史上每个圩都有相应的圩务自治组织，负责抗洪抢险、圩埂及相关水利设施维护、防洪物资管理、经费投入等方面的事务。中华人民共和国成立后，长兴县人民政府尊重长兴圩区民众惯例，圩务管理组织仍实施圩民自治及圩长负责制。到 20 世纪 90 年代，圩务管理进一步规范化。1996 年，长兴出台《长兴县圩（圩）区水利工程管理暂行办法》，规定圩（圩）区管理委员会由圩（圩）区工程管理单位和受益乡镇（街道）、村负责人组成，由乡镇（街道）行政管理领导或主要受益村领导任主任委员。2011—2013 年，长兴在全县 11 个乡镇（街道）28 个已进行格局规模调整改造的连片圩圩相继成立圩区水利管理委员会，其中洪桥、和平、吕山等 13 个乡镇（街道）经民政部门注册登记，取得了法人资格。长兴以村民为主体、民主自治为灵魂的圩务管理组织，在防洪抢险、水源管理、水利工程建设管理等方面发挥了积极作用。

二、泵站改造与节水灌溉

长兴山丘区的农田灌溉主要依赖于山塘水库蓄水自流灌溉，平原地区则使用提水设备从河网取水。平原地区传统的农田排灌主要有人力水车、牛力水车和风力水车，中华人民共和国成立后，电力排灌以其成本低、效率高的优势迅速发展起来。到 1980 年代，全县固定排灌大都使用电力灌溉，极少数地区临时排灌使用机械动力。长兴大部分泵站都建于 20 世纪 50—60 年代，至 20 世纪 80 年代后期，由于设备老化严重，加之年久失修，管理不善，泵站耗能很高。经有关部门测试，平原圩区泵站的平均效率仅为 30%❷。1987 年，省电力局在

---

❶ 《长兴县水利志》编纂委员会：《长兴县水利志》，北京：中国大百科全书出版社，1996 年，第 180 页。

❷ 《长兴县水利志》编纂委员会：《长兴县水利志》，北京：中国大百科全书出版社，1996 年，第 193 页。

《关于加快农业排灌水泵节能改造的报告》❶ 中也指出：全省农业系统电力拖动的水泵近 10 万台，相当部分运行时间在 20 年以上，设备陈旧，磨损严重，电力浪费很大。报告调查了海宁县（今海宁市）辛江乡的电力排灌站，平均装置效率为 35.5％。经过几年的改造，效率提高到 49.14％。因此，报告认为，加快农业泵站改造工作，有利节约电能，降低农业成本，对国家和农民都有好处。从 1987 年开始，全省开始大力开展农业泵站改造工作。

　　长兴从 1987 年开始，对泵站分期分批进行了更新改造。首先，在水泵的选择上，除山区部分采用高扬程泵站外，平原坾区和滨湖圩区均采用省水利厅推荐的低扬程水泵，并且将加工与排灌分开。以往水泵往往一机多用，加工动力大于排灌动力，机泵配套不合理。分系后，电动机利用率由平均 50％提高至 90％。其次，通过提高管路效率、改善进出水流态、选用正确的传动方式等专业技术方法，降低泵站耗能。至 1990 年年底，全县 19 个乡镇有 122 座装机 100 千瓦以下的排灌泵站进行了改造，受益农田 4930 公顷；装机 100 千瓦以上排灌泵站改造 44 座，受益面积 10 317 公顷。泵站平均效率提高到 42.8％，平均每亩节约用电 4.61 度❷，节约能源的同时也减轻了农户的经济负担。如林城镇李家桥机埠，安装高效能水泵后，1990 年农户负担的电费由每亩 4.5 元降至 2.5 元，年节约用电 9600 度❸。1991 年，省水利厅下达专项泵站改造项目，长兴县政府当年完成泵站改造 137 座，次年完成 155 座。1993 年长兴县政府下达全县 100 座泵站改造任务，年底完成 105 座，县财政投入资金 96.35 万元，受益面积 4200 公顷。1994 年《长兴县农田水利建设"九五"规划》中明确"九五"期间全县泵站改造任务是 200 座。除专项泵站改造外，在圩区改造项目中，一大批泵站作为配套项目也进行了改造建设。20 世纪 90 年代是长兴县专项泵站改造项目完成量最多的时期。

　　2009 年，为解决我国小型农田水利设施建设标准低、工程不配套、老化破损严重，以及管理体制与运行机制改革滞后等问题，财政部和水利部联合发布《关于实施中央财政小型农田水利重点县建设的意见》，决定集中资金投入，连片配套改造，以县为单位整体推进小型农田水利建设，实现小型农田水利建设由分散投入向集中投入转变、由面上建设向重点建设转变、由单项突破向整体推进转变、由重建轻管向建管并重转变，彻底改变小型农田水利设施建设严重滞后的现状，提高农业抗御自然灾害的能力。长兴县被列为第一批重点县，泵

---

❶　《转发省电力局〈关于加快农业排灌水泵节能改造的报告〉》档案号：J096 - 001 - 118（021 - 024），长兴档案馆。

❷　1 度＝1 千瓦时。

❸　《长兴县水利志》编纂委员会：《长兴县水利志》，北京：中国大百科全书出版社，1996 年，第 194 页。

站改造项目是其中的一项重要内容。2009—2011 年，长兴县共新建和改造泵站
358 座。自 20 世纪 90 年代以来，经过 20 多年的治理改造，长兴县 2000 多座排
灌泵站均进行了改造更新，这是长兴县有史以来在提水工程项目中投入最大、
设备更新最快、工程内容最多的一段时期。2012 年全国第一次水利普查统计，
长兴县共有泵站 2291 座，总装机 38327.2 千瓦，平均效率达到 61.6%，其中 50
千瓦以下泵站 2169 座（表 7-3），50 千瓦及以上泵站 122 座（表 7-4）。和平镇
橡树浜排涝站装机容量为全县最大，装机 775 千瓦，受益面积 1013 公顷❶。泵
站改造系列工程有效解决了长兴泵站设备老化失修、技术装备滞后、效率明显
衰减等突出问题，为长兴促进农业节水增效、维护农田水利工程良性运行打下
了坚实基础。

表 7-3　　　　　　　2011 年全国水利普查长兴装机 50 千瓦以下泵站

乡　　镇	泵站数量/座	装机流量/立方米每秒	装机功率/千瓦
白岘乡	6	0.4660	52.5
二界岭乡	23	2.1037	366.7
和平镇	122	18.1244	1194.5
洪桥镇	263	49.2668	3008.0
虹星桥镇	299	33.4182	3217.5
槐坎乡	1	0.0400	45.0
夹浦镇	162	19.4410	1927.5
李家巷镇	218	29.2166	1621.2
林城镇	213	35.8900	2338.1
吕山乡	151	19.0600	1046.5
煤山镇	6	0.6554	172.0
水口乡	49	3.3400	528.7
泗安镇	79	8.7400	1066.0
吴山乡	67	10.7700	866.0
小浦镇	47	4.6090	698.5
雉城镇	463	70.0230	4712.5
合　　计	2169	305.1641	22861.2

表 7-4　　　　　　2011 年全国水利普查长兴装机 50 千瓦及以上泵站

乡　　镇	泵站数量/座	装机流量/立方米每秒	装机功率/千瓦
和平镇	14	37.5822	2332
洪桥镇	8	14.7870	744

❶ 长兴县水利局：《长兴县水利志》（内部资料），第 82 页。

乡　镇	泵站数量/座	装机流量/立方米每秒	装机功率/千瓦
虹星桥镇	14	43.4200	2452
槐坎乡	1	0.1380	111
夹浦镇	1	0.4800	60
李家巷镇	3	8.2170	525
林城镇	26	45.5800	2722
吕山乡	8	16.1000	1231
煤山镇	2	0.3450	143
水口乡	4	2.0200	385
泗安镇	8	11.3200	972
吴山乡	12	13.3000	1090
雉城镇	21	48.1300	2699
合　计	122	241.4192	15466

除渠道输水之外，长兴县从 20 世纪 70 年代末开始，尝试高效节水灌溉方式——喷滴灌和低压管道灌溉。在传统的灌溉方式中，水资源的浪费较为严重，一是从水源地到田地输送过程中会有渗漏、蒸发损失，二是田间灌水过程中会有损失，而喷滴灌和低压管道灌溉能把灌溉中的水损失降低到最低限度，提高水的利用率。1988 年 12 月长兴县李家巷龙华蚕种场建成固定喷灌工程，泵站动力约 25 千瓦，埋设干支管 5687 米，投资 10 万元。喷灌比漫灌节水 30%，但适合区域化控制，因此在此后投入主体只有几家国有农场。2002 年后县属国有农场逐渐改制，长兴县的喷灌工程告一段落。此后随着农业产业化程度不断增强，出现了一批种植大户，政府开始大力推广和普及农业节水灌溉技术。2008 年省水利厅下达高效节水喷滴灌实施项目，长兴推广 245.7 公顷，分布在 4 个乡镇，这些节水工程项目主要为葡萄、蓝莓等经济作物，大部分采用滴灌，仅有少许采用喷灌。低压管道灌溉应用开始较晚，2011 年水口乡后坟村 280 公顷水稻采用低压管道灌溉，工程施工从 2011 年开始，2012 年完成，此为第一批中央财政小型农田水利高效节水项目，也是长兴县首次应用低压管道灌溉技术。

历史上长兴田间工程薄弱，缺少完整的配套渠道。20 世纪 70 年代开始，长兴大力开展渠系配套建设，到 1990 年，平原地区共有各类渠道 2699 条，长 2004 公里，但这些渠道均为土渠，经多年运行，大多坍损淤塞严重。为提高水利用率，1988 年，李家巷镇计家浜村首先开始进行三面光渠道衬砌实验，三年共建成 4.12 公里。作为从 20 世纪 90 年代一直持续到 21 世纪初的圩区改造工程的配套工程，这一时期长兴的各排灌渠均采用 U 形三面光渠道，这种渠道输水能力强，防渗效果好，提高了渠系水利用效率，减轻了农民的水费负担。

三、河道整治与水域保洁

20世纪50年代起，长兴县开始对境内河道进行分期分批整治，除疏浚河道保持河道畅通外，也开挖和拓浚了一批河道。通过治理，全县河流水系布局更趋合理、安全。改革开放后，长兴县对境内河道的整治除满足传统的防洪排涝、引水灌溉功能外，加大对河道交通运输功能的开发，为长兴经济发展提供支撑。随着长兴工业经济的不断发展，河道和湖泊的污染问题日益严重，长兴首创"河长制"，通过河道清淤和水域保洁全力提升水环境质量，为解决全国河湖治理的普遍性难题贡献了长兴智慧。

（一）河道开挖与拓浚整治

20世纪70年代，为解决农田防洪，同时扩大水上运输网络，为经济发展提供有利条件，长兴新开挖合溪新港、长兴港，之后一段时期，对这两条河道进行了拓浚、配套设施完善等整治，效益非常突出。1988年，合溪新港内河和长兴港的吞吐量分别为303.89万吨和1287.27万吨，被当地群众称为"富民港"。

1979年后，新开挖河道有吴山乡的韦山港、太傅乡的太傅2号港、夹浦镇的常丰涧等。吴山乡是建材之乡，有着丰富的石灰石储量。20世纪80年代，吴山乡为进一步开发石矿，同时解决吴山、韦山两村的农田引水灌溉问题，决定开挖韦山港。韦山港于1985年9月开工，1986年7月竣工，长906米，河底宽14米，河底高程0.5米。除开挖河港之外，砌石护岸两处，并加高加固圩堤，共完成土方8.6万立方米、石方0.65万立方米，总投资35万元，由吴山乡自筹[1]。太傅2号港于1991年12月开挖，东起林城镇渎东黄沙场，西至林城镇阳光村，全长5公里，1993年3月完工，引泗安塘水解决了沿线667公顷农田和2万多人口的生产生活用水[2]。常丰涧于2001年11月开挖，该涧源于夹浦镇北川村，流经月明村、丁新村、长平村入太湖[3]。历史上常丰涧河窄湾急，特别是下游河段，每遇洪灾，两岸堤防洪水横溢，严重影响百姓安全。2002年春竣工后，有效缓解了沿河两岸的洪涝灾害。

改革开放后的河道拓浚整治以泗安塘为重点对象。泗安塘历来湾多、滩多、桥低、河床狭窄，民谣形容为"九桥十三渡，廿二湾到沙滩"，历史上一直是长兴的受灾重点地区和防洪重点地区。20世纪50年代，长兴县政府就组织力量对泗安塘重点治理，其干流和支流都进行了疏浚拓宽，并修建控制闸、桥梁等配

---

❶ 《长兴县水利志》编纂委员会：《长兴县水利志》，北京：中国大百科全书出版社，1996年，第170页。

❷ 长兴县水利局：《长兴县水利志》（内部资料），第102页。

套设施。1981 年，长兴县成立小箬桥港水利工程指挥部，对小箬桥至李家巷河段进行拓宽，小箬桥港是泗安塘流入太湖的主要河道。工程于当年 6 月开工，分三期进行，于 1985 年 5 月竣工。拓浚河道长 5.64 公里，河底宽 15 米，河道高程 0.5 米，共开挖土方 9.1 万立方米，护岸砌石 8711 米，征用土地 12.8 亩，堆压占用土地 100 亩，总投资 75 万元❶。2003 年 12 月，泗安塘林城镇至泗安镇管埭段拓浚工程开工，全长 7.46 公里，新建排涝站 2 座、机埠 7 座、涵洞 12 座，开挖及拓浚土方 108 万立方米，共投资 4176 万元，于 2006 年年底竣工。2011 年 12 月，泗安塘绿洲大桥至管埭大桥段拓浚工程开工，该工程被列入国家中小河流整治项目，拓浚长度 6.72 公里，河道拓至底高－1.84 米、底宽 12 米，加固加高两岸堤防 11.31 公里，工程于 2013 年竣工，总投资 2822.30 万元❷。经过多年的拓浚整治，泗安塘的抗洪能力由不到 5 年一遇提高至 20 年一遇，在大旱之年也能引太湖水灌溉，同时满足沿途各乡镇生产生活用水，更重要的是，增强了航运能力，为繁荣城乡经济开辟了航运通道。

中华人民共和国成立之初长兴县河道堤防标准普遍较低，从 20 世纪 80 年代开始，航运事业发展，对河道两岸堤防冲刷影响较大，河道砌石护岸从这一时期开始进行，泗安塘两岸护砌量最大，从吕山往上，除泗安镇上游部分地段外，河道两岸均以浆砌块石护岸。河道砌石项目主要分为两类：一类是专项工程类项目配套工程，1993 年春开始太湖大堤外侧 34.6 公里全线进行了护砌，此项目是太湖治理配套项目。1997—2003 年杨家浦港拓浚工程，从李家巷镇石山桥至洪桥镇杨家浦太湖口 12 公里，两岸堤防均进行了护砌。2012 年 8 月苕溪清水入湖工程开工建设，其中西苕溪干流砌石护坡 32 公里、长兴港 35.96 公里、杨家浦港 39.07 公里，砌石护岸均为水利建设的配套项目。另一类为河道专项护岸砌石工程，工程安排以主要行洪河道和主干航运河段为主，河道专项护砌工程经费主要来源于航运费提取。杨家浦港航道砌石工程，1983—2001 年，一直由航管部门从航运费中提取护岸费，由水利部门负责实施砌石工程。

（二）河道清淤与水域保洁

长兴县历史上有捻湖泥清淤肥田的习俗，到 20 世纪八九十年代，随着农业施肥手段的变化，这一做法基本绝迹。这一时期河道清淤主要由水利疏浚队承担，规模较小，疏浚范围也仅限于各河道的入太湖河口。20 世纪末到 21 世纪初期，随着长兴矿产资源的大量开采、房地产开发建设以及航运事业的快速发展，河道淤积不断加剧。

---

❶ 《长兴县水利志》编纂委员会：《长兴县水利志》，北京：中国大百科全书出版社，1996 年，第 171 页。

❷ 长兴县水利局：《长兴县水利志》（内部资料），第 103 页。

这一时期，浙江省的河道普遍都面临这一问题。早在1995年，省政府下发《关于加强小流域治理和河道疏浚工作的通知》，全省各地普遍开展了河道治理。特别是杭州、宁波、嘉兴、绍兴等经济发展较快的地方结合城市防洪工程和村镇建设，率先启动了大规模、高标准的河道综合治理。但由于全省年疏浚量远远低于年淤积量，致使不少河道淤积严重，行洪排涝能力不足，河道水体污染严重，失去了作为饮用水源的功能，一些地区河网水域面积也在减少。2003年，浙江省委、省政府提出了以"水清、流畅、岸绿、景美"为总体目标的"万里清水河道"建设，通过实施河道清淤疏浚、清障拓宽、修堤筑堰、护岸固坡、配水保洁等，恢复河道基本功能，改善河道水环境和人居环境。"万里清水河道"建设是浙江省五大百亿工程之一，是生态省建设的重要组成部分。

长兴将河道清淤整治作为为群众办实事的内容之一，纳入政府年度工作考核，县政府每年安排专项资金，用于河道清淤。2004年7月，县水利部门成立"万里清水河道"工作领导小组，并出台《长兴县河道整治工作实施细则》等几个规范性文件，每年年初将清淤任务指标落实到乡镇，由乡镇组织实施，之后再按照验收情况，将县级专项资金以奖励的形式落实到具体工程。2001—2012年，全县共完成河道清淤2049.7公里，随着工程标准的不断提高，清淤方式由原来的清淤船带水作业逐渐升级为抽干河水用泥浆泵或挖掘机清淤❶。经过十余年的清淤疏浚，长兴境内河道泄洪排涝能力、供水保证率、河岸绿化率不断提高，河道水环境不同程度地得到改善，清水河道已成为居民纳凉、休息、娱乐的场所，重塑了美丽的江南水乡。

四、河长制的首创

（一）"河长制"的创制背景

长兴境内河网交织、漾荡密布，共有河道522条，总长1659公里，是典型的江南水乡。几千年来，长兴人民治水兴水，留下了丰富的水文化遗产和治水经验。独特的水环境和悠久的水历史，是长兴首创"河长制"的历史基础。村民自治管理水体在长兴具有深厚的群众基础，因历来洪涝灾害频发，圩（坝）区建设较早，中华人民共和国成立后，圩区水利设施由村委会代管，实行了"坝长制"。坝长制一直传承至今，至今依然在基层防汛抗台中发挥着重要的作用。坝长从某种意义上说就是河长的前身，也是一种责任落实到人的管理机制。

随着长兴经济快速发展，工业企业遍地开花，河道湖泊的污染成为长兴生态环境治理的难题。长兴522条河道中跨乡跨村的多达314条，还有86条河道作为乡镇和村之间的行政区划线。对于众多河道，村镇之间责任主体不明确，

---

❶ 长兴县水利局：《长兴县水利志》（内部资料），第103页。

治理时间不同步，标准不统一，很多部门能管却没人管。2003年，长兴在"国家卫生县城"创建中实行"路长制"，城区每条道路落实专门"路长"，负责日常管护的监督和协调工作，地面保洁取得显著改善，顺利通过"国家卫生县城"创建。借鉴"路长制"管理经验，当年10月，鉴于城区的护城河、坛家桥港河道出现脏、乱、差等问题，决定对这两条河道实行"河长制"管理，由此出台了最早的河长制任命文件，河长分别由时任水利局、环卫处负责人担任，负责河道的清淤、保洁等管护工作。实行"河长制"后，这两条河的脏、乱、差问题得到明显改善。

（二）"河长制"的发展与成熟

2004年，作为全县最重要的饮用水水源地包漾河由于周边区域个体经济发达，环境污染日趋严重，加上日常管护机制不到位，造成水环境面貌较差、水质波动较大等问题。2005年3月，为切实改善饮用水源水质，借鉴城区河道河长制管理做法，由时任水口乡乡长担任包漾河上游的水口港河道河长，负责做好河底清淤、河面保洁和河岸绿化等工作。由此全国第一个镇级河长诞生。通过实施河长制的责任管理之后，包漾河水源地保护工作取得了良好的实效，水口港沿线呈现水清、河畅、岸绿的美好景象。鉴于河长制管理工作成效明显，2005年7月，对包漾河周边渚山港、夹山港、七百亩圩港等支流实行河长制管理，由行政村干部担任河长，开展河道清淤保洁、农业面源污染治理、水土保持治理修复等工作。由此，在全国诞生了第一批村级河长。2007年受太湖蓝藻暴发影响，长兴4条主要入湖河道受到污染。2008年8月，长兴县对该4条河道开展"清水入湖"专项行动，由4位副县长分别担任4条河道的河长，负责协调开展工业污染治理、农业面源污染治理、河道综合整治等治理工作，全面改善入湖河道水质。由此，全国第一批县级河长诞生。在2004—2008年"河长制"的发展期，长兴初步形成县、镇、村三级河长体系。2008年开始，长兴在全县推广"河长制"，明确各乡镇除乡镇党委书记外，其余党委、政府领导均担任所在辖区域内各河道的河长，所属行政村负责人任协管员。2009—2012年长兴累计推出河长147名，每一位河长就是一段河流的责任主体。每一条河道边都有一块河长公示牌，上面标明各级河长的姓名、电话以及职务等信息，切实把责任落到实处。

在"河长制"发展成熟的过程中，长兴经过不断探索和实践，构建了"河长制"的组织体系，成立由县四套班子领导为组长的长兴县河长制领导小组，并下设各级河长办。创新配备河长辅助体系，落实河道警长、党员河长、巾帼河长、民间河长、企业河长等。明确各级河长的岗位职责，县级河长牵头负责，制订河道水环境综合治理方案和年度计划，并将目标任务分解落实到下级河长和有关责任单位。镇级河长具体领办，负责或协助责任部门实施上级河长下达的各项治理任务及重点工程项目，对村级河长进行管理和考核。村级河长负责日常的巡查和保洁管护，重点做好河道及小微水体的巡查和保洁工作，定期开展河道巡查，对巡查中发现的保洁问题及时妥善处理。

"河长制"的实施推广，让江河湖泊实现了从"没人管"到"有人管"、从"管不住"到"管得好"的转变。由此，长兴县也成为中国河长制的发源地。"河长制"在长兴的创设，带来的不仅是河道环境的变化，更重要的是传递了人水和谐的理念和绿色发展的价值追求，由此凝聚社会各方力量加入到保护水环境的行动中来，河长这一机制也从最初的部门走向党政领导，再延伸到社会，全民护河，全民参与，人人成为水环境的守护者。

五、城市防洪工程

城市防洪工程是城市基础设施的重要组成部分。长兴县城地处太湖之滨，上受山洪和西苕溪洪水侵袭，下受太湖高水位顶托，城区地势低洼，常受洪涝。1999年特大洪水中，建成区三分之一面积进水，6.5万余人受灾，46.3万平方米房屋进水，508家企业停产，直接经济损失3.95亿元❶。随着城市化进程的快速发展，若遇较大洪水，经济损失将更加惨重。进入21世纪，太湖水位有进一步抬高的趋势，长兴县城区的防洪形势更趋严峻，合理规划、综合治理，切实提高城市抵御洪涝灾害的能力成为一项紧迫任务。1999年12月，省人民政府发布《关于加强城市防洪工程建设的通知》，全面启动全省城防工程建设。根据省水利厅的统一部署，长兴以新一轮城市总体规划和长兴地区水利规划为基础，编制《长兴县城市防洪工程可研规划》，县政府成立防洪工程建设指挥部，办公室设在县水利局。

长兴城市防洪工程将城区划分为城中区、城北区、城南区、电厂区。城中区面积79.9公顷，采用填高地面方案，控制地面最低设计高程4.2米，2002年开通西护城河小西门桥南端300米河段，连接长兴港，并建节制闸和泵站，用于控制调节水位。城北区面积3793公顷，以北塘港为界分东、西两片。西片多为山丘区，东侧为平原，县行政中心以及众多的商业区、居民区都位于西侧。工程建设中，对区内水系进行河道清淤、两岸堤防护砌和绿化，充分体现水利工程和市政建设相结合、实用性和美观性相结合的原则。区域内建筑设计地面高程要求同样控制在4.2米以上。城南区面积893公顷，由河道分为三片，均采用填高地面、疏通河道的方案。电厂区地面控制不低于3.96～4.06米高程，疏

---

❶ 《长兴县城市防洪工程可行性研究报告审查会议纪要》，档案号：J096 - 002 - 243（043 - 045），长兴档案馆。

浚河道，2002 年建电厂水闸 1 座，2003 年建排涝站 1 座❶。

长兴县城区防洪工程从 1999 年规划，2002 年开始投入实施。2007 年一期工程基本完成，新建排涝站 4 座，拆建和新建水闸 4 座，同时完成了大量河道清淤、河岸护砌及地面填高工程，共投入资金 1.2804 亿元❷。城市防洪工程的建成，从根本上提高了区域抵御自然灾害的能力。不仅如此，城防建设结合旧城改造、河道综合整治、道路绿化和城区开发建设，使城区面貌发生了可喜变化，城市防洪工程既是长兴百姓的一道生命安全线，又是长兴城区的一道亮丽风景线。

第三节　水旱灾害与防汛抗旱

长兴境内水旱灾害较为频繁，有气候变化的因素、区域性地理因素，同时也有人类活动造成自然生态环境失衡的因素。长兴雨量充沛，多集中在夏秋两季，降雨量占全年雨量的 70％以上。三面环山、一面濒湖的地理位置，使得长兴极易受汛期大雨的侵扰，导致洪涝灾害。旱灾四季均有发生，最常见的是秋旱，少数年份也有秋旱连冬旱。20 世纪 80 年代后长兴矿山开采业大量兴起，最多时达到 400 多家，石料加工带来大量泥沙流入水体，抬高河床高程，影响河道蓄泄功能，洪涝灾害频发，给当地老百姓带来深重灾难，如 1984 年畎桥乡（现已并入林城镇）受洪水侵袭，万亩粮田受淹，3000 亩早稻颗粒无收，直接经济损失 53 万元❸。20 世纪 90 年代后交通运输业繁荣，船只航行冲刷河岸造成水土流失，加剧了洪涝灾害带来的危害。长兴县委、县政府高度重视防灾抗灾工作，各级和各重要水利工程部门设立专门组织和管理机构，平时以防为主做好防灾工作，遇灾全力以赴抢险救灾，灾后修复水毁工程，恢复生产。同时，随着一大批骨干水利工程建成并投入运行，易灾区域逐渐缩小，成灾比例相应降低，防灾抗灾工作取得很大成效。

一、组织机构

中华人民共和国成立之前，防汛抗旱多数为民间自发进行。中华人民共和国成立之后，党和政府高度重视防灾工作，防汛抗旱抗灾成为县政府工作的重要组成部分。1988 年以前，防汛抗旱指挥部均为临时机构，汛期前建立，汛期

❶ 长兴县水利局：《长兴县水利志》（内部资料），第 110～111 页。
❷ 长兴县水利局：《长兴县水利志》（内部资料），第 111 页。
❸ 《抓住有利时机开展冬修水利 长兴县当前治水情况的汇报》，档案号：J096－001－100（030－032），长兴档案馆。

结束后撤销。1988 年后，根据国家防汛抗旱总指挥部的规定，县级以上人民政府防汛抗旱指挥部改为常设机构，配备专职人员，常年值班工作。2001 年经县编制委员会批准定为行政机构并核定编制。

防汛抗旱指挥部全权负责全县防灾抗灾工作，指挥部设指挥 1 人，由分管水利的副县长担任，副指挥 3～4 人，分别由县人武部领导、县政府办公室副主任和县水利局局长担任，各成员单位为县级机关有关部门，各部门主要领导担任成员。指挥部办公室设在县水利局，负责日常工作，汛期实行 24 小时值班，掌握雨情、汛情，承担上情下达、下情上报工作，为抗灾决策提供依据。非汛期督查冬春修水利工作，及时掌握进度，做好统计工作，并上报有关部门。2007 年后冬春修水利统计工作职能移交县水利局，防汛办公室在非汛期主要从事水毁工程修复督查，防汛抗旱检测设施系统维护以及防汛物资、设备的补充和维护。

随着防汛抗旱进一步制度化、规范化，从 1990 年开始，各乡镇均成立防汛抗旱指挥部，每年汛期前各指挥部组成人员名单、联络电话以及值班安排表均行文公布，并报县防汛抗旱指挥部备案，各行政村、各圩管会也均落实防汛值班人员和抢险队伍。各水库、重要堤防、重点水利工程均落实防汛抗旱组织、抢险队伍和民兵应急分队。

2009 年 12 月，县防汛抗旱指挥部印发《长兴县基层防汛防台体系建设实施方案》。2010 年汛前，长兴县基层防汛防台体系初步建成，各乡镇（街道、园区）成立防汛防台指挥部，下设监测预警组、人员转移组、抢险救援组、宣传报道组、后勤服务组，指挥部设立日常办事机构防汛防台办公室，配备专职工作人员 2 名以上。村设立防汛防台工作组，村主要负责人任组长，村干部为成员，乡镇负责人分工包片，组织村级划定防汛防台责任区以及山洪与地质灾害易发区，明确责任人、联络员、预警员、监测员、管理员等，各岗位均张榜公布、明确责任，接受群众监督。全县基层防汛防台体系建设于 2010 年汛前通过省、市、县三级防汛抗旱指挥部验收，此后每年 11 月开始由上级防汛抗旱指挥部组织对基层防汛抗旱体系建设进行考核。

二、汛情测报

汛情测报是做好防灾抗灾工作的重要手段。改革开放以来，长兴逐步建立起完善的测报网络，通过天气预报和水文测报，及时提供天气与水文信息，为各级防灾抗灾指挥调度提供可靠依据。

长兴县气象部门承担天气预报工作，1990 年县气象站改为气象局，同年，县内设专业气象台一座，全县 34 个乡镇均在气象局的指导下设立气象警报器，形成上下网络系统，为防灾抗灾提供有力支撑。随着科技力量的不断增强，长兴县气象测报工作不断完善，先后在境内设立 25 个气象观测点，测报设施完备，服务领域日益扩大。1995 年县防汛抗旱指挥部安装气象卫星云图接收系统，此后，随着计算机信息网络技术的不断成熟，长兴县气象部门建立起通过气象卫星可直观云系变化、雨雪趋势和台风移动轨迹的监测系统，利用广播、电视、气象警报器、网络等定时或不定时地向全县发布每日天气预报以及旬报、月报、季报和各种灾害性天气警报。及时的天气预报提高了防灾工作的主动性，使各级各部门能充分做好抗灾防灾的准备工作，减轻受灾程度。尤其是台风袭击，由于提前预警，各级政府能早做防御部署，及时转移群众，保障人民群众的生命财产安全。从长兴建立起较为完善的气象预报系统。至 2012 年，长兴发生多起集中强降雨和强台风等自然灾害，由于天气预报及时、准确，各级各部门早做防范准备，再加上各项工程安保措施到位，极大降低了自然灾害造成的损失，真正做到防患于未然。

及时准确地掌握水、雨情是做好防汛抗旱工作的关键。20 世纪五六十年代，水文测报系统以人工监测为主，80 年代开始使用电子技术和超声波技术，90 年代信息技术开始普及，长兴的水文测报系统逐步走向科学和完善。1997 年，水利部太湖流域管理局在夹浦、港口和泗安水库三个点安装了水、雨情监测自动遥测设施。2002 年开始这种监测设施在全县各水文站点普及，至 2008 年全县建成 26 个遥测站点，2009 年开始全部进行更新升级，至 2012 年全县建成水、雨情自动测报系统监测站点 43 处，共 54 套自动监测设备投入使用，其中包括 3 个国家基本水文站：长兴港长兴站、西苕溪港口站、合溪流域诸道岗站；3 个国家基本水位站：夹浦站、天平桥站和吕山站；4 个国家基本雨量站：访贤站、尚儒站、槐坎站、大界碑站和 33 个水雨情自动遥测站点。遥测系统采用浙江省水文局开发的语润系统，通过此系统每个站点雨量、水位数据经服务器处理在网络平台上显示，水位数据每 15 分钟更新一次，雨量数据每 5 分钟更新一次。除此之外，天气趋势分析和测报也全面在信息网络平台公开，并及时向大众发布。防汛测报系统不断更新，防汛机制不断完善，为防汛抗旱指挥部及时正确下达指令提供了科学依据和保障。

第四节　太湖与溇港治理

长兴地处太湖西南岸，与太湖关系密切，而太湖流域历史上就是"赋出于天下，江南居什九"的富庶之地。改革开放以来，太湖流域经济社会迅猛发展，在我国国民经济中占有举足轻重的地位。长兴作为太湖流域和长三角地区重要的生态涵养区，其用水、管水、治水始终与太湖息息相关。历史上太湖流域缺乏骨干洪水通道，流域河湖水系有网无纲，防洪标准偏低，洪涝灾害威胁严重，中华人民共和国成立之初，确立了"上蓄、中疏、下泄"的治水方针，长兴在苕溪、泗安溪、箬溪上游修建了大量的蓄水工程，并培修加固滨湖堤防，对河道、溇港进行拓浚，这些治理措施一定程度上减轻了太湖流域的洪涝灾害压力。改革开放后，我国进一步加大对太湖流域的治理力度，长兴的水利事业发展与此息息相关，环湖大堤工程（长兴段）的建设、圩区整治以及水环境综合治理打造出了太湖西南岸的璀璨明珠，也为太湖流域综合治理和经济社会发展提供了坚实的支撑。

一、环湖大堤工程（长兴段）

太湖环湖大堤工程全长约 282 公里，是拦蓄太湖洪水的骨干工程，浙江段东起湖州吴兴区胡溇，西至长兴县狄子岭，全长约 65 公里，其中 34.3 公里在长兴境内。环湖大堤结束了太湖南岸"有岸无堤"的历史，增强了长兴及太湖流域抵御洪旱灾害的能力，长兴人民在环湖大堤工程建设中体现出的"团结协作、顾全大局、大干苦干、为民造福"的水利精神，是长兴治水史上辉煌的一笔。

（一）建设背景

1984 年 12 月，经国务院批准，水电部太湖局在上海成立，在前期大量调研和可行性研究报告的基础上，太湖局于 1986 年编报《太湖流域综合治理总体规划方案》。1991 年夏天，淮河流域和长江中下游地区从 5 月下旬至 7 月中旬长时间、大范围连降暴雨，降雨量最高地方比常年多 2～5 倍，致使江、河、湖、水库的水位猛涨，形成洪水和大面积内涝。7 月中旬，太湖水位比 1954 年最高水位高 0.14 米。鉴于太湖流域严峻的防洪压力，国务院决定提速太湖流域综合治理。同年 11 月国务院作出《关于进一步治理淮河和太湖的决定》，要求按照 1986 年编制的规划方案，启动太湖综合治理 11 项骨干工程。整个治太工程涉及湖州境内的有环湖大堤工程、东西苕溪防洪工程及杭嘉湖北排通道工程三项骨干工程。之后，《太湖流域水环境综合治理总体方案》《关于加强太湖流域 2001—2010 年防洪建设的若干意见》《太湖流域水资源保护规划》等相继出台，为长兴治湖兴湖提供了蓝图。

（二）建设经过

1991 年 11 月 2 日，长兴县太湖治理工程指挥部成立，次年 2 月 28 日，工程指挥部下属工程技术组、宣传组、政策处理组、后勤组、治安保卫组相继组建，为环湖大堤工程（长兴段）的施工提供了基础保障。1991 年 12 月 10 日，鼎新段大堤首先开工，全长 5.5 公里。在开工仪式上，时任浙江省副省长许行贯、浙江省水利厅副厅长汪楞、水利部太湖流域管理局副局长钱振球参加典礼，并与当地群众共同参加劳动。因为当时施工机械较少，所以施工建设主要依靠人工，鼎新大堤 2 万多施工群众主要来自鼎甲桥、后漾乡等乡镇，湖州 1500 多名驻军和县级机关 100 多名干部也轮流参加施工。在军民齐心努力下，鼎新段大堤于 12 月 18 日建成，土方工程量 50 万立方米，投工 25 万工日，比原计划提前 10 天完工。12 月 18 日，横山段大堤开工，横山乡 7000 余名群众以高度的责任感和极大的热情投入施工，许多人推迟婚期、缓建住房，就连在外务工的也回乡参与这项造福一方的工程。全国"三八红旗手"王雪英和省青年抗洪抢险先进个人蒋水琴带领蒋家墩村 90 余名妇女，创造了人均挑土 1.5 立方米的纪录。12 月的天气，刺骨寒冷，即使在天降大雪的情况下，横山乡群众们仍然坚持施工，保质保量完成填筑任务。1992 年 1 月 4 日，横山段大堤建成，共填筑土方 14 万立方米。鼎新段和横山段的护坡挡墙砌筑工程由县水利工程队等 6 个单位承包施工，于同年 4 月底全部完成。

1992 年 10 月，环湖大堤第二期工程开工，29 个乡镇的 10 万群众安营扎寨于太湖边，以区、乡为基本施工单位，开始了大堤施工的大会战。在大会战中，各乡镇、各部门分工协作，为工程建设创造了良好条件。为解决群众住宿问题，太湖沿岸横山、鸿桥、新塘、夹浦四个乡镇腾出住房 7536 间，商业供销部门增设生产和生活资料供应点 8 个，邮电部门安装电话机 9 部，供电部门借用、新增变压器 28 台，卫生、公安、交通等各部门均投入力量支持大堤施工。县水利农机局抽调 30 余名工程技术人员上工地对各乡镇的 300 名农村施工员进行技术培训，以确保施工质量。施工期间，时任浙江省副省长许行贯和省水利厅领导先后 5 次来到环湖大堤，和群众一起参加劳动。各机关事业单位领导和干部，也轮流参加劳动，尤其是各区、乡镇的干部，除值班外，吃住都在工地，承担着协调指挥的重任。

1993 年 6 月，在全县 13 万干部、群众的共同奋战下，环湖大堤工程（长兴段）土方工程基本完成，累计完成土石方 393.3 万立方米，其中浆砌块石 4.07 万立方米，总投资 3621.5 万元，同时成立了长兴县太湖水利工程综合开发管理局。土方工程结束后，大堤护岸砌石及沿线涵、闸、桥等配套工程投入建设。1998 年 4 月，砌石护坡工程完工；2003 年 2 月，各河道入太湖口涵、闸等工程完工；2004 年 12 月，堤顶公路建设完工；2005 年 12 月，沿线桥梁建设工程完工；2006 年 10 月，环湖大堤工程（长兴段）竣工验收通过。整个工程完成直立挡墙砌筑 34.3 公里，新建 4 米水闸 4 座、涵闸 11 座、公路桥梁 11 座，大堤堤顶公路全线贯通，完成大堤外侧抛石护岸 19 万立方米、大堤全线绿化 22 万株，共完成投资 1.26 亿元。

（三）工程影响

环湖大堤工程（长兴段）建成后，结束了太湖南岸"有岸无堤"的历史，增强了长兴及太湖流域抵御洪旱灾害的能力。太湖大堤工程有效地发挥了太湖调蓄洪水的作用，与望虞河、太浦河等其他治太骨干工程形成流域较完整的防洪体系，对充分利用太湖流域水资源及发展航运都具有重要作用。环湖大堤工程（长兴段）的建设，是长兴治水历史上辉煌的一笔，堪称十几万人肩挑手提创造的奇迹。工程建设中长兴人民所表现出的"团结协作、顾全大局、大干苦干、为民造福"的水利精神，也必将载入史册。

二、圩区整治

长兴的圩区主要是指东部滨湖地区，历史上的圩区大多是自然形成的，规模小，堤防标准低，中华人民共和国成立后经过不断改造，标准逐步提高。20世纪80年代的圩区整治主要是土方工程，1991年我国加大太湖流域综合治理力度，长兴县平原圩区整治作为配套项目纳入其中。1991年12月，水利厅批复长兴县1991—1993年中格局圩区整治规划，这是长兴第一批圩区整治项目。这次整治的区域涉及长兴太湖沿岸9个乡镇，大多地势低洼，田面高程只有2.9～4.2米，排水不畅，常受涝灾，尤其是1991年遭遇太湖高水位，损失惨重，广大群众迫切要求治理。

圩区整治任务下达时，正是环湖大堤工程上马之时，很多水利技术力量投入到环湖大堤工程中去了，因此，圩区整治工程实际到1992年环湖大堤工程大会战结束后才大面积开始。工程组织者和建设者们克服了重重困难，至1994年，整个圩区整治工程基本完成。这次圩区整治共完成中格局11片、小格局3片，治理面积11.2580万亩。新建6米单闸1座、5米单闸3座、3～4米单闸45座，改建3～4米单闸24座，新建排灌站44座2678千瓦，改建排灌站91座1371.6千瓦，新筑护岸12.5公里，还建造了农桥涵洞、渡槽、倒水吸等水利工程，投入劳动积累工236.5万工，加高加固外河圩堤240.7公里，共完成土方207.6万立方米。这次圩区整治共完成建筑物总投资2302.43万元，其中省级资金1042.4万元，县配套341.8万元，乡镇、村和群众自筹918.23万元❶。

特殊的自然环境和地理位置，决定了长兴的圩区整治必须持续进行，不断提升圩区防洪能力，保障农业生产安全。2000年经省水利厅批准2793.3公顷中格局圩区改造项目投入实施，共7片，整个项目于2004年完成，共投入资金1314.9万元❷。"十一五""十二五"期间，长兴中格局圩区改造共有12个项目，通过持续的圩区整治，长兴区域水环境得以改善，粮食生产安全和区域防洪排涝能力得到明显提升。

---

❶ 《长兴县1991—1993年圩区整治工程竣工总结》，档案号：J096-001-197（001-00），长兴档案馆。

❷ 长兴县水利局：《长兴县水利志》（内部资料），第96页。

三、水环境综合治理

改革开放后，长兴实施了多项水环境综合治理工程，如河道清淤、水面保洁、生态河道建设等，使长兴的水环境有了较大改善。2007年，太湖爆发严重的蓝藻污染，造成江苏无锡全城自来水污染，党中央和国务院非常重视，会同太湖流域有关省（直辖市）召开了太湖流域水环境综合治理工作会议。为贯彻落实国务院关于太湖流域水环境综合治理工作会议精神，深入推进太湖流域水环境整治，改善长兴重点入湖河流水环境质量，长兴积极开展清水入湖行动。2008年，长兴相继出台《"清水入湖"二年行动总体实施方案》《"清水入湖"二年行动工业污染治理方案》《"清水入湖"二年行动污水管网建设方案》《"清水入湖"二年行动农业污染治理方案》《"清水入湖"二年行动河道清淤实施方案》5个方案，计划用两年时间全面改善4条主要入湖河流（夹浦港、长兴港、合溪港、杨家浦港）水质，使溶解氧（DO）、五日生化需氧量（BOD_5）、高锰酸盐指数（COD_{Mn}）、挥发酚、氨氮（NH_3-N）、总磷（TP）等6个污染物指标均能符合水功能区划要求。县政府成立"清水入湖行动"领导小组和办公室，负责全县水环境整治的组织协调，各乡镇（街道）、开发区和有关部门也相应成立了领导小组，并落实工作人员。由县政府对4条主要入湖河流分别明确一名县领导挂帅，牵头协调河道整治。具体的做法是：首先加大治污力度，对全县35家重点水污染企业限时安装监控设备，搬迁、关闭重点河流周边畜禽养殖场，取缔所有湖库网箱养殖，在中心城区和乡镇建成生活污水集中处理率达到80%以上的污水收集系统，在农村居民集中点建设人工湿地处理池；其次是全面开展河道清淤疏浚和河道生态修复，对长兴境内101条、114.861公里河道进行全面清淤，并进一步健全和完善水环境目标责任考核制，将组织水环境质量纳入各级领导干部考核的重要内容。经过全县上下的共同努力，2008年4条河流达标率达到75%，2009年达到85%，2010年实现全面达标。

第五节　水利管理的深化与规范

我国自古就有重视水利事业的传统，历代都设有专门的水利管理机构，颁布大量有关河渠、灌溉的法律法规。中华人民共和国成立后，我国开始对每年的水利工作实行计划安排。改革开放以来，水利管理进一步深化与规范，长兴的水利管理也在规划计划管理、水利综合经营、农村饮用水管理等方面不断推进，管理体制更加高效，管理手段也进一步丰富。

一、规划计划管理

水利规划计划是防治水害、合理开发利用水资源、管理水利工程的重要基础工作，浙江省一向重视水利规划计划的制定和实施。自1953年起，浙江就开始编制水利规划计划，制定完成浦阳江等流域规划、浙江省农业用水等专项规划。1989年，省水利厅发布《关于加强水利规划工作的意见》，首次明确水利规划的基础和重要地位。1996年，浙江省被列入全国水利规划试点省，是年召开全省第一次水利规划工作会议，对浙江省水利规划编制和审批管理意见进行修改，并将水利建设资金纳入同步审计。2001年，《浙江省水利规划管理暂行办法》出台，正式奠定浙江省水利规划的管理基础，规范指导规划工作[1]。

在浙江省对水利规划计划高度重视下，1983年，长兴县就在湖州地区水利水电勘测设计室技术人员的组织下完成《长兴地区水利规划阶段报告》。同年8月，《长兴县水利综合经营规划（1989—2000）》编制完成，成为一段时期内长兴水利综合经营开展的基础性纲领。2000年，《长兴县城市防洪规划》发布。2001年，编制完成《长兴县水土保持生态环境建设规划》，于次年获县人民政府批准通过。2003年，出台《长兴县泗安塘一期拓浚工程规划》《浙江省"千库保安"工程长兴县专项规划综合报告》。"十五""十一五"期间，长兴制定了水利发展规划，同时出台《长兴县城乡饮用水安全保障规划》《长兴县水域保护规划报告》等专项规划。经过多年的发展，长兴形成了综合规划和专业、专项规划相协调的水利规划体系，有力地指导着长兴水利事业的健康发展。

二、水利综合经营

早在1979年2月，时任浙江省委书记、省革委会副主任李丰平就指出，要把水库办成生产基地，办成一个企业。同年4月，省水利厅在嵊县南山水库召开全省水利管理会议，传达了该精神。1981年5月，水利部召开全国水利管理会议，要求今后各级水利部门必须把工作的着重点转移到工程管理上来，提出了"三查三定"的工作要求，即查安全、定标准；查效益，定措施；查综合经营、定发展规划[2]。浙江省的水利工作贯彻中央"加强经营管理，讲究经济效益"的工作方针，进行了一系列整顿、改革。

1981年，根据水利部统一部署，全省水利管理单位开展"三查三定"工作，把"查综合经营、定发展计划"列为工作之一。1982年3月，省政府批转了1981年12月的《全省水利会议纪要》，要求"各个水利管理单位在保证工程安

---

[1] 徐有成等编：《浙江通志·水利志》，杭州：浙江人民出版社，2020年，第844页。
[2] 徐有成等编：《浙江通志·水利志》，杭州：浙江人民出版社，2020年，第918页。

全的前提下，要充分挖掘人员和设备的潜力，合理利用水土资源，进一步扩大防洪、排涝、灌溉、发电等作用，搞好养鱼、种植、畜牧、加工等多种经营，使现有水利设施在生产建设中发挥更大的经济效益"。

在这种精神的指引下，长兴县从 1980 年开始，首先在小（1）型以上的水库开展综合经营。全县 8 座小（1）型以上水库中，有 6 座因地制宜开展多种形式的综合经营。要兴办各种经营业务，首先碰到的难题是资金，开办资金大多由水库及水库所在地的政府协调解决。如二界岭水库于 1984 年开办酒厂和花木场。开办酒厂的总投资 16 万元是由乡政府牵头，二界岭水库与乡供销合作社合资联办的，双方签订了经济合同，投资和利润各一半❶。虽然水库综合经营是个新课题，但改变了过去水库坐吃山空的经济状况，也调动起了水库职工的积极性，因此，大多开办的经济实体都取得了较好的经济效益。如综合经营较好的周吴水库，开展了发电、养鱼、种植等经营业务。自 1983 年开始，周吴水库电站试行承包制，通过一年试行，发电量增加了 6.7 万千瓦时，水的利用率提高33％，一年收入达 7690 元。库内养鱼面积 273 亩，年产鱼 2.5 吨，利用平整后的建库取土场与开出的荒地 99.38 亩，种植青梅、茶叶、泡桐、香樟、杉树等经济作物，此外，还办了茶叶加工厂和自来水厂。至 1990 年，全县水库综合经营承包收入达 10.7 万元，比 1981 年的 5.46 万元增长 96％❷。圩区的综合经营主要在大圩范围内开展。主要的项目有开办水利石矿、养鱼、开发滩涂种桑等，经过多年经营，大多数圩区都能做到以圩养圩。

1984 年，水利电力部提出水利工程管理单位发展综合经营，以水为主，水、农、工、商、游都可以办。同年，浙江省水利综合经营公司成立。根据上述精神，长兴县于当年 9 月成立水利机电综合服务公司，主要经营水利物资、建筑材料、农机及农机配件产品，年盈利 15 万元。公司至 1990 年有固定资产 33.04万元，流动资金 21.9 万元，年上缴国家税金近 6.7 万元，年纯利润 10.5万元❸。

三、农村饮用水管理

进入 21 世纪后，浙江农村经济快速发展，农民生活水平普遍提高，但农村饮用水设施建设相对滞后，平原污染型缺水、山区工程型缺水和海岛资源型缺

---

❶　《利用水库水土资源　积极开展综合经营——长兴二界岭水库》，档案号：J096－001－075（015－017），长兴档案馆。

❷　《长兴县水利志》编纂委员会：《长兴县水利志》，北京：中国大百科全书出版社，1996 年，第239 页。

❸　《长兴县水利志》编纂委员会：《长兴县水利志》，北京：中国大百科全书出版社，1996 年，第241 页。

水并存，农民饮用水问题突出。为切实解决农民饮用水问题，2003 年省水利厅决定在全省范围开展"千万农民饮用水工程"。

长兴从统筹城乡经济社会协调发展出发，将改善农村供水作为民生水利的重要内容。2003 年 4 月，长兴向省水利厅申报首个"千万农民饮用水工程"——长兴县林城镇农村饮用水工程，工程投资 1360 万元，林城镇 14 个行政村和 2 个居委会用上了自来水，新增受益用水户 10179 户，受益人口 41027 人❶。同年年底，长兴县作出全面实施区域供水工程的决策，成立长兴县区域供水和农村改水工作领导小组，出台《长兴县区域供水实施意见》，提出了农村改水的目标，把解决农村饮用水安全列入重要议事日程狠抓落实。2003—2012 年，长兴以民办公助和招商引资的形式新建农村水厂 10 家，至 2012 年年底，全县有 12 家农村供水企业投入运行，日供水规模 7.61 万立方米，180 个行政村受益，改善和解决 41 万多人口饮用水问题，其中农村人口 33 万多。2003—2009 年，长兴"千万农民饮用水工程"完成工程项目 17 个，共投入资金 14 158 万元❷。

长兴县"千万农民饮用水工程"采用民办公助、招商引资的形式投入建设。通过供水企业投资、用户集资、地方财政补助和申请省级补助的多元化投入机制解决了建设资金问题。这种投资模式和成效受到了省水利厅的高度重视，2005 年全省"千万农民饮用水工程"现场会在长兴县召开。2006 年，长兴县获省"大禹杯"千万农民饮用水工程单项奖。2008 年 3 月 28 日，《中国水利报》纪念"世界水日""中国水周"特别栏目把长兴县千万农民饮用水工程解决建设资金问题作为典型进行了报道，同年被省水利厅列为千万农民饮用水长效管理试点县。

农村饮用水工程的实施，解决了长兴大部分农村居民的饮水问题，带来巨大的经济效益、社会效益和生态效益。工程建成后，即使是在大旱之年，农民也不至因为旱情发生供水紧张和饮水困难，农村饮用水水质和卫生条件明显改善，有效遏制了霍乱、副伤寒等介水疾病的发生率。一些村镇利用供水工程在村镇街道周围、房前屋后植树、种花，美化环境，农民改灶、改厨、改厕，农村生活条件和生态环境也得到提升。至 2012 年，长兴县的农村饮用水工程大部分已建成，但偏远地区和山区的饮水问题仍然有待解决。农村饮用水涉及范围广，随着越来越多的工程投入运行，建后管理问题也变得日益突出，饮水安全是动态的，是一项不断推进、不断提高的长期任务。2010 年开始，根据省水利厅的统一安排，农村饮水工程由建设期走向管理期，"千万农民饮用水工程"告一段落，全省开始实施"农村饮水安全工程"。

---

❶　长兴县水利局：《长兴县水利志》（内部资料），第 16 页。

❷　长兴县水利局：《长兴县水利志》（内部资料），第 131 页。

第八章 新时代水利事业的高质量发展（2013—2022年）

党的十八大以来，党中央把生态文明建设摆在全局工作的突出位置，习近平总书记提出"节水优先、空间均衡、系统治理、两手发力"治水思路，重新审视人与水、人与自然的关系。2013年，浙江省委、省政府作出"五水共治"的决策部署，把生态文明建设纳入经济社会发展全局。长兴系统谋划，围绕"环太湖发展高地、长三角经济强县"的发展定位，积极践行"节水优先、空间均衡、系统治理、两手发力"治水思路，加快工程建设，深化重点改革，水利工作取得显著成效。河道整治、三大水系整治、圩区综合治理、山塘水库除险加固，使长兴防洪排涝能力得到进一步提升。实施最严格水资源管理制度，完成农村饮用水达标提标工程，节水型社会格局基本形成，长兴的水资源保障水平持续提高。苕溪清水入湖工程的实施、农村河道综合整治、"河长制"的深化，使长兴的水生态环境持续改善。水利工程三化改革、智慧水利建设、"最多跑一次"水利改革等体制机制探索，使长兴的水利治理能力得到系统提升。

第一节　新时代长兴治水的新思路和新格局

浙江是江南水乡，省域内河流众多、水系发达，因水而名、因水而生、因水而兴。浙江历届省委、省政府坚持"八八战略"、生态省建设等重大决定，一张蓝图绘到底，把生态文明建设纳入经济社会发展全局，在发展经济的同时，持续改善环境质量。党的十八大以来，尽管浙江进入经济社会发展的新阶段，但在水环境治理方面仍然存在不少深层矛盾，突出表现在水资源短缺和水生态环境恶化的形势非常严峻。全省降水量时空分布不均匀、水资源分布不平衡，全省总水资源量为930.90亿立方米，人均水资源量为1693.1立方米，低于世界公认的 1700 立方米的警戒线❶。在快速推进工业化和城市化的进程中，对水生态环境造成了不同程度的污染。2013 年，全省有 27 个省控地表水断面为劣Ⅴ类，32.6％的断面达不到功能区要求，八大水系均存在不同程度的污染❷。但长期以来，在治水体系中，水资源开发利用和水生态环境保护分属不同部门，头痛医头、脚痛医脚、各管一摊、相互掣肘，这种缺乏整体性和系统性的治水体系，严重影响了治水效果。

为解决"水乡之困"，2013 年年底，浙江省委、省政府作出治污水、防洪水、排涝水、保供水、抓节水"五水共治"的决策部署。"五水共治"总规划和各子规划相继出台，全省统一治水方向、目标和具体任务；在全省各市、县（市、区）层面制定联动规划或具体方案。按照"三年（2014—2016）解决突出问题，明显见效；五年（2014—2018）基本解决问题，全面改观；七年（2014—2020）基本不出问题，实现质变，决不把污泥浊水带入全面小康"的"三五七"时间表要求和"五水共治、治污先行"路线图，迅速向全省铺开，有序推进❷。

2014 年 3 月，习近平总书记在中央财经领导小组第五次会议上提出"节水优先、空间均衡、系统治理、两手发力"治水思路，这十六字治水思路立足当下我国水安全面临的严峻形势和复杂局面，提出治水应从改变自然、征服自然向调整人类行为转变，其中"节水优先"的核心是推动用水方式从粗放向集约、从浪费向节约转变，"空间均衡"的内涵是以水定需，即各地根据水资源承载能力来确定经济社会发展规模，"系统治理"要求对生态系统中以水为纽带的山水林田湖草等各要素协同治理，"两手发力"即政府与市场各司其职，各尽其责。

新时代长兴治水即以"节水优先、空间均衡、系统治理、两手发力"治水思路为基本指导思想，以全力推进"五水共治"为抓手，围绕长兴经济高速发展，深化水利改革，加强战略研究和系统谋划，为全县经济可持续发展提供坚实的水利支撑和保障。

进入新时代，长兴治水摒弃以往重视单个水利工程、将全县分区域治理的旧思路，打破政府为主、水利部门唱独角戏的旧机制，重点实施了苕溪清水入湖工程、苕溪清水入湖河道整治后续工程、环湖大堤后续工程、合溪新港中小河流治理工程、病险水库除险加固工程、圩区整治工程、农村饮水安全工程、泗安塘流域整治工程、小型农田水利工程、水生态治理工程等多项工程建设，深入推行防汛防台抗旱管理规范化、最严格水资源管理制度化、节约用水社会

---

❶　浙江省水利厅：《2013 年水资源公报》。
❷　彭佳学：《浙江"五水共治"的探索与实践》，《行政管理改革》，2018 年第 10 期。

管理常态化、水利投入体制机制多元化、水利工程建设管理市场化、水利工程运行管理标准化、涉水事务行政管理法制化、水利行业能力建设信息化等多项改革措施，构建起新时代长兴防洪减灾、水资源保障、水生态安全、水文化景观、水利管理能力五大体系。在全县干部群众和水利部门的共同努力下，长兴水利事业硕果累累，是全国生态文明建设示范区、全省首批践行"节水优先、空间均衡、系统治理、两手发力"治水思路先行示范城市、全省首批节水型社会建设验收县、全省水利工程标准化管理示范县，2017 年、2018 年连续夺取"大禹鼎"，"五水共治"满意度测评连续三年全市第一，多次荣获全省水利工作综合考核优秀县、湖州市水利综合考核一等奖等荣誉。

第二节　防洪减灾体系和农田水利建设

改革开放以来，长兴按照"上蓄、中固、下疏"的防汛思路，全面推进山塘水库除险加固、河道综合治理和标准堤防、小型农田基础设施等重点水利项目建设，全县的防洪减灾能力有了明显提升，但仍存在薄弱环节和突出问题：如防洪标准总体偏低，骨干防洪工程整体防洪标准不高，平原圩区设防标准较低，城镇防洪排涝设施建设明显滞后于经济发展；设施抗灾能力不强，一批水闸、泵站等设施，出现了老化、受损等情况；除险加固不够彻底，坝体渗漏水、启闭机损坏等现象较为严重，影响防洪减灾。新时期的长兴防洪减灾体系建设主要围绕水系整治、水库除险加固、基层防汛防台能力提升展开。

一、三大水系整治

西苕溪、泗安塘、合溪是长兴的骨干水系，2013 年以来，长兴围绕这三大水系，开展全面整治，增强长兴防洪减灾的基础支撑和保障能力。

西苕溪沿线历来是长兴重点防洪区域，由于上游集雨面积大，每逢发生较大强度降水，洪水来势凶猛，使西苕溪河水暴涨，造成灾害。对西苕溪及其沿线支流开展河道清淤和堤防加高加固，是沿线乡镇每年冬春修水利的重要内容之一。2012 年以后，西苕溪水系整治主要围绕苕溪清水入湖河道整治工程展开，该项目是国务院批准的太湖水环境治理工程项目之一，具体实施过程在后文有专门章节介绍，此处不再赘述。

泗安塘水系是长兴境内流经范围最广、涉及面积最大的一条水系，长兴境内流域面积为 510.5 平方公里，集雨面积为 726 平方公里。泗安塘流域综合治理工程是全省 16 个综合治理试点中小流域项目之一。2015 年 4 月，长兴县水利局委托浙江省水利水电勘测设计院编制《泗安塘流域综合治理规划》（以下简称《规划》），《规划》范围西至浙江省界，东滨太湖，北至长兴港，南至西苕溪，从安全、美丽、综合三个层面明确工程布局和综合管理要求。安全层面按照"上蓄、中防、下排"的防洪格局，开展病险水库除险加固、干支流整治、圩区达标整治提升。美丽层面以控制源头水土流失、保持水面线连续及河道绿化为目标，提出河道生态治理等工程措施。综合层面科学衔接水资源配置、航运、水文化景观开发的规划和需求，并明确主要控制指标和涉水事务综合管理要求。《规划》明确到2020 年，基本形成干支并举、洪涝兼治、决策科学、反应迅速的防洪减灾体系；形成格局更优、品质更好、刚性约束、节约高效的水资源保障体系；初步建成生态友好、环境优美、管控有力、良性循环的水生态环境保护体系。

　　泗安塘水系整治于 2015 年全面开工，最先整治的下游段当年完成堤防整治14.8 公里，投资 2400 万元。2016 年完成河道整治 10 公里，完成投资 4043 万元。2017 年，河道整治 15.8 公里，完成投资 7700 万元。截至 2020 年年底，共整治河道 40.6 公里，投资 4.2 亿元。2016 年 6 月 20 日，受冷暖气流的共同影响，长兴县出现罕见强降雨，导致长兴县遭遇超历史特大汛情，各河网水位快速上涨，特别是泗安塘天平桥站水位仅比 1999 年特大洪水水位低 0.15 米。全县16 个乡镇（街道、园区）都出现不同程度的内涝，泗安塘沿线多个圩斗堤防出现漫堤。在上游段的整治中，长兴创新水利项目建设运营模式，采取政府和社会资本合作的方式启动泗安塘流域综合治理 PPP 项目，项目采用 DBFOT（设计－建设－融资－运营－移交）的 PPP 项目运作方式，项目公司负责该项目的投资、设计、建设、运营、移交等全部工作内容，政府方负责对该项目实施监管并进行项目绩效评估。项目建设内容主要包括三方面：一是泗安塘干流整治河道 21.87 公里（泗安水库坝址至林城集镇）；二是泗安塘支流及小流域整治（包括潘家山港、汪家山港、清东涧、长潮涧、宿子岭涧、周吴涧）；三是沿线镇区低洼易涝区整治（包括泗安片、泗安南片、新丰片）。通过综合治理，泗安塘上游防洪标准提高到 20 年一遇。

　　合溪水系整治包括合溪新港中小河流整治和合溪涧整治工程，于 2015 年开工，2016 年年底基本完成。合溪新港河道总长 29.5 公里，流经全县 7 个乡镇（街道、园区），作为长兴一条重要河道，一直以来没有得到足够的重视和保护，河两岸水土流失严重，影响河道行洪能力。合溪新港中小河流整治工程共完成河道治理 8.1 公里，堤防加固 10 公里，总投资 5443 万元。合溪新港综合整治和生态绿化带来了周边水环境的改善，周边居民虽然住在河边，但以前洗菜、淘米都用自来水，因为河里的水太脏，综合整治后，不仅河里的水更干净了，而且政府浇筑了洗菜用的站台，方便了居民的生活。合溪涧治理分为两步：第一步完成合溪涧主涧治理 2.8 公里，堰坝 8 座。第二步修建合溪主涧护岸 2 公里，整治合溪支涧护岸 5 公里。合溪涧治理共投资 2600 万。合溪水系整治完成后，有效拦蓄合溪流域山区洪水，滞洪削峰，减轻太湖的防洪压力，提高长兴平原及城市防洪能力。

二、山塘水库除险加固

至 2020 年年底，长兴县境内建有大型水库 1 座、中型水库 3 座、小（1）型水库 6 座、小（2）型水库 25 座、山塘 165 座。除合溪水库外，其余水库和山塘大都建于 20 世纪中后期。2003 年 3 月，省水利厅下达《在全省实施水库千库保安工程建设若干意见》的通知，长兴县按照要求，在全县范围内全面开展水库"千库保安"工程建设，使全县的水库安全标准进一步提升。但小型水库和万立方米以上山塘仍存在不少安全隐患，2013 年以来，长兴将水库除险加固和山塘整治作为重点水利工程，并大力改革水库和山塘的运行管理体制，使其在防洪减灾体系中发挥最大效用。

2015—2020 年，长兴共完成迴龙山水库、泗安水库、西苧水库、东风苧水库、仰峰水库、六都水库、云野水库、海家冲水库等 8 座水库的除险加固工程，完成泗安镇、和平镇、煤山镇等地 61 座病险山塘的整治工程。水库除险加固和病险山塘整治共投资 2.9 亿元。水库除险加固工程主要针对大坝的防渗加固、溢洪道除险加固与改造、白蚁防治展开。如泗安水库于 2017 年进行了大坝加固、导流隧洞施工、大坝土方填筑、泄洪槽底板浇筑、防汛道路土方回填等工程。2018 年进行了主坝坝体、坝肩、坝基防渗加固，主坝上、下游护坡、背坡拼宽放坡及坝顶改造，泄洪闸拆除重建，非常溢洪道加固改造，增设大坝监测系统及水库标准化建设等工程。2019 年完成防汛道路铺装、景观苗木种植等扫尾工作，历时三年完成。

除进行硬件提升外，长兴不断深化水利工程管理体制改革，创新管理模式，加强建后长效管护，让水库和山塘从"重建轻管"逐渐转变成"重建强管"。2015 年 11 月，浙江省政府召开以全面推行水利工程标准化管理为主题的全省水利工作会议，印发《全面推进水利工程标准化管理的意见》，要求到 2020 年年底，全省大中型水利工程、1000 千瓦以上水电站、小型水库的标准化管理合格率达到 100%；"屋顶山塘"等其他重要小型水利工程基本达到标准化管理要求。至 2017 年，长兴大中型水库和小型水库共 35 座、山塘 7 座全部列入省级标准化管理名录，形成了山塘、水库标准化管理体系和运行管理机制。

通过小型水利工程建设与管理体制改革、水利工程标准化管理等工作，长兴的水利管理在明确工程管护责任主体、落实管护经费、规范管理制度等方面取得了一定成效，但水利工程重建设轻管理的局面尚未得到彻底解决，还存在一些短板问题。首先，工程权属不明晰，除县级直管工程是县级直接建设，权属清晰且有县级专职管理单位，其余农田水利建设涉及水利、财政、农业等多个部门补助资金、镇村配套资金，由不同部门分别牵头组织与实施，投入使用后工程权属不够清晰。其次，市场体系不够完善。长兴通过水利工程标准化管理创建，探索了"管养分离"的物业化管护模式，培育了物业化市场，但是物业管理队伍素质参差不齐，对水利工程打捆后多类别维修养护的综合能力不足，管理人员素质能力有待提高。第三，信息化水平不高。多年来，长兴通过水利工程标准化管理创建等工作，已建成各类水利管理应用平台（系统），但由于建设要求和标准不统一，存在建设交叉重复、信息孤岛、数据不全等现象，数据交换困难，达不到水利工程专业、智能管理的要求，数字化建设有待提升。针对以上问题，2018 年，根据省水利厅的统一部署，长兴开始对小型以上水库、5 万立方米以上山塘等水利设施实行"产权化、物业化、数字化"的"三化"改革。至 2020 年年底，长兴 35 座水库、165 座山塘均已完成确权颁证，实现水库山塘保护范围合法、产权明晰、管护主体明确。长兴在大中型水库"三个责任人"的基础上，增设了管理主体责任人和安全监管责任人。在小型水库和山塘管理中，建立乡镇（街道）辖区小型水库山塘集中管理试点，率先在林城等乡镇组织成立小型水库山塘管理所，管理所人员由乡镇水利员、外聘技术员、巡查员等组成，全面负责辖区内小型水库山塘日常管理、使用、维护、运行等工作。同时，建立"管养分离"的社会化、专业化小型水库山塘管护模式，以政府购买服务的方式，将小型水库、山塘委托给水利工程物业化管理公司，落实坝面除草保洁、库区绿化养护、启闭设施检修、金属结构保养和白蚁防治等工作，提升辖区内小型水库山塘管理水平。

三、基层防汛防台体系建设

浙江特殊的地理条件决定了防汛防台是一项长期性的任务，要切实抵抗洪水、台风等自然灾害，除加强水利基础设施建设、建立基层防汛防台体系外，在紧急时刻能将基层群众迅速动员起来、组织起来，是筑牢防汛防台基层防线的"最后一公里"。2013 年，浙江省人民政府防汛防台抗旱指挥部（以下简称"省防指"）下发《关于加快推进基层防汛防台体系规范化建设的意见》，要求各地按照《浙江省基层防汛防台体系规范化建设标准》，两年内达到"组织健全、责任落实、预案实用、预警及时、响应迅速、全民参与、救援有效、保障有力"的规范化要求。长兴于 2014 年启动基层防汛防台体系规范化建设工作，首先实行"县领导包乡、乡领导包村、村干部包户到人"，全面落实以行政首长负责制为核心的定人、定责、定岗的责任体系。明确水库山塘、河道堤防等各类水利设施的防汛责任人，确保责任无缝对接。同时，将全县各类防汛责任人按要求在省基层防汛体系信息管理系统更新入库，做到基层防汛责任人"动态管理"。其次，组织行政村（居、社区）开展村级防汛防台形势图的修编完善工作，细化防汛网格，进一步明确危险区域、转移对象、转移责任人、转移路线、避灾安置地点等，实现村级防汛预案的"图表化"，增强实用性和可操作性，并在山洪危险区、地质灾害风险防范区安装应急广播，确保及时准确发布自然灾害预警信息。第三，以村（居、社区）基层干部民兵为主，志愿者为辅，建立县域"第一响应人"应急体系，深化军地抢险救灾协调联动机制，全面提升抢险救援能力。通过基层防汛防台体系"巩固、规范、加强、提升"工作，实现基层体系建设常态化，提升"乡自为战""村自为战"的基层防汛能力、公众自救能力，最大程度减少洪涝台灾害给人民群众造成的生命财产损失。

2021年，省防指发布《关于开展基层防汛防台体系标准化建设的意见》，要求各地要加快形成防汛防台上下贯通、县乡一体的整体格局，不断提高防范化解重大风险能力和防汛防台救灾整体能力。长兴建立了由乡镇（街道、园区）防指统一领导，各条线分工负责的"1＋X"责任体系和专业协调落实机制，同时加强考核机制建设，将基层防汛防台体系标准化建设工作纳入乡镇（街道、园区）"月晒季考"，细化考核标准，健全问责机制。多层次推进应急救援队伍社会化、专业化。在城镇建成区、工业园区全面建成"135快速救援圈"，在城郊和人口相对密集的农村，推进区域应急救援站点建设，全面建设"15分钟快速响应救援圈"。组织基层防汛防台队伍利用周一夜校等集体活动学习防汛知识，强化专业能力。同时，建立基层防汛防台网格。划分以"圩区"为单元的防汛防台网格，成立"圩管会"，统筹管理圩区、圩堤、水闸、泵站等水利工程，实现"圩自为战，村自为战，人自为战"。通过这些措施，打造基层防汛防台体系标准化建设的"长兴模式"。

四、农田水利设施提档升级

水利是农业的根本命脉。长兴的农田主要集中在平原圩区，2013年以后，长兴县平原地区田间水利配套工程建设进一步加快，圩区治理项目已不仅仅是水利部门的工作范围，国土部门和农业综合办公室也参与其中，完成了一大批圩区治理工程。2014年9月，长兴县申报第六批中央财政小型农田水利重点县建设项目，10月正式批准立项，实施年限为2014—2016年。2015年调查全县圩圩有241只，其中1000亩以上圩圩122只，涉及面积4.5766万公顷。2015年长兴县制定《农田水利建设三年行动计划（2015—2017年）》，将三大水系整治、重点工程项目、水利行业能力建设等都纳入到三年行动计划中。从2015年至2020年，长兴稳步推进农田水利建设，加速推动农田水利设施提档升级，通过了第六批中央财政小型农田水利重点县验收项目，完成了圩区整治、排灌设施建设、高标准农田建设、农业综合开发等重要工程，使全县的农田水利设施得到明显提升。

小型农田水利重点县建设项目共完成山塘整治56座、灌区改造20处、小型排水工程 11 处、小型蓄水堰坝工程 9 处、高效节水灌溉面积 2680 亩，完成投资 9993 万元❶。圩区改造内容包括新建（改建）圩区内闸站、泵站、排涝站、沿山渠道、管理房及防汛仓库、加高加固圩区堤防等。为适应圩区整治中出现的新形势和新问题，省水利厅在总结近五年来圩区治理经验的基础上，结合各地圩区治理的需求和迫切性，根据 2010 年发布的《浙江省杭嘉湖圩区整治规划》，编制了《浙江省杭嘉湖圩区整治"十三五"规划》。长兴县纳入"十三五"规划启动整治的圩区有 6 片：长城联合圩（和平镇）、新塘联合圩（太湖街道、洪桥镇）、黄巢联合圩（泗安镇、林城镇）、姚洪圩（林城镇）、管隶圩（泗安镇）、龙丛圩（虹星桥镇）。2015—2020 年，长兴共完成圩区整治 20.86 万亩，投入资金 3.24 亿元。

第三节　太　湖　治　理

一、苕溪清水入湖河道整治工程

2007 年 5 月底，太湖蓝藻事件的发生引起社会广泛关注。2008 年，由国家发展改革委牵头国务院相关部门，与江苏、浙江、上海两省一直辖市人民政府共同编制了《太湖流域水环境综合治理总体方案》。依据这一方案，2008 年年底，省有关部门编制完成水环境综合治理方案，提出实施改善太湖流域水环境的五大重点水利工程（包括太嘉河工程、平湖塘延伸拓浚工程、杭嘉湖地区环湖河道整治工程、扩大杭嘉湖南排工程、苕溪清水入湖河道整治工程），苕溪清水入湖河道整治工程旨在减少进入太湖的污染负荷，改善太湖流域的水环境状况，提升苕溪流域和长兴平原的防洪排涝能力，实现"水畅其流、清洁入湖"，是一项重大的综合性民生工程。

苕溪清水入湖河道整治工程由西苕溪、东苕溪、长兴港和杨家浦港四条河道整治工程组成，涉及河道总长 200 余公里。从 2009 年开始，前期工作由湖州市水利局牵头，按照统一规划、统一设计、统一报批的程序进行。2012 年 12 月，长兴县成立苕溪清水入湖河道整治工程建设领导小组，专门负责苕溪清水入湖河道整治工作。

苕溪清水入湖河道整治工程（长兴段）是长兴历史上规模最大、投入最多的一项水利工程项目，共整治河道 61.2 公里，新建及拆除桥梁 50 座，加高加固及新建堤防 113.1 公里，新建泵站 25 座、节制闸 23 座、灌溉机埠 172 座，

---

❶　《长兴县第六批中央财政小型农田水利重点县项目建设及资金管理年度工作总结》，长兴县水利局编：《长兴县水利工作年鉴》（2016）（内部资料），第 446 页。

工程累计完成投资 28.9 亿元。巨大的建设规模伴随着庞大的征拆项目，工程累计完成农房拆迁 1315 户、面积 26.2 万平方米，安置 3134 人；搬迁企事业单位 130 家、面积 10.2 万平方米；完成征地 5782.7 亩，搬迁坟墓 8270 座；搬迁各类输变电线路、光缆、电缆 586 余公里。

首先，通过苕溪清水入湖河道整治工程建设，沿线堤防得到加高加固，防洪标准由原来不足 20 年一遇提升到 20 年一遇、50 年一遇，保护耕田面积共计 58.1 万亩，保护人口 49.2 万人，苕溪流域及长兴平原汛期防大灾、抗大灾的综合能力进一步提高。特别是西苕溪清临斗段工程，成功抵御了 2016 年特大洪水侵袭，当地百姓生命和财产安全得到坚实保障。其次，交通条件得到有效改善。苕溪清水入湖河道整治工程对沿线桥梁进行了拆建，桥面由 2～3 米拓宽到 7 米以上，并对河道两岸 86 公里堤顶道路实施硬化，路面宽度由 1～2 米的土路改成 5 米的沥青路，彻底解决了沿线桥梁老旧损毁、道路狭窄、安全系数低等问题，改善了陆路交通条件，为沿线群众出行提供了便利。三是苕溪清水入湖河道整治工程为城乡人居环境治理保护作出了积极贡献。通过疏浚拓浚河道，大大减轻河道内源污染，提升水体自净能力，清洁和保护水质，真正实现清水入湖。堤防全线两侧实施了绿化工程，不仅利于水土保持、涵养水源，而且美化环境、净化空气，河道两岸成为不少群众散步、休闲的好去处。

二、苕溪清水入湖河道整治后续工程

苕溪清水入湖河道整治后续工程是在前期河道整治主体工程的基础上，进一步对苕溪流域主要河道开展的水环境改善和河道整治工程。工程建成后，将进一步完善太湖流域防洪工程布局，提高苕溪流域和长兴平原防洪排涝能力，改善太湖和区域水环境，有效巩固太湖水环境综合治理成果。早在 2015 年，苕溪清水入湖河道整治后续工程就开始进行可研编制等前期工作。2016 年，浙江省人民政府办公厅印发《关于深入推进"五水共治"、加快实施百项千亿防洪排涝工程的意见》，提出"全面加快 20 座大中型水库建设、全面加快五大江河干堤加固建设、全面加快五大平原骨干排涝工程建设、全面加快中心城区排涝工程建设"等未来五年浙江省深入推进"五水共治"、加快实施百项千亿防洪排涝工程的重点任务。苕溪清水入湖河道整治后续工程被列入百项千亿防洪排涝工程库，同时列入《浙江省水利发展"十三五"规划》。

苕溪清水入湖河道整治后续工程涉及湖州市市区、长兴县、安吉县和德清县等四地，其中长兴段的主要工程任务是整治合溪新港、横山港河道 26.8 公里，拆建桥梁 15 座、闸站 26 座，共涉及 6 个乡镇（街道、园区）、22 个行政村。工期预计 3 年。2021 年 7 月，长兴成立苕溪清水入湖河道整治后续工程建设指挥部，由县长沈志伟担任指挥长，县领导史会方、杨永章担任副指挥长，指挥部下设办公室，由县水利局局长钱学良兼任办公室主任，蔡良琪任常务副主任。洪桥镇、和平镇、小浦镇、龙山街道、太湖街道、太湖图影分别成立乡镇级指挥部，由行政主要领导担任指挥长，负责本辖区内的政策处理等相关工作。2021 年 9 月 28 日，苕溪清水入湖河道整治后续工程全面启动。项目总投资10.95 亿元，截至 2022 年 6 月，累计完成投资 4.108 亿元，完成总投资的37.5％。项目于 2021 年 9 月全面启动政策处理工作，至 2022 年 6 月，土地征收已完成，征用集体用地面积 1302.1 亩；项目涉及房屋拆迁 169 户，已完成房屋签约 163 户，腾空、拆除 162 户。项目涉及 6 块安置地均已完成审批。

三、环湖大堤后续工程

长兴县太湖大堤全长 34.3 公里，2007 年以来，长兴结合环太湖公路建设，完成了环湖大堤工程（长兴段）小梅口至夹浦段大堤加固建设，苏浙省界父子岭至夹浦 9.14 公里大堤没有整治。根据《太湖流域综合规划》《太湖流域防洪规划》，水利部将环湖大堤后续工程列为流域综合治理重点工程之一，同时将该工程列为太湖水环境综合治理骨干引排工程子项工程，列入国家 172 项重大节水供水工程名录。2015 年 10 月，水利部在上海召开太湖流域水环境综合治理水利工作协调小组第五次会议，会议要求浙江 2016 年完成环湖大堤后续工程的可研编制。可研报告由上海勘测设计研究院有限公司负责编制，2017 年省水利厅将《太湖流域环湖大堤（浙江段）后续工程可行性研究报告》（以下简称《可研报告》）报送水利部审查。5 月，水利部水利水电规划设计总院在湖州市召开该项目《可研报告》审查会。会后，设计单位根据会议讨论意见对《可研报告》进行了修改。11 月，水利部在北京召开会议对修改后的《可研报告》进行了复核。2018 年1 月，水利部水利水电规划设计总院召开会议对《可研报告》进行了审定，确定了工程内容。2020 年，《可研报告》获省发展改革委批复。2021 年 3 月，省发展改革委批复《环湖大堤（浙江段）后续工程初步设计》。批复的工程内容包括：一是对9.14 公里的环湖大堤进行加高加固，新建桥梁 1 座，建设沿线口门建筑物 13 处；二是对常丰涧、夹浦港、沉渎港等入湖河道进行综合整治，总长 16.57 公里；三是新（改）建常丰涧、夹浦港、沉渎港、合溪新港、长兴港、杨家浦港、张王塘港等沿线口门建筑物 123 座，重建桥梁 17 座。工期为 36 个月。

环湖大堤工程（长兴段）建成后，将使环湖大堤及口门控制建筑物防洪标准达到 100 年一遇；长兴县城防洪标准达到 50 年一遇；平原圩区、圬区防洪标准达到 20 年一遇；其他农业耕作区防洪标准达到 10～20 年一遇，显著提高流域和区域防洪排涝能力。同时，可改善流域水环境，并为长兴融入长三角、长江经济带发挥积极作用。

第四节 农村饮水工程

　　2010年省水利厅启动农村饮水安全工程，通过主动对接、积极协调，2011年长兴成立农村饮用水管理办公室，明确了对农村饮用水工程的管理主体。2014年，长兴完成小浦水厂农村饮水管网延伸工程和水口永清水厂农村饮水管网延伸工程两个项目，总投资1739万元。小浦水厂农村饮水管网延伸工程主要建设无负压加压泵站2座、铺设PE160-315输配水管道16公里，解决了小浦镇方一村、潘礼南村、方岩村、大卡口村及光耀村5个行政村共11684人的饮水安全问题。水口永清水厂农村饮水管网延伸工程主要建设泵站2座、铺设PE100-315输水管道22.85公里，解决了夹浦镇父子岭、香山、北川和水口龙山、金山、顾渚、江排7个行政村13316人的饮水安全问题。2015—2017年，共改善农村20万人口的饮水条件，其中2015年8.12万人，2016年6.61万人，2017年5.27万人。县农村饮用水管理办公室加强与建设、环保等部门的协调，通过实施管网延伸工程、联村供水工程、管网改造工程、开拓水源工程、完善净化消毒设施等措施，进一步优化农村供水格局，确保农村安全饮水工程发挥更大的效益。

　　2018年省水利厅开始实施《浙江省农村饮用水达标提标行动计划（2018—2020）》，达标提标计划聚焦"城乡同质、县级统管"核心任务，计划通过三年在全国率先基本实现"城乡同质饮水"目标。对标农村饮用水达标提标专项行动的新要求，长兴的农村饮用水安全建设还存在明显短板，如山区乡镇村级供水保证率及饮水安全得不到保障等。面对这一现状，长兴出台《农村饮用水达标提标行动实施方案（2018—2020年）》，明确到2020年，完成5.96万人农村饮用水达标提标建设任务（其中2018年提升受益人口3.45万人，2019年提升受益人口1.88万人，2020提升受益人口0.63万人），并全面建立健全农村饮用水县级统管长效管护机制，基本实现城乡同质饮水。明确目标后，长兴成立工作专班，加大工作力度，加快项目推进。至2020年4月项目完成，全县规模化供水企业管网覆盖农村人口达到51.6万人，占全县农村人口的96％；单村水站覆盖农村人口为2.3924万人，占全县农村人口的4％；全县达标提标人口覆盖率、水质达标率及水质自检率均达到100％。长兴在全省率先出台管理办法，成立统管机构，制定《长兴县农村饮水工程运行管理办法（试行）》，成立长兴县农村饮用水管理中心为县级统管机构，并在各有关乡镇建立管理站。除此之外，长兴积极探索建立专业化运维新模式。在全省范围内首先尝试将单村供水工程委托给专业化运维公司进行管理，同时，着手制定单村供水工程管护标准及考核办法，着力保障水站运维。

长兴的农村饮用水管理注重从源头治理，早在 2016 年，长兴就在全省率先完成农村饮用水源保护范围的划定，确定横岕水库、二界岭水库、青山水库、合溪北涧、周吴水库、合溪新港、和平水库、晓墅港、水口港、泗安水库、宿子岭水库、西苕溪等 12 个水源保护区。长兴通过系统治理、联防联治，持续改善水源保护地的水环境，引导广大群众自觉爱水、护水，确保水源保护地的水质符合国家标准。《长兴县农村饮水工程运行管理办法（试行）》出台后，长兴对全县日供水 200 吨以上工程水源地进行保护范围划定调整，并设立水源地保护和警示标识标牌；对日供水规模不足 200 吨且千人以下的供水水源，制定水源保护公约，按照"建成一处、设置一处"的原则将保护范围和水源保护公约标识牌落实到位，并将水源地的日常巡查检查落实到专业化管护中。

第五节 水资源管理与节水型社会创建

2012 年 2 月 15 日，《国务院关于实行最严格水资源管理制度的意见》发布，提出以水资源配置、节约和保护为重点，强化用水需求和用水过程管理，严格控制用水总量，全面提高用水效率，加快节水型社会建设，促进水资源可持续利用和经济发展方式转变等要求。同年 12 月 31 日，浙江省人民政府发布《关于实行最严格水资源管理制度 全面推进节水型社会建设的意见》，指出人多水少、水资源时空分布不均是浙江的基本水情，水资源短缺、水环境污染、水生态脆弱等问题已成为制约经济社会可持续发展的重要因素，要求建立覆盖全省各市、县（市、区）的"三条红线"（水资源开发利用控制红线、用水效率控制红线、水功能区限制纳污红线）控制指标体系和考核制度。到 2015 年年末，全省有三分之一的市、县（市、区）基本达到节水型社会建设标准，节水型社会格局基本形成，初步建立最严格水资源管理制度。

长兴水资源分区主要分为乌溪片、箬溪片、泗安塘片、长兴平原和南片，本地自产水的主要补给来源为降水，按降水特性大致可分为梅汛、台汛和非汛期三期，4 月 15 日至 10 月 15 日为汛期，其余月份作为非汛期，汛期降水量约占全年降水量的 70%，从空间分布来看降水量趋势为自西北向东随地势的降低而逐渐减少。长兴多年平均降水量为 1347.7 毫米，多年平均水资源量为 8.84 亿立方米，人均水资源占有量 1426 立方米，低于全国（2200 立方米）、全省（2100 立方米）平均水平。随着人口增长和经济社会的快速发展，水污染严重、水资源不足的状况成为制约长兴经济社会发展的重要因素。2013 年，长兴成立节水型社会建设工作领导小组，相继出台《长兴县关于实行最严格水资源管理制度 全面推进节水型社会建设的实施意见》（以下简称《实施意见》）、《长兴县实行最严格水资源管理制度考核暂行办法的通知》，编制完成《长兴县节水型社会建设工作方案》。

在最严格水资源管理制度出台之前，企业取水、用水没有计划，普遍存在水资源浪费、粗放式管理等问题，《实施意见》出台后，水利部门每年按照确定的水量分配方案制订年度用水计划，对取用水总量已达到或超过总量控制指标的区域暂停审批建设项目新增取水；对取用水总量接近控制指标的区域限制审批建设项目新增取水。《实施意见》出台后，企业在用水时，首先要申请取水许可。取得许可后，由县水利局根据本县年度用水总量控制指标、用水定额以及取水户近三年实际用水情况，对各企业取水计划进行初步核定，提出"年度取水计划建议表"，并反馈给取水户；取水户根据水利部门所定的计划，对核定数据有异议的，可以提供相关证明并反馈给水利部门；水利部门结合取水户反馈，在与取水户充分沟通的基础上初步核定年度取水计划；最后，水利部门将核定的年度取水计划下达给取水户，并在网站进行公示。取水户超过取水计划量取水的部分，其水资源费按照超计划累进加价制度征收，对全县规模以上的用水企业均安装取水在线监控系统。2013—2016 年，全县累计发放取水许可证 55件，全县 5 万立方米以上取水户取水在线监控设备实现全覆盖，全县共征收水资源费 2593.46 万元。进一步完善计量与收费监督制度，强化水资源费征收管理，加大对拖交、欠交水资源费的催缴力度，对拒不缴纳水资源费的单位申请法院强制执行。

除通过行政手段推进企业计划用水，达到节约用水的目的外，长兴通过推行工农业生产节水、引入市场机制等手段推进节水型社会建设。首先，引导企业开展"中水回用"建设。"中水回用"即企业将工业废水经过深度技术处理，去除各种杂质和有毒、有害物质，达到国家规定的杂用水标准并用于企业生产。通过实施倒逼机制、价格机制、激励机制、监管机制、协调机制等多种手段引导，实施了长兴浙能电厂二期、长兴夹浦印染行业废水预处理项目等重点建设项目。至 2016 年全县已建设中水回用工程 24 个，形成 21.6 万吨每日的回用水能力。通过内部回用和外部回用相结合，县域内铅蓄电池基本做到零排放，年处理再用废水 25 万吨，印染行业 7.2 万台喷水织机废水纳管全覆盖，中水回用率达 71%。其次，围绕工业布局转变，通过淘汰印染、化工、造纸等高耗水高污染行业，以及加大成长型、科技型企业扶持力度等措施，分步有序推进工业节水，先后改造提升印染行业企业 12 家、化工行业企业 6 家；关停化工企业 3家及造纸生产线 1 条；完成 13 家重点工业企业的水平衡测试工作。同时，对浙江天能等 45 家企业开展清洁生产审核，完成省级节水型企业 22 家，推动工业领域生产节水，助推工业转型升级。第三，加快节水农业建设。将传统的三面光渠道灌溉改造为低压管道供水，不仅节约土地，还大大提高水的利用率，减少水在灌溉途中的损失，节约了水资源。第四，探索用水单位"合同能源管理"。引入市场机制，长兴县华盛高级中学在全省率先开展合同节水管理，通过与第三方合作，对单位的供水管网、节水器具、计量设施进行更新改造，建设节水监管平台，以契约形式约定节能目标，实现节能利润分享。项目实施以来，学校实现年节水 8.7 万吨，人均年节水量 21 吨，节约水费 16.6 万元，综合节水率达到 49.5%。至 2016 年全县通过"合同能源管理"进行节水的单位已经有 5 家，预计年节水 30 万吨。第五，注重节水宣传教育。深入各用水大户企业、学校、医院、社区、农业种植大户等，开展节水主题征集、节水知识竞赛、节水宣传进社区等形式多样的节水宣传教育活动。以提高青少年节水意识作为宣传教育的重点，在县教育局的密切配合下，投资 20 多万元，在李家巷镇中心小学建立节水宣传教育基地。

在省级节水型社会创建县的三年建设期内，长兴通过机制创新、技术革新和监督管理，不断规范用水行为，提升全社会的节水意识，节水型社会建设取得了显著成效。2015 年成功创建浙江省第一批节水型社会县，同年省水利厅、省人社厅通报表扬县水利局为最严格水资源管理先进集体。

2016 年，长兴继续实施最严格水资源管理，成效显著。与 2010 年相比，重要指标数据实现了"两个下降三个提升"：万元 GDP 用水量下降 47.8%，万元工业增加用水量下降 29.5%；农田灌溉水有效利用系数提升 3.8%，重点江河湖泊功能区水质达标率提升 15.3%，节水灌溉工程面积率提升 40%。2018 年，长兴成功创建节水型社会国家达标县，多次在省级会议上作水资源管理工作经验交流，成为全省标杆。2019 年，长兴争取到湖州市唯一的国家用水统计调查制度试点县、浙江省水资源强监管综合改革创新试点县、水资源数字化转型试点县三项试点。面对机遇，长兴锐意进取，进一步推进涉水审批改革，从"最多跑一次"到"跑零次"，全部涉水 68 项政务服务审批事项 100% 达到跑零次；依托"互联网＋政务服务"新模式，借力"浙里办"App，100% 实现"一网通办"和掌上办，电子化归档率也在全省率先达到 100%。在全省率先开展取水检测系统提升改造工作，实现取水工程"三个一"标准化建设（一个取水口、一个公示牌、一个取水检测站）；打造了集数据中心、管理平台、安全测评、信息化服务于一体的县域水资源管理平台。

第六节　水环境综合整治

一、水环境综合治理

2012 年开工的苕溪清水入湖工程，通过疏浚拓浚河道，大大减轻河道内源污染，提升水体自净能力，清洁和保护水质，是长兴近年来最重要的水环境综合治理工程。2013 年开始，省委、省政府作出治污水、防洪水、排涝水、保供水、抓节水"五水共治"的决策部署，按照"五水共治、治污先行"的路线图，全省要在三年（2014—2016 年）解决突出问题，明显见效；五年（2014—2018 年）基本解决问题，全面改观；七年（2014—2020 年）基本不出问题，实现质变，决不把污泥浊水带入全面小康。长兴按照全省的时间表，结合长兴实际，开展了"清三河""剿灭劣Ⅴ类水"和"美丽河湖"创建等一系列治污行动，让垃圾河、黑河、臭河实现由"脏"到"净"的转变；全面消除劣Ⅴ类水体，实现由"净"到"清"的转变；夯实截污纳管等基础性工作，推进生态治水，实现从"清"到"美"的提升。

2013—2016 年，长兴先后出台《长兴县农村河道集中清淤实施方案》《长兴县第二阶段河道清淤工作方案》《长兴县第三阶段河道清淤及"断头河"治理工作方案》等河道清淤专项实施方案，共计完成河道清淤 1100 余公里。通过几年的河道集中清淤工作，长兴河道面貌明显提升，河道水环境质量改善明显。共计打通断头河 43 条、断头位置 63 处，疏通堵塞位置 29 处，有效沟通水系，河道水环境容量明显提升。由于前阶段一直采用"两头打断，中间抽干"的方式进行清淤，河中底泥腐质得以彻底清理，部分河道在河道清淤之后通过生态养鱼、生态浮床等辅助进一步净化水质，恢复河道自净能力，河道水质较清淤之前明显改善。结合河道清淤，部分乡镇对河道进行综合提升，在河道清淤的基础上修整了岸坡，绿化了河岸，共打造出县级生态河道 10 条、市级生态河道 2 条，其中泗安塘塘上泗安段还获评省级生态示范河道荣誉称号，长兴"河清、水秀、岸绿、景美"的河道新形象已经初步形成。

在大力进行河道清淤工程的同时，长兴出台《关于进一步落实"河长制"完善"清三河"长效机制的实施意见》，进一步完善河长的巡查制度，县级河长不少于半月 1 次，乡级河长不少于每旬 1 次，村级河长不少于每周 1 次。巡查的重点放在河道截污纳管、日常保洁是否到位，工业企业、畜禽养殖场、污水处理设施、服务行业企业等是否存在偷排、漏排及超标排放等环境违法行为，是否存在各类污水直排口、涉水违法建筑物、弃土弃渣、工业固废和危险废物等。同时，长兴创新机制，探索第三方专业运行维护管理模式，2016 年全面实现了农村生活污水治理设施专业化运维。建立健全村庄环境卫生长效保洁机制，到 2016 年农村生活垃圾分类减量处理基本完成。完善乡规民约，2015 年 9 月底前在河道两岸居住较为集中的村庄全面推广"护水公约"并纳入乡规民约。

2017 年，长兴出台《劣Ⅴ类水剿灭行动水利工作方案》，在前期河道集中清淤的基础上再扩大，对农村河道、池塘、沟渠、山塘水库、排渠等所有水体调摸检测，全面排查劣Ⅴ类水体。建立河道清淤轮疏机制，按照"合理处置，综合利用"的基本要求，科学处置淤泥，有的用来造田造地（矿坑填埋）、苗木绿化，有的用来堤防加固、租地肥田。通过清淤工作、排污口管理、河道保洁工作、生态配水工作，全面完成剿劣水利工作。

2018 年，长兴以省水利厅"浙北诗画江南水乡"定位为引领，全面启动"美丽河湖"建设。在《泗安塘流域综合治理规划》《合溪流域综合治理规划》《西苕溪流域（长兴南片）综合治理规划》3 个流域综合治理规划的基础上，长兴规划布局了"两带三区四片"的美丽河湖新格局，统筹谋划河湖系统治理和管理保护。"两带"即青山港生态旅游发展带、和平涧生态旅游观光带，"三区"即西部山区古村文化区、中部平原水乡田园文化区、东部太湖图影湿地养生休闲文化区，"四片"即八都古木片、红色江南片、紫茗飘香片、养生龙山片。整体推进全流域美丽河湖创建，全力打造"安全流畅、生态健康、水清景美"的美丽河湖。围绕总体布局，长兴大力推进城区骨干河道和农村生态河道建设，创建了一批生态河湖示范项目。至 2020 年，长兴水生态水环境持续改善，完成农村河道清淤 350 公里，池塘清淤 850 个，护岸建设 23 公里，河道保洁全面覆盖。对全县 1659 公里的河道实行长效保洁机制，重点水功能区水质达到或优于Ⅲ类水质标准，达标率连续保持 100%；集中式饮水水源地水质达标率达到 100%；县界河道交接断面水质达标率每年达到省、市考核要求。以西苕溪、合溪北涧、合溪新港、长兴港等河道为重点，高质量打造市级"美丽河湖"20 条，其中北横港、杨林涧、泗安塘上泗安段河道被评为省级"美丽河湖"，水文化景观体系逐步建立。

二、"河长制"的深化

2003 年，"河长制"首创于长兴，从一条河到全县所有的河道都由河长专职管理，让长兴的河流实现了从"没人管"到"有人管"，从"管不住"到"管得好"的历史转变。至 2012 年，长兴已累计推出河长 147 名。2013 年开始，根据治水工作需要，长兴制定出台《长兴县全面实行"河长制"实施方案》，将"河长制"由县、乡镇下沉到村、组，建立起县、乡镇、村、组四级河长管理模式。全县432 条河道，总计 1552 公里河道、64 775 亩水面，实现"河长制"全覆盖。另外，每条县级河长落实一名警长，县级以下河道按照派出所的管辖范围配备相应的警长，加强执法力量。通过设立河长公示牌、媒体公示等方式，及时向社会公布河长信息、河道信息以及河长职责，接受社会监督。对每一条县级河道均制定工作方案，实行"一河一策"，明确治理目标和推进计划，出台保障措施，乡镇及以下河道以乡镇（街道、园区）为单位编制"河长制"工作年度目标任务。2016 年起，根据全省河长制信息化系统建设要求，长兴也启动河长制信息化系统建设，按照统一规划、统一平台、统一接入、统一建设、统一维护的原则，各乡镇都配备专人负责信息采集工作。河长制信息化系统的建设，使河长的日常管理考核更加便捷高效，提升了长兴的河长制工作水平。尽管每条河都有了专门的河长，但光靠人力对全县1552公里的河道进行巡查，加之有些河道环境复杂，河道保洁仍然存在盲区。2016年11月，长兴启用无人机巡查，弥补人力的不足。相比陆地巡查和水上巡查，无人机巡查速度更快、覆盖范围更广，高科技手段的加入进一步优化长兴河道治理和水面保洁的方式，提升整体环境水平。从2016年以后，无人机巡查成为长兴河道管理常态化、规范化的重要手段。

2017年起，长兴将河长制的触角进一步延伸，在全面建立县、乡镇、村、组四级河长工作体系的基础上，将管理触角延伸到小微水体，根据不同形态水域分别设立片长、河长、塘长、渠长，实行立体化、网格式管理。除健全网络外，大力发动组织部、工会组织、共青团、妇联、民间组织等参与一线治水，形成"党员河长""青年河长""巾帼河长""红领巾河长""企业河长"等一批"民间河长"。"民间河长"的加入，不仅壮大了河长队伍，更重要的是，引导全社会共同关心河道治理，使护水、爱水的理念更加深入人心。引入"互联网＋治水"理念，为各级河长配发终端528台，河长巡河发现的问题，以"文字＋图片"形式上传至河长制信息化系统，再由平台管理员进行分类，将问题转至相关责任部门和乡镇（街道、园区），提高巡查治水效率。2018年5月，全国首家河长制展示馆在长兴完工。展馆展示面积630平方米，分为7个展区：一是门厅，主要通过视频介绍长兴县的基本情况；二是序厅，主要阐述建设展示馆的初衷和意义；三是长兴之水，从水思想、水环境、水历史、水文化四个方面阐述长兴首创河长制的基础和原因；四是探索的故事，将2003年至今长兴县15年河长制的实践历程予以阐述；五是实施方法，主要总结长兴在实施河长制工作中的各种做法和经验；六是攻坚克难，主要讲述各级河长围绕"五水共治"开展的各类治水工作；七是美丽长兴，从"水秀、景美、业兴、民富"4个方面阐述通过推行河长制、实施"五水共治"取得的成效。河长展示馆的建成，集中体现了长兴首创"河长制"以来实现"水秀、景美、业兴、民富"的社会意义，牢固树立了长兴作为全国河长制发源地和示范地的领先地位。

自2003年始创"河长制"以来，长兴不断探索、不断完善，为浙江省乃至全国的水环境治理提供了一条新路。2013年，省委、省政府决定在全省范围内全面推行河长制，并制定全国首部地方性法规——《浙江省河长制规定》，率先出台省级地方标准——《河（湖）长制工作规范》。2016—2021年，全省各地已累计建成443条省级美丽河湖，4000余公里滨水绿道串联起2600余处公园文化节点，全民乐享美丽河湖建设成果，浙江河湖长制工作也连续获得国务院表彰激励。2016年11月28日，中共中央办公厅、国务院办公厅印发《关于全面推行河长制的意见》，明确要求在2018年年底前全面建立河长制。2017年6月，河长制被写入《中华人民共和国水污染防治法》。2018 年 6 月底，全国 31 个省（自治区、直辖市）全面建立河长制。全面推行河长制是落实绿色发展理念、推进生态文明建设的内在要求，是解决中国复杂水问题、维护河湖健康生命的有效举措，是完善水治理体系、保障国家水安全的制度创新。2021 年，长兴县第十六届人大常委会第 39 次会议审议通过，以法定形式确定每年 11 月 28 日为长兴县"河长日"，这是在全国设立的首个法定"河长日"。"河长日"的设立，推动了河长制进一步向纵深发展，进一步调动各级河长发现问题、上报问题、监督问题的积极性。同时，有助于进一步打响河长制品牌，提升全民治水护水的氛围。

附录一

长兴县水利大事记

周代

周敬王六年至二十四年（前514—前496），吴王阖闾命其弟夫概筑城，于今长兴县西南开西湖，溉田3000顷。

周敬王二十五年至周元王三年（前495—前473），吴国伍子胥在今长兴县南开筑胥塘，越国范蠡在县西南境开筑蠡塘。

汉代

汉高祖六年（前201），汉高祖刘邦封从兄刘贾为荆王，辖地在西苕溪流域。相传荆王在今长兴县西筑塘，称荆塘。

西汉元始二年（2），吴人皋伯通在今长兴县东北筑塘，称皋塘。

三国时期

三国吴神凤元年（252），诸葛恪在今长兴县重修太湖堤。

三国吴永安年间（258—264），吴景帝孙休命筑青塘，由青塘门（在今吴兴）西至长兴县，称青塘，长数十里。

晋代

东晋太和至咸安年间（371—372），吴兴郡太守谢安于今长兴县南筑塘，称官塘，又称谢公塘。并于乌程县西开塘，称谢塘。

南朝时期

刘宋初年，疏浚城西西湖，溉田3000顷。

齐永明四年（486），李安民为吴兴郡太守，开泾（溇港），泄水入太湖，为六朝时六大水利工程之一。

唐代

大历五年（770），湖州刺史裴清奏荐金沙泉，与顾渚紫笋茶一同作贡。

贞元十三年（797），湖州刺史于頔治理长城县（今长兴县）西湖，灌田 2000 顷。

元和五年（810），苏州刺史王仲舒筑运河塘，"堤松江为路"，苏州、松陵（今江苏吴江）、平望连成陆路驿道，以便漕运，通称"吴江塘路"。对三吴水利构成重要影响，历代有争议。

元和八年（813），湖州刺史范传正、长城县令权达修复西湖。

五代吴越时期

吴越天宝八年（915），钱镠在太湖流域设都水营田司，专事水利，募卒七八千人，称"撩浅军"，分为四部。早则运水种田，涝则引水出田，立法完备。

吴越宝正七年（932），吴越王钱镠卒。钱镠以保境安民为国策，重视兴修水利，筑塘治湖，修堤浚河，开发塘浦圩田、纵浦通江、横塘分水，纵横成网，圩圩环水，排灌得宜，扶植农桑，使吴越富甲东南达百年之久。

宋代

北宋端拱年间（988—989），两浙转运使乔维岳为便利漕运，凡妨碍舟行之堤岸堰闸一概废除，以致洪涝加剧，塘浦圩田之制亦受影响而削弱。

北宋宝元二年（1039），知州事滕宗谅奏准建州学。胡瑗执教，经学治事并重，明体达用，教育有方，设立水利专科"水利斋"。庆历年间，宋廷取其法为太学之法，世称"湖学"。

北宋熙宁四年（1071），湖州刺史孙觉筑太湖石堤，以御湖水。

北宋熙宁六年（1073），於潜县令郏亶奏言太湖水利，即《吴门水利书》，十一月受命修两浙水利，不及一年而罢，改命中书检正沈括相度两浙水利及围田等工役。事后，沈括著《圩田五说》。

北宋元符三年（1100），诏令苏、湖、秀三州，凡开治运河、港浦、沟渎，修叠堤岸，开置斗门、水堰等，许役开江兵卒。

北宋政和元年（1111），诏令苏、湖、秀三州治水，创立圩岸，许给越州鉴湖租赋为其工费。

北宋宣和元年（1119），提举专切措置水利农田奏："浙西诸县各有陂湖、沟港、泾浜、湖泺，自来蓄水灌溉，及通舟楫，望令打量，官按其地名、丈尺、四至，并镌之石。"宋廷从之，翌年立浙西诸水则碑，后诸碑皆失。

南宋隆兴二年（1164），浙西大水，诏以势家围田，湮塞流水，命诸州守臣按视以闻。知湖州郑作肃奏请开围田，浚港渎。诏户部尚书朱夏卿措置。

南宋乾道五年（1169），置太湖撩湖军，专一管辖，不许人户包围堤岸、佃种茭菱等。

南宋淳熙八年（1181），禁浙西围田，但禁而不止，淳熙十年（1183），再禁浙西豪民围垦，凡围田区，立"诏令禁垦河湖碑"，其立禁碑1495立方米。

南宋淳熙十五年（1188），知湖州赵思委自访求州境太湖溇浦遗迹，开浚溇浦，不数月，水流通澈，远近获利。

南宋淳熙十六年（1189），浙西提举詹体仁开浚溇浦，补治闸门，为旱涝之备，数年之间，岁称丰稔。

南宋绍熙二年（1191），知湖州王回修治乌程溇港，桥闸覆柱皆易以石，其闸钥付近溇多田之家。并修改27溇名为"丰、登、稔、熟、康、宁、安、乐、瑞、庆、福、禧、和、裕、阜、通、惠、泽、吉、利、泰、兴、富、足、固、益、济"，每溇冠以"常"字。

南宋庆元二年（1196），工部尚书袁说友上奏："浙西围田相望，皆千百亩，陂塘溇渎悉为田畴，有水则无地可猪，有旱则无水可戽。不严禁之，后将益甚，无复稔岁矣。"翌年三月，再禁浙西围田，诏令凡淳熙十年（1183）立石之后所围之田，一律废之。

南宋开禧元年（1205），诏开两浙围田之禁，准许原主复围，招募两淮流民耕种，围湖为田之风盛行。

南宋嘉定八年（1215），诏令禁浙西围田。

元代

至元十五年（1278），疏浚金沙泉，溉田千亩。

大德二年（1298），立浙西都水庸田司，专主水利，大德七年（1303）废除。

大德八年（1304），设立江南行都水监，至大元年（1308）废除。

泰定元年（1324），左丞相朵儿只班监督疏浚湖州河道。

至正元年（1341），中书左丞钦察台行省浙江，再度提议设置都水监官，委任专员分治，未果。

至正十七年（1357），耿炳文攻取长兴，在占领长兴的十年期间，对长兴城池进行了改造。

元代，设巡检司于太湖沿岸的皋塘镇。

明代

洪武年间（1368—1398），设巡检司署，专管太湖溇港。乌程、长兴两县均有溇港管理制度，其工役每年拨 1000 户去淤泥，每溇置役夫 10 名，备铁钯、簸箕等工具。

洪武二十七年（1394），明廷下令，凡是陂塘、湖堰应潴蓄余水以备干旱，筑水利工程以防洪水，皆因地制宜大兴水利，派国子监生奔赴全国各地监督。

明代初年，里人黄通在长潮山修筑堰坝，人称黄公堰。

永乐初年（1403），户部尚书夏元吉在江南督治水患，于江南府县广设劝农官，其职责是治水防灾，保证农业生产。湖州府设置了水利通判一员，长兴县设置了治农县丞一员。

永乐二年（1404），长兴县丞张敏沿太湖修筑堤防。

正统六年至十三年（1441—1448），工部左侍郎周忱治理太湖。

天顺七年（1463），安吉州判官伍余福上陈《三吴水利论》，主张疏浚湖州所属 73 溇，使天目山之水畅泄太湖。

成化十年（1474），湖州水利通判李智以太湖溇港 38 溇淤塞，重加修浚。

弘治年间（1488—1505），工部都水司主事姚文灏提督浙西水利，著有《浙西水利书》。

弘治七年（1494），命侍郎徐贯与都御史何鑑经理浙西水利，开浚湖州溇港，又令浙江布政使参政周季麟修运河堤，并增缮湖州长兴太湖堤岸 70 余里。

弘治七年（1494），长兴县丞胡健疏浚溇港 34 条，于次年完成。

正德十六年（1521），疏浚湖州大钱、小梅等河道及溇港 72 条，上源下委蓄泄通畅。

嘉靖元年（1522），水利郎中颜如环督湖州同知徐鸾开浚大钱港及沿湖 72 溇。

万历三十四年（1606），长兴知县熊明遇募民夫 1500 名，开浚城内外河道。

清代

康熙八年（1669），长兴沿太湖新筑湖堤，34 溇港各有跨桥。

康熙十年（1671），长兴知县韩应恒和主簿郑世宁开浚城河，并疏浚各处沟渎。

康熙四十六年（1707），康熙特谕工部，查勘、兴修浙江省杭州、嘉兴、湖州等府县近太湖或通潮汐河渠之水利，或疏浚，或建闸，命工部速移文浙江督、抚确查明晰，报部议行。闽浙总督梁鼐、浙江巡抚王然奉谕会勘杭、嘉、湖三府河渠水口应疏浚建闸之处，绘图具报工部上奏，奉旨依行，委令温处道高其佩开浚三府河道，并建小闸 64 座。委令湖州知府章绍圣疏导沿太湖诸溇港，除大钱、小梅二港因通航不建闸外，其余各建小闸 1 座。

康熙四十七年（1708），长兴疏浚太湖溇港。

康熙年间（1683 前后），湖州人沈恺曾编撰《东南水利》八卷刊印，辑录康熙以来太湖治理奏议。

雍正三年（1725），湖州人郑元庆编撰古代水利百科全书《行水金鉴》，在扬州由傅泽洪刊刻。

雍正五年（1727），又令苏、松、常、镇、杭、嘉、湖地区疏浚河港，以资灌溉，修建闸座，以便启闭，其一应工费，俱动用库帑支给。

雍正七年（1729），湖州知府唐绍祖上奏朝廷，提出太湖治理方案，其中长兴需浚溇港23条，修湖边石塘1条；并列出具体施工计划。

雍正八年（1730），浙江总督李卫委湖州协守范宗尧、知府唐绍祖修太湖诸港之闸。

乾隆四年（1739），湖州知府胡承谋发民夫开浚府城内外河道。

乾隆八年至十三年（1743—1748），长兴县令谭绍基督率开浚长兴溇港。

乾隆十一年（1746），长兴县令谭肇基改革坍埂修筑规则。

乾隆十五年（1750），江苏吴县人金友理编撰《太湖备考》刊印，书中详细记述长兴溇港情况。

乾隆十七年（1752），闽浙总督杨廷璋、浙江巡抚熊学鹏会同湖州知府及乌程、长兴知县查勘沿湖溇港、奏请开浚，湖州知府李堂本檄开浚溇港64处及碧浪湖。

乾隆二十七年（1762），浙江巡抚熊学鹏奏请疏浚乌程、长兴溇港。湖州知府李堂奉檄开乌程、长兴溇港64处。

乾隆四十三年（1778），疏浚湖州溇港72处。

乾隆四十七年（1782），长兴知县龙度昭、准许武举沈龙标等呈请公捐，开浚城河。自西水关至清河关（通郡城及太湖）一律疏浚。

嘉庆元年（1796），湖州知府善庆开浚乌程、长兴溇港。长兴知县邢澍浚石塘港。

嘉庆八年（1803），长兴县邑士王鼎路、费倬重浚曲塘港。

道光四年（1824），上年，杭、嘉、湖淫雨，水患严重。礼科给事中朱为弼、御史郎葆辰、御史程邦宪先后上疏，奏请疏浚太湖下游河道及上游溇港。诏令两江总督孙玉庭、江苏巡抚韩文绮、浙江巡抚帅承瀛会勘。乌程乡绅凌介禧上陈《水利事宜十四条》《水利三大要利弊书》，浙江巡抚委派乍浦同知王凤生勘查太湖上游水利，凌介禧奉命陪同。王凤生纂《浙西水利备考》，于是年在杭州刊印。

道光五年（1825），乌程乡绅凌介禧上陈水利专著《东南水利略》及兴修水利方案《谨拟开河修塘事宜二十条以备采择》，开始大规模疏浚溇港、横塘。《东南水利略》于道光十三年（1833）刊印。

道光九年（1829），湖州知府吴其泰奉檄开浚乌程36溇港、长兴22溇及碧浪湖，并奉命制订《开浚溇港条议》，议定溇港开浚与管理事宜9项规定，每溇设闸夫4名，利用"公项存典生息，由府发归大钱司给予口粮"，报批实行。

道光三十年（1850），御史汪元方奏请查禁外来乡民在杭、嘉、湖三府山区搭棚开山、种植杂粮，致使水土流失，淤坏良田之事。

同治四年（1865），长兴知县庞立忠主持疏浚城河。

同治五年至八年（1866—1869），湖州士绅沈丙莹等禀请浙江巡抚马新贻筹款开浚乌程、长兴溇港29条，修闸12座，并疏浚北塘河。湖州知府杨荣绪制订《重浚溇港善后规约》。

同治九年（1870），乌程乡绅吴云、徐有珂上陈《重浚三十六溇议》，浙江巡抚杨昌济奉谕委湖州知府宗源瀚会同乌程、归安知县及士绅陆心源等查勘，议商开浚溇港事宜，是年11月动工。

同治十一年（1872），湖州府制订《溇港岁修条议》，奏报时更名为《溇港岁修章程十条》，向朝廷请示圣旨，落实岁修经费。湖州知府杨荣绪完成溇港开浚，共开浚9港、34溇，建新闸5座，筑石塘，土璃120丈，开浚碧浪湖东滩30段、西滩21段。

同治十三年（1874），知府宗源瀚主修、湖州人陆心源、周学浚等纂成《湖州府志》。集历代府志之大成、为湖州最后一部府志（今存），其中记述湖州水利甚详。

民国

民国元年（1912），长兴县成立县公署之后，设置四科，其中第二科管理财政、建设，水利事务由建设科负责。

民国2年（1913），浙江省临时议会通过《调查全浙水利决议案》，随后颁布了《调查浙江水利施行细则》。这是浙江省第一个全省性的水利规章。

民国3年（1914）1月8日，《全国水利局官制》中明确，中央设立全国水利局，直属国务院，掌办全国水利并沿岸辟垦事务。

民国4年（1915）3月，浙江水利委员会成立。民国十六年（1927）被裁撤。

民国6年（1917）9月21日，浙西水利议事会成立，筹划修浚各县水利事宜。

民国7年（1918），长兴县臧献廷等十数位公民联名向浙江省省长请愿，请求水利议事会迅速拨款疏浚夹浦港湖口，未果。

民国7年（1918）9月17日，浙西水利议事会应长兴县公民秦道本等士绅联名请愿，疏浚合溪乡河道，共拨款8500元。

民国7年（1918），长兴县政府对全县河道进行疏浚。

民国8年（1919），长兴县疏浚石塘港。长兴县境内出现租用苏南抽水机船为受灾农田排水之举。

民国 10 年（1921）7 月 8 日，在长兴雉城王宅（后移至西门外紫金桥）设立太湖流域长兴雨量站。

民国 16 年（1927）春，南京国民政府成立，改长兴县公署为县政府，水利事务改由县政府中的建设局管理，其中，水利事务是其主要事项。

民国 16 年（1927），浙西水利议事会疏浚长兴县城小西门及南门吊桥一带、丰乐桥下至转角、距城三里许之汪墩湾等三处河道。

民国 17 年（1928）8 月，浙西水利议事会进行改组，修正浙西议事会章程，议事会受省政府建设厅指挥监督，保管浙西水利经费，并建议浙西水利兴革事宜。

民国 18 年（1929）10 月，长兴县雉城西门外紫金桥设水位站。

民国 19 年（1930）1 月，设长兴夹浦水位站。

民国 19 年（1930）7 月，长兴县动工疏浚夹浦、花桥、福缘、芦圻 4 条溇港及福缘港涵洞和长湖塘河（吕山港至警水桥）。长湖塘河为长兴至吴兴主要河道，淤涨大，省政府委员会议决由浙西水利议事会下拨经费疏浚。

民国 20 年（1931）5 月，夹浦、花桥、福缘、芦圻 4 条溇港疏通完成。浙西水利议事会改组为浙江省第一区水利议事会。

民国 21 年（1932）3—11 月，长兴县疏浚五里桥河道，计土方 2.9 万立方米，耗银 1.21 万元。

民国 21 年（1932）5 月，长兴县政府颁布《长兴县堤塘修防规程施行细则》，由长兴县政府起草，经省政府批准施行，内有堤塘修防具体规定 31 条。这是长兴县第一个专门对堤塘修筑制定颁布的细则。同年，又制定了《长兴县补助各乡村水利工程经费规则》。

民国 22 年（1933）3 月 1 日，县动工疏浚箬溪宜春桥至五里桥河段，于 11 月完工。

民国 24 年（1935）5 月，省水利局根据长兴县及浙江省第一区水利议事会报告，派员测量长兴县和平港，并绘制疏浚图，于 8 月报省建设厅长。

民国 26 年（1937）春，浙江省第一区水利议事会奉命拨款疏浚长兴县和平港。

民国 27 年（1938），长兴县政府机构改组，建设局改称建设科，仍兼管水利工作。

民国 35 年（1946）9 月 6 日，成立长兴县水利委员会。10 月，水利委员会改组为水利协会。

民国 36 年（1947），疏浚泗安塘五里渡至泗安河段。县水利协会常委开会议决：疏浚县内太湖各溇港，上半年即开工。11 月 10 日至 12 月底，长兴县合溪镇、槐坎乡、林城镇、夹浦镇、和平镇、大巤乡、脊仓乡运用劳动服役与自筹经费办法，开展浚河筑堤、修坝等小型水利工程26处。

民国36年（1947），在县政府的主持下召开坍民大会，会议制定了《长兴县乡镇坍堤公约》。

民国37年（1948），2月20日至3月31日，长兴县新塘、虹溪、鼎新、鸿桥、横山、和平、吴山、畎桥、大巤9乡（镇）修72处，修闸19座。10月30日，县水利协会疏浚沉渎、花桥、鸡笼、琐家桥、庙桥、小沉渎6条溇港工程招标、水下土方及港口用挖泥机船疏设部分，由上海同济营造厂以每立方米土市价19.5千克稻谷（低于预算0.5千克）中标，于12月15日开工。水上部分及筑坝等土方由9744名民工施工，于11月20日开工。

民国38年（1949）3月底止，上年动工的6条溇港，除个别民工开挖部分未完成外，疏浚工程基本结束。

1949—1979 年

1949 年

12月，省农林厅水利局委派工程师叶仁来长兴查勘太湖溇港小梅口至金村段，建议疏浚小沉渎、芦圻、花桥、杨家浦溇港。

1950 年

1月，省农林厅水利局派陈叔香、叶仁工程师等3人来长兴对小沉渎、庙桥、锁家桥、杨家浦溇港进行勘测设计。4月开工，6月疏浚完成。

3月，在长兴中学（现图书馆）召开中华人民共和国成立后第一次县水利会议（坍长会议）。主持人翟黎亭，到会坍长117人。会后颁布《坍堤委员会组织办法》（草稿）。

4月4—19日，长兴县修复广兴坝。

5月，重设夹浦水位站（次年4月撤销，1955年6月复设）。

5月14—31日，长兴县修复青塘坝。

6月，首次成立县防汛抗旱指挥部。

11月至12月底，省农林厅水利局派员来长兴调查排灌机械状况。

1951 年

3月，省水利局在鼎新区吴城村（现鼎甲桥乡）建立鼎新抽水机站，建固定机埠，使用以煤气机为主的内燃机动力，这是长兴县第一座示范灌溉泵站。

4月，设长兴水文站。

4月上旬，长兴县查勘合溪塘，并写出查勘报告。

5月，增设泗安雨量站。

冬，县政府召开水利会议。参加会议约300人，主持人皮圣锡。

同年，贷款修建长兴县二界岭的涧西坝，仙山的韩家坝、大桥坝、杨家坝，管埭的响水坝；修复陈家大塘。

同年，县实业科派技术人员1人赴杭州，参加省水利局举办的第一期水利训练班。

同年，整顿长兴县堤管理组织，通过选举成立圩堤管理委员会，设圩长或圩主任，并清理经济账目及防汛器材，建立相应的组织。

1952年

春，县第一次举办水利训练班，学员100人，时间一星期。

3月，在西苕溪设范家村水文站。

4月，县实业科更名为建设科，兼管水利。

12月17—19日，由华东水利部沈天骥、邵克勤，苏南水利局许止禅，太湖水利工程处李步洲及省水利局陈昌龄、叶仁等8人组成查勘队，在长兴查勘水利现状。

同年，县贷款兴建仙山敢山坝、南天门坝，管埭的朱家坝，和平的联合圩门（南云桥）等工程；疏浚菖蒲港青岘桥至雁明桥段；抢修大施圩的螺陀湾工程。

同年，全县评出县级水利劳动模范10名。

1953年

6月，县建设科分设农林科，水利属农林科管辖。

冬，县召开水利会议，同时举办水利训练班，主持人房俊杰。

同期，县贷款兴建畎桥大坪门。

1954年

3月，成立长兴县城东抽水机站。

5月2日，长兴县二界岭水库工程在民治乡（后改为二界岭乡）开工。

夏秋，全县暴雨成灾，共倒圩21只，冲毁工程22处。

冬，二界岭水库坝基下面发现古代沉排，影响到工程安全。省水利局局长徐赤文、副局长赵克吉、总工程师陈昌龄、工程师骆尧臣等来工地研究处理坝基问题。（1955年5月底，水库建成，经省、地分别验收后，蓄水受益。县政府派农林科副科长李兴海及技术人员江世昌到水库薄点，成立水库管理委员会，建立管理制度。6月初，水利部灌溉管理司来水库检查指导，对该工程作满意的评价，第一期扩建工程于1971年完成，第二期扩建工程于1973年冬开始，1977

年完成。1985 年春至 1986 年 12 月，完成青水坡砌石护坡工程。）

同年，省试办的鼎新抽水机站移交给长兴县管理，改名为长兴县鼎新抽水机站。

1955 年
3 月 28 日，长兴县城东、鼎新两站合并为地方国营长兴县抽水机站。

4 月，县第一个倒虹吸——涧西倒虹吸建成。

6 月，县农林科改名为农林水利局。

10 月 25 日至 11 月 6 日，嘉兴地区在长兴县泗安镇举办山区水利训练班。

1956 年
2 月 1 日，云野水库工程开工（1962 年建成）。

3 月，桃花岕水库工程开工（1958 年 10 月竣工）。

春，县人民政府拨款，用私营长兴电厂的电能架设一条由雉城龙潭湾至观音浜的低压专用线，建立县第一座固定电力灌溉机埠。

春，长兴县和平镇组织 3000 名民工，疏浚和平港，长 2.9 公里。

4 月，设大界牌、槐花坎雨量站。

6 月，设立县水利局。

6—9 月，建成湖州—长兴—吕山的 13.2 千伏输电线路及变电所。

冬，省水利厅党组书记、副厅长沈石如来长兴检查工作，查勘了泗安塘流域，建议兴建大东水库（泗安水库前身）。

当年，全县获部级水利先进单位 1 个，省级水利先进集体 2 个，市级治水先进个人 6 名。

1957 年
年初，县水利局建立新箬乡民办抽水机站。随后县内先后兴起"乡（公社）民办站"（至 1959 年年底，除已经办起农机修配厂的站以外，余皆全部解体）。

1 月，设诸道岗水文站。

春，县水利局与长兴电厂共同举办电灌机手训练班，并选送略懂机械常识的农村青年 15 人去杭州参加省水利厅举办的抽水机技工训练班学习。

秋，县人民委员会抽调 14 人进行城东涝区规划，所派人员经短期培训后，对横山、鸿桥、新塘、下箬 4 乡进行调查研究，编写出治理城东涝区规划。

10 月，省水利厅组成西苕溪流域查勘队，查勘了西苕溪及长兴平原范围内的地形、水文地质、水利资源利用现状等情况及水利枢纽地址和大体规模。

11 月 25 日，长兴县开始扩大、疏浚杨家浦、花桥、小沉渎、芦沂、沉渎 5

条溇港，新开宋家港等治理工程（次年春完成）。

12月10日，县人民委员会召开各乡电灌委员会议。

12月28日，和平水库工程开工（初期工程于1962年12月完成，扩建工程于1989年6月30日完工，总库容1146万立方米）。

同年，取范家村站的水样进行水质化验，为省、地水质监测化验之始。

同年，白西冲水库工程开工（1960年建成）。

同年，湖州—长兴高压输电线路建成后，县将6台套157千瓦的电灌设备分别装在6艘木船上，在下箬、城郊等4个乡20个埠口流动电灌1.6万亩。

同年，全县建成第一批电力灌溉机埠，灌溉面积3.5万亩。

1958年

5月，县农业局、林业科、水利局合并为农林水利局。

夏，大东水库（泗安水库前身）工程开工（后因淹没区牵涉安徽省广德县，未协调好，于1959年1月停工）。

同年，蒋板芥水库、虎塘水库、东风水库、廻龙山水库、六都水库、三八水库、平桥水库相继开工（分别于1959年、1963年、1964年、1965年、1968年、1979年建成）。

同年，长兴县先后在水口、鼎甲桥、和平镇的殳村等地，用木料自制水轮机，建造小水电站。

当年，全县获省级水利先进集体3个，市级先进集体和个人16个（名）。

1959年

1月，长兴县泗安水库工程开工（1960年10月停工。1962年夏季，省水利厅吴又新副厅长来泗安水库查勘，建议复工。1963年10月，省委书记江华在地、县领导陪同下来泗安水库视察，决定续建。同年11月正式复工。1964年11月，建成并验收，成立泗安水库管理所。该库的保坝工程于1980年冬开工，1983年完成）。

9月，县二界岭水库模型（含灌区配套工程）在省农业展览馆参加"浙江省十年农业伟大成就"展出。

9月23日，长潮水库工程开工（1960年秋，停工。1962年夏，复工。1972年12月，基本建成）。

冬，周吴水库工程开工（1960年秋，停工。1962年夏，复工。1978年11月，期工程完工，坝高20米，总库容274万立方米）。

12月，嘉兴专署在长兴泗安镇召开有全专区西部山区县、公社领导及水利局局长参加的水利会议。会议期间参观了泗安、长潮水库等工程的施工现场，研究了冬修水利工作。

当年，全县评出县级水利先进集体 18 个，获省级治水先进集体 2 个。

1960 年

3 月，长兴县和平公社"二八水库"创建带头人、妇女队长黄宝珠被评为全国三八红旗手。

当年，全县评出县级水利先进集体 2 个，个人 1 名；获省级水利先进集体 1 个。

1961 年

4 月，长兴县鸿桥管理区王家坝闸建成，闸门净宽 3 米。嘉兴专署机械施工队来长兴县和平水库协助开挖溢洪道。

11 月，设立县林水机械局。

同年，全县电力排灌已发展至 34 台、279 千瓦，灌溉农田 5.2 万亩。

当年，全县评出县级水利先进集体 4 个，个人 4 名；获省级水利先进集体 2 个。

1962 年

年初，成立长兴电力排灌工程指挥部，开始将华东电网的电力引入县内，发展电力排灌。

1 月，设尚儒雨量站、天平桥水文站。

2 月 20 日，在鸿桥茧站举办长兴电灌机手训练班，参加会议 118 人。

3 月，湖州—长兴 35 千伏高压输电线路工程开工，同时兴建五里桥变电所。于当年 8 月、10 月 1 日先后建成投产。

3 月，设访贤雨量站，设鸿桥、虹星桥报汛站。

3 月，县分管农业的县长、林水机械局长去安吉县晓墅公社，参加专署召开的全地区水利现场会。会议以板桥九圩为典型，开展建设"保收圩（圩）"和圩（圩）管理工作。

冬，长兴县新开右村港，疏浚莫家、长大、宋家等溇港。

同年，长兴县吕山公社郑家圩重视圩堤的维修、管理，保证了圩堤安全和农业丰收，获得上级 12 次表扬、嘉奖，获华东地区农业（水利）先进单位称号，并派出代表出席全国水利管理会议。全县评出县级水利模范 32 名。

1963 年

4 月，撤长兴县林业水利机械局，分设长兴县水利机械局和长兴县林业局。

5月12日，长兴县与安吉县经过协商，针对共管的虾圩订出《护堤"六禁"公约》和《防洪抢险五条纪律》，并付诸实施。

6月，设吕山水位站。

6月25日至7月4日，省水电勘测设计院冯世京、叶仁、陈永年，专署农办马培德、曹文清，以及县水利机械局技术人员，先后在勘了泗安溪、合溪的河道及太湖溇港情况，调查了现有水利设施，分析了两流域的灾害及分片治理方案。8月，提出《长兴地区水利调查报告及规划意见》。

7月19日，和平公社车头坞塘坝大坝擅自决定开缺放水，造成扩缺垮坝，使坝高8米、库容6万立方米的塘坝冲毁，冲掉水稻田39.5亩，其中6亩水田被砂石堆积，不能耕种。

12月，县农业局、林业局、水利机械局合并为农林水利局。

同年，天平桥公社龙山沿山渠道开工（1965年建成）。

同年，长兴县宿子岭水库正式由县水利机械局设计（1964年8月开工，1971年12月建成，1985年扩建成小（1）型规模，总库容105万立方米）。

同年，全县电力排灌面积发展至17.1万亩，共有设施297台（套）、3159千瓦。全县评出县级水利模范32名，获省级先进单位2个。

1964 年

5月13日，县天平桥变电所工程开工（次年6月6日竣工投产）。

11月，仰峰水库工程开工（1965年建成）。

1965 年

4月，在长兴县后漾公社里桥村设水文站。

冬，西道岕水库工程开工（1968年建成）。

冬，太湖水利局组织人员到泗安片蹲点进行调查研究，搞泗安塘流域规划（次年夏，由嘉兴专署农办水利设计室完成《长兴县泗安塘流域水利规划报告》）。

1966 年

1月，设大园雨量站。

冬，长兴县开始搞地下渠道建设，首先在城郊公社柏家浜大队埋设预制水泥管地下渠道。

年底，全县平原地区基本实现电力排灌，共有设备548台（套）、6565千瓦，受益农田34.62万亩。

同年，汛期起，地区水文站与江苏省有关市水文站共同进行环太湖巡测，为太湖流域规划提供资料。长兴境内设长兴站、合溪站。

同年，桃牛岭水库、五峰水库、胜利水库工程相继开工（分别于 1971 年、1975 年建成）。

1967 年
12 月，县农林水利局改为长兴县革命生产指挥部农业组。

1968 年
秋季，长兴县泗安塘的"八三航道"拓浚工程开工。12 月，用挖泥机船疏浚了吕山至午山桥河段。

同年，东风芥水库工程开工（1972 年建成）。

1969 年
冬，长兴县杨家浦港大弗洋桥至排田漾河段拓浚工程开工（1973 年春完工）。

同年，林山水库工程开工（1984 年建成）。

1970 年
12 月初，开挖合溪新港工程开工。全县 7 万余民工参加施工，仅半个月时间就完成土方开挖任务（1971—1972 年完成附属建筑物工程）。

冬，顾渚水库、西岕水库工程相继开工（分别于 1975 年、1979 年建成）。

同年，县黄土桥港疏浚工程开工（1984 年由航管部门投资 2.1 万元，又进行疏浚）。

同年，长兴抽水机站撤销，所有设备分到各公社电管站保管，作为排涝抗旱的机动力量。

1971 年
7 月 18 日，浙江省疏浚工程处有关领导来长兴实地查勘，商量采用挖泥机船开挖合溪新港太湖口的水下土方。

9 月，省疏浚一号机船开挖（次年上半年完成）。

12 月，青山水库工程开工（1985 年 10 月堵口，1986 年 5 月建成）。

冬，疏浚长兴县泗安塘自午山桥至平桥段，长 18.7 公里，是 1950 年以来规模最大的一次疏浚工程。

同年，东冲水库工程开工（1980 年建成）。

同年，全县开展以山、水、田、林、路、村全面规划，综合治理，平整土地为中心的园田化建设。

同年，长兴县和平变电所建成，主变压器容量1800千伏安。

1972 年

3月，县农业服务站革命领导小组改名为农林水利局革命领导小组。

同年，县疏浚泗安塘小桥头至城隍桥河段，以及横山鸭绿（卵）港至南横港。

1973 年

2月5日，成立长兴县革命委员会生产指挥组电灌机埠领导小组。

2月22日，成立长兴县洪山港工程指挥部。自吴山公社横涧大队机埠至西苕溪的吴山渡，长4.5公里，12月2日开工。

3月，县内抽调2400名民工组成民工团，由团长皮圣锡（后为陈传德）、政委潘耀鹏带领赴安吉县赋石村水库参加建设。

12月，疏浚里塘港，全长7.9公里，当月完成土方开挖任务。

冬，六十亩冲水库、牛角冲水库、朱城水库工程相继开工（分别于1977年、1982年、1984年建成）。

同年，县建成泗安水库电站、和平水库电站。

同年，为发展苹果生产，在太云公社设喷灌点。

同年，县内开展水利工程"五查四定"，即查工程控制运用、查工程效益、查综合利用、查管理情况、查存在问题；定任务、定措施、定计划、定体制。当年完成。同时，各公社进行水利规划（部分完成，最后归入农业规划）。

1974 年

5月，长兴县疏浚洪山港工程基本完成，通航受益（次年6月全面竣工）。

1975 年

12月下旬，拓浚长兴港工程开工。全县13万余人参加施工，仅1个月时间基本完成土方开挖任务（次年春，新建闸门、砌石护岸、改建新建桥梁等配套工程开工。小浦闸于1978年1月开工，1981年竣工。改建画溪桥于1987年完工。其余工程在1978年完成）。

同年，县建成泗安变电所，主变压器容量3200千伏安。

同年，建成的二界岭水库U形榆架式引水渡槽。

同年，周吴水库电站建成。

1976 年

6月24日，县农林水利局派技术干部程释参加农业部组织的援乌干达奇奔巴农场技术组，去乌干达支援建设（1979 年 7 月结束回国）。

11 月，拓浚长城港工程开工（1976 年 3 月完成）。

12 月，开挖太傅一号港工程开工（1978 年 12 月竣工）。

同年，县兴建槐坎乡乌山塘防洪堤，长 2 公里。

同年，长兴县白岘公社茅山、上阳大队，结合防治血吸虫病填老河开新河长 2.5 公里。

1977 年

9 月，设县农业水利局。

11 月，白阜港疏浚工程开工（1978 年 12 月竣工）。

12 月，云峰水电站建成。

同年，县内开展全面水利规划（后并入农业规划）。

1978 年

1 月，陈桥港疏浚工程开工，2 月底完成土方开挖任务。

7 月，县内开展全面普查水力资源工作，9 月完成。

10 月，长兴县视坎公社十月大队组织群众兴建横齐水库（1987 年，坝高筑至 20 米，尚未堵口）。

12 月，拓浚蒋家桥港、双机埠港、虹星港（除虹星港于 1979 年 1 月 18 日完工外，另两港均于 1979 年 2 月完成）。

同年，开挖和平港和平衡至陈家坟附近段，长 2 公里。

同年，二界岭邱家村水电站建成。

同年始，在长兴、合溪新港、范家村水文站定期取水样进行有机物与毒物污染的水质监测。

1979—2022 年

1979 年

1 月，拓浚林城北港工程开工，3 月底竣工。

春季，长兴县第二次规划治理城东涝区。

11 月，拓浚坝头桥港、吴家桥港工程开工（均于 1980 年 2 月竣工）。

12 月，拓浚深大港工程开工（1980 年 2 月 28 日竣工）。

同年，设仰峰岕、横岕雨量站。

同年，县内 34 公社（镇）先后各设立水利专管员 1 人（1988 年，分两批招收为全民事业劳动合同制人员）。

同年，长兴县对小（1）型、小（2）型水库进行除险加固工作。

1980 年

1 月，设许家村、江排雨量站，以及草子槽水文站。

2 月，县水利局从农业水利局分出。3 月，建立长兴县水利局。

7 月，县建成鸿桥变电所，主变压器容量 3150 千伏安。

7 月始，地区和有关县水利部门共同对东、西苕溪（西苕溪自梅溪至湖州）沿岸堤塘进行全线普查，并测量堤塘的长、宽、高程及河道的断面等基本数据，至年底完成。

8 月 15 日，成立"太湖溇港管理所"。

同年与次年，全县第一次评定水利系统工程技术人员职称。县水利局评出工程师 5 名、助理工程师 4 名等。

1981 年

3 月，长兴县后漾变电所工程开工（1982 年 3 月建成投产。总容量 6400 千伏安）。

6 月，成立小箬桥港工程指挥部，拓浚小箬桥至李家巷河段（分 3 期进行，至 1985 年 5 月竣工）。

10 月，根据全国水利管理会议和浙江省水利厅要求，在取得试点的基础上，对全县所有水利工程及设施进行"三查三定"（查安全、定标准；查效益、定措施；查综合经营、定发展规划），全面发动，分级进行，逐处落实（1982 年冬完成）。

同年，整理编印《长兴县水利资料》。

同年，根据浙江省水利厅"宁海现场会议"精神，地区在东、西苕溪沿岸积极推广多种结构形式的砌石护岸。

同年，建成里塘公社排涝站（至 1983 年，里塘联合 4 座排涝站全部建成，装电动机 9 台、625 千瓦，受益农田 1.36 万亩）。

1982 年

1 月 10—11 日，长兴、安吉两县有关代表 15 人在安吉县荆湾公社召开虾圩管理联防会议，共同建立"安吉县、长兴县虾圩水利管理委员会"，并讨论决定了有关经济负担政策，制定了管理制度。

2—4 月，县和平港邵埠头至和平街段工程开工，长 0.9 公里（1983 年 3 月竣工，并砌石护岸 110 米）。

10 月 11 日，长兴县里塘人民公社被评为 1982 年浙江省农业（水利）先进集体。该年 2 人获省级优秀公社农民技术员称号。

秋、冬，长兴县对圩堤进行毒土灌浆灭白蚁（于 1986 年完成）。

年底，湖州地区水利水电勘测设计室组织技术人员进行长兴地区水利规划。

1983 年

8月，长兴县建成虹溪变电所，主变压器容量为 6300 千伏安。

11月，水电部在长兴县里塘公社进行以治理洪涝为重点、治理渍害为主要措施的低产田综合改造治理试点（历经 3 年，于 1986 年 10 月进行总结并写出报告）。

12月 16—18 日，湖州市在里塘公社召开冬修水利工作现场会，各县（区）分管水利的县（区）长、水利局局长及部分公社负责干部 50 余人参加会议，副市长陈荣在会上讲话。

1984 年

去冬今春，县水利局重点修复去年洪涝灾害中的水毁工程。

4月，县水利局和农业机械局合并为水利农机局。

春季，吴山乡吴山渡至吕山乡五里渡的西苕溪干流河段上，发生"抢沙卖钱，损坏圩堤"的事件。共有 73 台吸沙机、200 余艘船、500 余人抢沙，每天挖沙 4000 余吨。县委、县政府组织力量进行查处。

7月 1 日，长兴县在高家墩建成长兴变电所，主变压器容量 31000 千伏安。

8月，开展长兴境内水资源调查工作。（1985 年 8 月 6—11 日，湖州市水利农机局在德清县对河口水库通过水资源调查预审和验收。《长兴县水资源调查和水利区划》获 1985—1988 年长兴县人民政府颁发的科技成果二等奖。）

11月，参加湖州市政府组织的水利工作会议的各县、乡分管水利的领导和水利部门负责人，去林城镇姚洪圩参观"6·13"水毁后迅速建成的圩堤。

12月 16 日，天平桥乡拓浚李王港工程开工（1985 年完成）。

同年，长兴县推广林城乡下庄圩和太傅乡周吴水库的用水管理制度。根据农村普遍建立"家庭联产承包责任制"以后出现的用水管理上的新矛盾，推行"集中水权，统一管理，专人负责，定额用水，按方收费"的用水制度。

当年，全县水利工作者获市级先进工作（生产）者 1 名，获县级先进工作（生产）者 2 名。

1985 年

7月 12 日，成立长兴县水利农机学会。

8月 8—10 日，县水利农机局派领导与技术骨干各 1 人，参加省水利厅在杭州召开的杭嘉湖地区水利规划工作会议。会议根据《太湖流域综合治理骨干工程可行性研究报告》（以下简称《报告》），研究编制了紧急工程任务书。《报告》中共有10项骨干工程,与长兴有关的是西苕溪防洪工程和环湖大堤工程。

12月25日,省水利厅按水电部"给在基层单位从事水利、水保工作25年以上的职工颁发荣誉证书、证章"的通知,批准为长兴县第一批26名职工发证。林城变电所竣工,架设安城—递铺、长兴—林城35千伏高压输电线路(1986年,天平桥变电所迁移至林城)。对李家巷镇邵家浜、下箬寺乡白鱼湾、鸿桥镇王家坝及新塘乡南蒋村4机埠进行泵站效率测试(1986—1992年共进行泵站测试736座,更新改造369座)。

1986年

5月13日,在浙江省政府的指导下,县水利农机局与杭州铁路分局签订如下协议:改建画溪铁路桥,拓宽河道断面,由原60立方米每秒的流量增加至150立方米每秒,总投资115万元(该工程1987年完工)。

黄巢圩、姚洪片、里塘联合坪3片列入省低产田改造计划,范围涉及管埭、天平桥、畎桥、林城、里塘5乡镇,受益农田近5万亩。

7月10日,湖州市水利农机局组织各县档案干部来长兴,对局科技档案室进行检查验收。这是中华人民共和国成立以来的第一次。

该年至1990年,全县共完成航道砌石护岸39.54公里,投资383.56万元,其中国家投资305.53万元。

冬,长兴县颁发科技成果奖。县水利农机局"人工挖孔灌注桩加固软弱地基"获1980—1984年县科技成果应用二等奖;小浦节制闸及周吴水库"溢洪道导水墙灌水流浆处理"均获1985年县科技成果推广应用一等奖。

是年,有4人荣获县级水利先进工作(生产)者称号。

1987年

11月,成立长兴县水利农机局工会。

12月,全县对水利系统工程技术人员进行职称评定工作,评出高级工程师1名、工程师4名、助理工程师5名。

是年,对观音桥、林城、畎桥、天平桥、管埭5乡镇实施低产田改造(圩区治理)工程。

1988年

6月,长兴县贯彻实施《中华人民共和国水法》和《中华人民共和国河道管理条例》,组织全县水利员学习,并向全县进行多种形式的宣传。处理了西苕溪等违法滥吸黄沙、河道设障、非法抢鱼等事件。成立西苕溪黄沙管理委员会。

首次对水利干部实行技术职务聘任制。

县水利农机局治理涧滩和防洪埂 3 处，长 18.8 公里。

是年，完成周吴水库溢流堰加固，泗安水库大坝迎水坡坝址的修复，二界岭乡西岕水库、白阜乡朱城水库、槐坎乡胜利水库的大坝加宽等中和小型水库除险加固工程，并完成主要水库的渠道修复砌石工程。

是年，坉区实施治理工程，建成管埭乡许家塘、天平桥乡牛司墩、林城镇陈桥、畎桥乡西庄、观音桥乡双机埠、蒋家桥等翻水站和节制闸。

是年，完成圩（坉）区的调查，并绘图、登记成册。

是年，开展农民水利技术人员技术职务评审工作。

是年，全县获省级水利先进个人 2 名，县级先进工作（生产）者 3 名。

1989 年

汛期前，县防汛指挥部配备（80）系列 25 瓦超短波无线通信设备。

5 月 20 日，县防汛指挥部派人参加湖州市水利农机局在湖州举办的使用对讲机技术培训班，学习超短波无线通信、对讲机使用原理和操作技术。

8 月，《长兴县水利综合经营规划（1989—2000 年）》编制完成，上报市局。

9 月 12 日，县第一期农业综合开发圩（坉）区项目——里塘片、畎桥荆湾片、长城片治理工程开工。（1991 年 9 月，里塘片、长城片等治理工程竣工。治理面积达 3.83 万亩。共完成土石方 68.66 万立方米，投工 68.37 万工日。经省水利厅及有关部门竣工验收，全为优良工程。）修复 23 号台风造成的水毁工程项目 14 个。完成土石方 4.4 万立方米，混凝土和砌石 1750 立方米。投资 5 万元，投工 5.2 万工日。

9 月 10 日，经县农民技术人员职称评定委员会评定和农民职称领导小组审查，批准县水利部门农民技术人员职称评定 43 名，其中农民水利技师 7 人，农民水利助理技师 24 人，农民水利技术员 11 人，农民水利助理技术员 1 人。

是年，完成小浦廻龙山水库治渗加固、和平水库溢洪道加固和小浦闸的油漆防护工程。

是年，完成西苕溪长兴段河道断面的测量及资料整理工作。

是年，开发黄土丘陵水利配套工程，主要有：长潮张岭茶场建蓄水 1 万立方米的山塘 1 座；水口乡金山村黄桃基地建混凝土渠道 1.7 公里，水池 3 只，倒虹吸 1 座；太傅乡新山村开发青梅基地，疏通衬砌混凝土渠道 300 米。共 18 个项目，开发总面积 5245 亩，投资 22.5 万元。

是年，开展《中华人民共和国水法》和《中华人民共和国河道管理条例》宣传。查处滥吸黄沙事件，水利农机局与水上派出所、航管部门、泗安镇人民政府一道拆除阻水码头 36 座。

1990 年

夏季，县水利机械工程队组成测量队，对夹浦港、合溪新港、长兴港、杨家浦港和小沉渎 5 港港口进行水位测量。

同年，县水利农机局完成修复 15 号台风造成的水毁工程，共有山塘、堰坝、机埠、机耕路等 133 处，合计土石方 40.4 万立方米、混凝土 2550 立方米。

是年，实施除险加固工程，主要有：用冲抓钻处理桃花岕水库大坝渗漏，修复长潮乡工农和龙冲 2 座山塘的涵管，鼎甲桥乡 20 公里的滚水坝和仙山乡老虎坝，泗安水库船坞基础部分，维修养护二界岭水库、水电站并恢复发电等。

是年，完成便民桥乡邵家圩门改造，以及新塘乡与后漾乡接壤的西庄洋闸的顶板加固任务。

同年，县进行乡河道清障工作，对主航道、险段砌石护岸以及清理违章临时阻水建筑物进行了调查摸底工作，处理了观音桥乡港口村村民违章临河阻水建筑物，督促指导后漾乡砖瓦厂修复合溪新港 2 号至 3 号桥方向取土地段。建成黄土丘陵水利配套工程，包括：二界岭乡初康村加固加高山塘 2 座，山塘防渗除漏 1 座；白阜乡柏家村茶场建水池 2 只，建干砌排水沟 0.5 公里；宿子岭水库开发青梅和杉木。

是年，县水利农机局安排农水经费 1 万元。

是年，县水利系统获县级先进集体 1 个，先进个人 2 名；获省级先进 5 名。

1991 年

1 月 17 日，县水利农机局成立水政股和水资源办公室，两块牌子一套班子。有专职水政监察员 2 人，下属管理机构水政监察员 17 人，各乡镇派出机构水政监察员 35 人。

1 月，县人民政府批转了《长兴县水利工程供水与河网供水水费核订、计收和管理的若干规定》。

7 月 10—21 日，县水利农机局成立水政宣传小组，配备宣传车 1 辆，赴各乡镇及企业单位用多种形式宣传《中华人民共和国水法》，上门与县属企业签订收取河网水费的合同 19 份，全年收取河网水费 11.5 万元

9 月 7—8 日，国务院调查组来长兴县横山乡蒋家墩等地视察灾情。

11 月 2 日，成立长兴县太湖治理工程指挥部（1992 年 2 月 28 日，设工程技术组、宣传组、政策处理组、后勤组、治安保卫组，为建设环湖大堤做好组织准备）。首期工程鼎新段 5.5 公里，12 月 10 日开工，土方填筑于 12 月 18 日完成；横山段于 12 月 18 日开工，1992 年 1 月 4 日完成（二期工程鸿桥段于 1992 年 10 月 3 日开工，接着全线开工。1993 年环湖大堤基本建成，累计完成土石方393.3 万立方，总投资 3621.5 万元）。

是年，县水利农机局实施修复水毁工程，包括煤山、白岘、水口、鼎甲桥、白阜、槐坎、后漾7乡镇疏通洇滩16.5公里，修复28处，长3.2公里；修复合溪新港二级跌水的翼墙。

是年，测量煤山等主要洇滩，长5.6公里。

是年，完成除险加固工程，包括：冲抓钻处理冷冲山塘坝基的渗漏，总进尺860米，增加蓄水量3万立方米；处理桐芦芥水库坝基的漏水；返修亭子塘坝的混凝土涵管。建成和平、泗安、长潮、周吴、二界岭5座水库的配套渠道，三面光混凝土衬砌渠道2.3公里，改善灌溉面积8000亩。

是年，主要水库全面检查白蚁危害，并进行药物防治。

1991—1992年完成航道砌石护岸12.35公里。

是年，建后漾乡白溪村和尚坽水闸。为改建小浦镇五庄村涵洞、下箬寺乡五里桥村朱家湾坽门和鸿桥镇龙舌咀村张家湾坽门，进行玻璃钢叠梁式轻型闸门试制工作。水利机械工程队调整机构，分设挖泥机船、推土机、钻机、麻花钻4个施工组，并完善各项责任制。

是年，张岭茶场水利配套工程获县农业丰收三等奖。

是年，经各级职称评委审查评定，全县水利系统晋升高级工程师2名，晋升工程师3名，晋升助理统计师1名，评定技术员3人。

是年，全县获国家防汛抗旱总指挥部评定的防洪抢险模范1名，县级抗灾救灾先进集体1个，先进个人3名。

1992年

1月15日，省长葛洪升到长兴视察和慰问。视察环湖大堤丁新段，看望去年受灾群众。同时慰问八三部队，并确定建造军民同心路（八三机场至大云）。8月1日，该路竣工通车。

2月16日，省委常委、副省长许行贯偕同省水利厅厅长陈绍沂、副总工程师言隽达视察了环湖大堤工程（长兴段）。

2月17—19日，水利部顾茂华、厍进武、聂增辉等在省水利厅有关领导的陪同下，检查太湖治理工程规划实施情况并查看了环湖大堤长兴县横山段。

3月27日，水利部现场审查环湖大堤设计任务书。参加人员有：水利部计划司副司长张国良，部规划院院长曾绍京，部建设开发司处长姚寿祥，太湖管理局副局长钱振球，以及江浙两省、四市（苏州、无锡、常州、湖州）并吴江、长兴县的水利厅局领导和技术干部40余人。在无锡渎山口开会后察看了大堤。浙江段具体查勘了长兴县丁新段、横山段。

4月18—20日，国家防汛抗旱总指挥部办公室副主任李健生、太湖管理局常务副局长王同生、省水利厅副厅长周慧兰到湖州检查太湖治理骨干工程实施与防汛情况，具体察看了环湖大堤长兴县丁新段的挡土墙施工与抢修保堤现场。

6月19日，共青团中央第一书记宋德福在团省委书记沈跃跃、湖州市委副书记徐明生、县委书记茅临生的陪同下，在长兴视察环湖大堤丁新段。

7月24日，为落实治理太湖流域的长期无息贷款（期限35年，无息只交少量手续费），世界银行中国农业处官员李约伯（译音）先生考察环湖大堤工程和土地处理情况，随同考察的有水利部、太湖管理局的外事、计划部门负责人。

9月17日，许行贯副省长偕同省水利厅厅长陈绍沂等，在副市长姚关仁、市水利农机局局长陈皓陪同下，具体察看了环湖大堤工程（长兴段）和市区小梅口段。

11月下旬，省委常委、副省长许行贯在湖州市市长袁世鸣、副市长姚关仁和市水利农机局"两大"工程指挥领导陪同下，来长兴新塘等乡村视察，向陪同的长兴县有关领导提出建设"环湖经济带"的构思。

本年，全县加高加固圩堤503处，长622.6公里；整修排灌渠道466条，长465.1公里；建成三面光衬砌渠道28处，长9.74公里；除险加固库、塘54座，堰坝6条；治理洞滩28处，长39.2公里；新建和改造维修排灌机埠155座；装机2053.5千瓦；新建闸门、涵洞32座；拓浚河道52条，长50.8公里。

1993 年

2月24日，县政府在和平镇召开"制止西苕溪部分河（地）段乱吸乱挖黄沙问题"的现场办公会议，由张维孝副县长主持，县级机关有关部门及沿溪有关乡镇的15个单位领导参加了会议。

3月17日，省委常委、副省长刘锡荣到长兴调研，先后考察环湖大堤夹浦段、小浦林场、张岭茶场、泗安水库。

6月2日，县水利农机局获省水利厅评定的1991—1992年度省先进水政工作者1名。

同年，设长兴县太湖水利工程综合开发管理局（副局级）。

11月2日，长兴编制委员会批准县水利农机局内部机构设置。其中，水利部门的行政单位为局办公室和局水政股，独立事业单位为水利水电勘测设计室、水资源办公室、河闸堤塘管理所、水利工程管理站、机电排灌站、泗安水库管理所。

12月，长兴获1993年度全省唯一的"社会集资办水利单项奖县"称号。

是年，县防汛抗旱指挥部获市防汛抗旱指挥部和市人事局颁发的1993年度抗洪救灾先进集体奖旗。

是年，全县社会集资2189万元办水利，精心组织环湖大堤、整治圩区和防风岁修"三大会战"。

1995 年

11 月 3 日，浙北大桥顺利合龙。该桥是 318 国道长兴过境段的一座特大型公路桥梁，全长 1176 米。

1996 年

是年，泗安水库实施增容工程，水库的正常库容由 860 万立方米扩展到 1360 万立方米。

1997 年

4 月 1—2 日，全国人大常委会副委员长费孝通到长兴视察。听取县委、县政府工作汇报，考察长兴大桥、长兴铁公水码头、长兴青少年宫、扬子鳄度假中心、夹浦镇父子岭村和环湖大堤。省人大常委会副主任毛昭晰等参加。

10 月 6 日，长兴铁水中转港正式投入运行。

是年，杨家浦港拓浚工程开工。

1998 年

3 月 2 日，由国家环保局和水利部率领的国务院太湖流域检查团到长兴检查。

1999 年

6 月 26 日，抗击"6·30"洪水。是日，县委、县政府发出通知，要求全县干部群众紧急行动起来，做好防洪抗洪工作。

6 月 27 日，省委书记张德江在省委常委、副省长吕祖善，省委常委、省委秘书长王国平等陪同下赴虹星桥镇港口村视察指导抗洪抢险。

6 月 30 日，县防汛抗旱指挥部发布关于全县进入紧急防洪期的公告。

7 月 1 日，省委副书记周国富、副省长叶宝荣到长兴察看灾情，指导抗洪救灾工作。

7 月 3 日，县委、县政府召开抗洪救灾紧急会议，要求一手抓抗洪抢险，一手抓生产自救。同日，县五套班子领导、县直机关有关部门负责人以及工作人员近 300 人向受灾地区捐款。

7 月 4 日，省委副书记、省长柴松岳在省委常委、公安厅厅长俞国行，副省长章猛进陪同下到长兴检查指导抗洪救灾工作。同日，县政府发布关于紧急防汛期维护社会稳定的通告。

7 月 10 日，温家宝到长兴视察灾情。中共中央政治局委员、国务院副总理、国家防汛抗旱总指挥温家宝，在省委书记张德江、省长柴松岳等领导的陪同下，到长兴视察灾情，了解长兴抗洪抢险和生产自救情况，深入夹浦镇农户、企业察看受灾情况，慰问受灾群众。

7月14日，学习贯彻温家宝在浙江视察工作时的讲话精神。是日，县委举行第12次常委会会议，学习温家宝在浙江视察工作时的讲话精神，研究下一步抗洪救灾工作。

7月15日，县防汛抗旱指挥部发布通告，从即日起全县解除紧急防汛期。

7月16日，抗洪赈灾文艺晚会在县体育馆举行，阎维文、穆祥、魏积安等著名演员表演精彩节目为赈灾献艺，驻长兴的部队、在长兴的省属企业以及广大干部群众纷纷向受灾群众献爱心，共捐款124万元。

8月6日，县委、县政府举行全县抗洪救灾总结表彰大会。同日，召开赈灾救灾工作会议，部署受灾群众家园重建工作。

10月28日，省人大常委会副主任李志雄到长兴检查太湖流域水污染防治第二阶段目标实施情况。

2001 年

4月，长湖申航道三期工程镇湾桥至黄土港口改造工程通过省交通厅等单位验收。该工程是省内河航道网拓宽改造重点工程之一，总投资6340万元，1998年12月开工，2000年12月竣工。

11月1日，护城河整治工程（一期）正式动工，总投资3.23亿元。

2002 年

1月，水利部联合江浙沪三省正式启动"引江济太"工程。规划是年引25亿立方米长江水入太湖流域，其中10亿立方米入太湖，有利于改善长兴水质及水环境。

9月，长湖申线长兴段拓宽改造工程全线完工。该工程全长2026公里，始建于1993年，分三期进行，总投资1.2亿元。

12月20日，副省长章猛进到长兴县调研农业和农村经济工作。对长兴相关工作表示肯定，对农村税费改革、太湖治理、合溪水库建设等工作提出要求。

2003 年

4月，长兴县向省水利厅申报首个"千万农民饮用水工程"——长兴县林城镇农村饮用水工程，获得批准。从2003年到2009年，长兴"千万农民饮用水工程"完成工程项目17个，共投入资金14 158万元。

10月，长兴县在全国率先试点"河长制"。2008年，长兴在全县推广"河长制"。

12月，长湖申航道长兴段改造工程完工，并通过省计经委、省交通厅及市级单位组成的验收委员会验收。总投资 1.3 亿元。

2004 年

7 月 9 日，长兴县包漾河饮用水源保护区调整论证会召开。经讨论分类确定一级、二级、三级保护区，其中一级保护区以取水口为圆心，以 1000 米为半径画圆，面积为 3.14 平方公里，主要是 Ⅱ 类水质集中式生活饮用水源一级保护区。

9 月，包漾河水源保护取得阶段性成果。水源地一级、二级保护区内的1005 台喷水织机全部搬迁或关停，1210 台喷水织机迁入工业区或集聚地集中治污，6703 台喷水织机并入夹浦污水处理厂管网，自上治污设备的喷水织机 1547台，彻底杜绝喷水织机污水直排现象。

12 月 21 日，胥仓大桥合龙，结束了西苕溪两岸人民渡船过河的历史。该工程于 2003 年 7 月动工，长 416 米、宽 12 米，总投资 1400 万元。

是年，长兴县人民政府出台《长兴县区域供水实施意见》。

2005 年

是年，县水利局印发《长兴县河道清草保洁考核管理办法》《长兴县河道长效保洁考核管理办法》，对河道保洁作出明确规定。

2006 年

9 月 17—18 日，水利部太湖流域管理局会同省水利厅在长兴召开太湖环湖大堤工程（浙江段）竣工验收会议。10 月，环湖大堤工程（长兴段）竣工验收通过。

2007 年

12 月 24 日，合溪水库工程开工典礼举行。合溪水库为大（2）型水库，位于小浦镇上游合溪流域，集雨面积 235 平方公里，总库容 1.11 亿立方米。2002年，开始筹备项目申报、前期工作。2003 年 6 月，项目建议书和可研报告通过水利部水规总院审查，并被省明确为杭嘉湖地区防洪工程重点项目之一，7 月被水利部列为国家"十五"期间重大水利工程项目之一，2004 年 4 月经国务院总理办公会议确定为"十五"期间全国大型水库规划建设项目之一，2005 年 6 月国家发展改革委批复工程项目建议书，2007 年 12 月省水利厅批准开工。是日，开工建设，副省长茅临生代表浙江省人民政府发来贺信。2011 年 10 月建成，2012 年 6 月向城区供水。

2009 年

11 月 10 日，水利部总工程师汪洪一行到长兴现场踏勘苕溪清水入湖工程。

2010 年

12 月 8 日，长兴百叶龙大桥主体合龙仪式举行。全长约 1.5 公里，宽 24.5 米，按一级公路标准建设，工程概算造价 2.3 亿元。大桥桥型以"百叶生龙"为主题，成为西太湖岸线滨湖景观大道的标志工程。

是年，根据省水利厅的统一安排，农村饮水工程由建设期走向管理期，"千万农民饮用水工程"告一段落，全省开始实施"农村饮水安全工程"。

2011 年

6 月 1 日，合溪水库下闸仪式隆重举行，标志着合溪水库主体工程基本完成。

6 月 15 日，西苕溪港口水位超过警戒水位。全县相关部门加强巡防检查，并组织吴山乡小溪口集镇附近居民撤离。至 6 月 20 日，全县的降水量已达 235 毫米，洪涝灾害受灾乡镇达 16 个，受灾人口 1.03 万人，转移人口 407 人，直接经济损失 0.578 亿元。

8 月 16 日，合溪水库工程蓄水阶段正式通过验收。是日召开合溪水库工程蓄水阶段验收会议。9 月，合溪水库开始下闸蓄水，标志着合溪水库正式进入试运行阶段。

9 月 30 日，举行长兴滨湖景观大道通车典礼。省委常委、宣传部部长茅临生出席并宣布通车。于 2009 年 2 月 3 日举行开工仪式，2011 年 8 月 12 日完工。北起夹浦镇夹浦村双港自然村，南至图影度假区鸭梅港桥（湖州小梅口），全长 22.5 公里。采用路、堤结合方式，全线有沿湖、离湖、入湖三种形式，其中夹浦至洪桥镇杨家浦港、图影度假区小沉渎扶栏桥至鸭梅港桥共 19.25 公里借用太湖大堤，其余路段与太湖大堤并行。按二级公路标准设计，路基宽度 15 米，设计速度为每小时 60 公里；沿线环湖大堤加固工程等级为二等，设计洪水标准为 100 年一遇。总投资 12.5 亿元，是一项集交通、生态、水利防洪、旅游观光于一体的综合性工程。

2012 年

6 月，合溪水库开始供水。包漾湖水源地改为备用水源。包漾湖作为城市居民饮用水水源，启用于 1989 年 7 月，至 2012 年一直为城市居民唯一饮用水水源，日供水近 10 万立方米。

8 月 4—12 日，全县动员防御台风"海葵"。至 12 日，台风造成全县受灾人口 18.98 万人，直接经济损失 9.64 亿元。8 月 10 日晚，省委书记、省人大常委会主任赵洪祝到长兴检查指导抢险救灾工作，看望慰问受灾群众和部队官兵、公安干警、基层干部。

8 月 14 日，中共中央政治局常委、国务院总理温家宝到长兴视察。先后参观浙江诺力机械股份有限公司、海信惠而浦（浙江）电器有限公司，与海信集团、天能集团等 10 家省内企业负责人进行座谈；察看太湖大堤，走访洪桥镇农户，参观七圩漾河蟹养殖中心园区。20 日，县委召开全县领导干部会议，传达温家宝总理在长兴考察讲话精神，并就做好当前工作进行部署。

8 月 26 日，省委副书记、省长夏宝龙到长兴检查指导西苕溪流域治理工作。要求要下定决心，早上快上西苕溪流域治理项目，并表示省委、省政府会全力支持。

12 月 13 日，开展苕溪清水入湖河道整治工程。是日，召开全县冬修水利暨苕溪清水入湖应急加固工程建设现场会。苕溪清水入湖河道整治工程是国务院批准的浙江省太湖流域水环境综合治理水利工程的重要组成部分，工程总投资 53.9 亿元。该工程长兴境内总投资预计超过 30 亿元，项目包括西苕溪、长兴港、杨家浦港三条河道整治。苕溪清水入湖应急加固工程包括和平镇独山段、虹星桥镇观音联合圩段、吕山乡联合圩段、和平镇杨家滩段等 4 段堤防，总长 7.75 公里，总投资 2.1 亿元。

2013 年

7 月 15 日，《浙江日报》头版头条以《重整山河写锦绣——长兴抓治水促转型纪事》为题报道长兴治水促转型的做法和经验。

10 月 5—7 日，部分乡镇因第 23 号强台风"菲特"影响成灾。6 日，全县出现强降雨，部分地区降水量达 187 毫米。7 日晚至 8 日，县四套班子领导分赴西苕溪一线，现场指挥抗洪抢险工作。8 日，市委主要领导到和平镇吴山大桥、港口大桥、王村村及部分受灾群众家里等地察看、慰问。9 日，县委、县政府召开灾后救助和恢复生产工作会议。据初步统计，此次台风主要导致部分乡镇农房损坏和种养殖业受创；转移受灾人口 9512 人，解救围困群众 1800 人。

10 月 31 日，省委书记、省人大常委会主任夏宝龙到长兴调研太湖沿岸水环境综合治理工作。先后现场察看洪桥镇荷塘人家公园、太湖图影旅游度假区小沉渎村和图影生态湿地文化园等地，强调全省广大干部群众要发扬大禹治水的精神，以"重整山河"的工作精神治污水、防洪水、防内涝，全力落实"绿水青山就是金山银山"的环保理念。

11 月 6—7 日，副省长黄旭明到长兴调研农业农村和水利建设工作。先后察看太湖图影旅游度假区小沉渎村、小浦镇八都岕、和平镇西苕溪沿岸独山段和清临段。

11月11日，水利部副部长蔡其华到长兴开展水行政执法专项检查。先后察看夹浦镇西蒋村、滨湖大道，检查长兴太湖流域水环境综合治理工作。

是年，长兴制定出台《长兴县全面实行"河长制"实施方案》，将"河长制"由县、乡镇下沉到村、组，建立起县、乡镇、村、组四级河长管理模式。

2014 年

5月5日，开展城区水系治理。是日，召开工作部署会议，按照"先疏通水系、后调活水体""先长水港以西、后长水港以东"的原则，在对城区水系及太湖沿岸内河进行疏通的基础上，引入清洁水源，调活水体，分期分片改善城区水系水质，全面提升太湖沿岸内河水生态环境。其中城区水系疏通的范围为雉城街道、太湖街道、开发区、龙山新区，太湖沿岸内河疏通的范围为太湖图影旅游度假区、洪桥镇、太湖街道、夹浦镇。

6月，全县230项水毁工程修复完毕。工程总投资6876万元，主要包括堤防加高加固、涵闸泵站修复等。是月起长兴进入主汛期，21—22日，合溪水库和泗安水库、二界岭水库、和平水库水位分别超过或逼近梅雨时期控制水位线。

是年，长兴县启动基层防汛防台体系规范化建设工作，完成小浦水厂农村饮水管网延伸工程和水口永清水厂农村饮水管网延伸工程两个项目。

2015 年

12月24日，省对市"五水共治"考核组到长兴检查工作。2015年，长兴市控及市控以上监测断面Ⅰ～Ⅲ类水质断面保持在100%，功能区达标率为100%，在全省1—11月交接断面水质考核中取得优秀成绩。

是年，泗安溪水系整治全面开工。

2016 年

1月30日，《太湖溇港水利遗产保护与利用规划》通过审查，并按照市水利局统一部署，移交长兴县太湖水利工程建设管理局。

2月29日，全省"五水共治"工作视频会议召开，长兴夺得浙江省治水最高奖——大禹鼎。

3月30日，新疆水利厅玛纳斯河流域管理局曾霞处长等一行来合溪水库考察，上海太湖流域管理局、浙江省水利厅相关人员陪同。

4月19日，在国际水务情报（Global Water Intelligence，GWI）举办的全球水峰会颁奖典礼上，华能长兴电厂项目荣获"全球最佳工业水处理项目奖"。

7月9日，在防御第1号台风"尼伯特"的紧要关头，水利部部长陈雷一行来长兴检查防汛防台工作。浙江省委副书记、代省长车俊，副省长黄旭明，省水利厅厅长陈龙，湖州市委书记裘东耀、市长陈伟俊、副市长杨六顺参加检查指导防汛防台工作。长兴县县委书记吕志良，县委副书记、县长周卫兵，副县长史会方等陪同。

8月21日，水利部副部长周学文一行来长兴调研太湖流域治理工作。省水利厅厅长陈龙，湖州市委副书记、市长陈伟俊，县委书记吕志良，县委副书记、县长周卫兵和县领导史会方参加相关活动。

10月21日，青山水库通过由湖州市水利局组织的水利工程标准化管理验收，成为湖州市首座通过标准化管理市级验收的小（1）型水库。

11月24日，由省水利厅组织的环湖大堤（浙江段）后续工程可行性研究报告技术论证会在湖州长兴召开，水利部太湖流域管理局、省发展改革委、省水利厅、省国土资源厅、湖州市发展改革委、市水利局等领导和专家，相关县区部门负责人及项目设计单位等参加会议。

2017 年

1月12日，水利部太湖流域管理局副局长朱威一行到长兴开展水资源专项监督检查。省水利厅副厅长冯强，县委常委、县政府党组副书记楼秋红，湖州市水利局章婴瑛副局长，副县长应叶青参加相关活动。

3月11日，水利部太湖流域管理局局长吴文庆一行到长兴督导河长制工作。省水利厅党组副书记、副厅长徐国平及市县有关领导陪同督导。

4月10日，水利部会同太湖流域管理局到长兴检查水毁工程修复工作，省水利厅、市水利局、县水利局相关领导陪同检查。

8月31日，环湖大堤（夹浦—南横港）标准化管理创建顺利通过了省级验收，成为首个通过标准化管理创建省级验收的堤防工程。

10月23日，全省水利投融资推进会议召开。长兴水利PPP项目成功列入全省投融资机制创新试点，标志着长兴水利投融资机制改革迈上了新台阶。

2018 年

4月27日，水利部、省水利厅及四川夹江县一行来湖州调研指导水利及水情教育工作，实地调研河长制展示馆。

5月3日，副省长彭佳学一行来长兴调研环湖大堤工程（长兴段），县委书记周卫兵、副县长杨永章陪同调研。

6月7日，水利部部长鄂竟平来长兴检查水资源管理工作。浙江省副省长彭佳学，中共长兴县委书记周卫兵等参加。同日，鄂竟平和彭佳学为"长兴县河长制展示馆"揭牌，标志着全国第一个河长制展示馆正式开馆。

8月20日，省水利厅、省发展改革委、省财政厅、省卫健委、省环保厅、省建设厅通报2017年度全省农村饮用水巩固提升工作考核结果，长兴被评定为优秀县。

11月13日，水利部副部长魏山忠带领省市太湖湖长来长兴开展太湖巡湖活动。县领导王庆忠、杨永章陪同。

是年，长兴以省水利厅"浙北诗画江南水乡"定位为引领，全面启动"美丽河湖"建设。

2019 年

1月26日，省水利厅发文公布全省水利改革创新2018年度典型经验名单，面向全省市、县（区）择优评出十大典型经验，长兴县创新区域水资源论证改革工作荣登榜单。

9月23日，省水利厅副厅长李锐带领省调研组来长兴调研平原地区防洪排涝工作。调研组一行实地察看了和平镇青山港，了解长兴平原地区防洪排涝工作开展情况。县委书记周卫兵、副县长杨永章陪同。

11月5日，六都村供水站完成建设，该工程为2020年省级农村饮用水达标提标任务，工程于2019年8月底开工建设。

12月28日，根据《浙江省"美丽河湖"建设验收管理办法及评价标准（试行）》，经县级自评、市级验收、省级复核，仙山湖—泗安塘上泗安段、杨林涧被确定为2019年"美丽河湖"。

2020 年

4月7日，水利部副部长叶建春到长兴开展汛前检查活动。叶建春一行前往环湖大堤（长兴段）后续工程现场，了解工程情况和长兴汛前准备工作。湖州市人民政府副市长夏坚定，省水利厅副厅长李锐，总工程师施俊跃，市水利局局长罗安生，县委书记周卫兵、副县长杨永章等陪同。

6月17日，省、市农业水价综合改革验收工作组对长兴县农业水价综合改革工作进行市级考核验收。验收组通过现场核查、查阅台账、综合打分等环节，充分肯定长兴县农业水价综合改革工作成果，一致同意长兴县通过市级农业水价综合改革验收。

7月13日，省防指副指挥、副省长彭佳学率省水利厅、省应急厅、省农业农村厅、省发展改革委一行到长兴检查防汛工作。副市长夏坚定、市水利局局长罗安生、县长石一婷、副县长杨永章等领导参加。

7月16日，东部战区政委何平到长兴调研防汛工作。何平一行实地调研环湖大堤夹浦段，详细了解太湖水位情况及对长兴的影响。

7月17日，水利部副部长陆桂华到长兴环湖大堤夹浦段检查太湖流域防汛工作。省水利厅厅长马林云、副市长夏坚定、县委书记周卫兵、副县长杨永章参加。

7月17日，省委书记车俊到长兴检查太湖流域防汛工作，并强调要全力打赢太湖流域防汛防洪硬仗。省委常委、秘书长陈金彪，副省长彭佳学，市委书记马晓晖，市长王纲，常务副市长杨六顺，县委书记周卫兵，县领导史会方，副县长杨永章参加。

8月13—14日，全省水利监督工作座谈会在长兴县召开，省水利厅党组成员、副厅长蒋如华出席会议并讲话。省水利厅有关处室、单位负责人，各设区市及淳安、鄞州、长兴等县（市、区）水利部门负责人参加会议。

11月22日，水利部水资源管理中心陈庆伟处长在杭州召开长兴县生态流量管控试点工作会议，会议的召开标志着长兴县生态流量管控国家级示范项目正式启动。

12月18日，省水利厅、省美丽浙江建设领导小组、"五水共治"（河长制）办公室公布了2020年"美丽河湖"名单，长兴和睦塘港水系、西苕溪（下目村至港口大桥）上榜。

12月23日，环湖大堤（浙江段）后续工程开工仪式举行。水利部太湖流域管理局局长吴文庆，省水利厅厅长马林云，湖州市委常委、常务副市长杨六顺分别致辞，长兴县委书记周卫兵发言，长兴县委副书记、县长石一婷等参加相关活动。

2021年

1月23日，《长兴县水利工程管理"三化"改革行动方案（2021—2022年）》获县政府批复同意，"三化"改革两年行动正式开始。

1月25日，省水利厅发布了《关于2020年度全省水利工作综合绩效考评结果的通报》，确定长兴县水利局为2020年度全省水利工作综合绩效考评优秀单位。

1月30日，水利部、共青团中央、中国科协联合印发通知，公布第四批国家水情教育基地名单，长兴县河长制展示馆成为浙江唯一入选的水情教育基地。

3月16日，省政府发布通报正式表彰浙江省第22届水利"大禹杯"竞赛活动优胜单位，长兴县喜获铜杯奖。

3月24日，长兴县以湖州市最高分获得省水利厅、省财政厅命名的幸福河湖试点县称号，该试点项目获得省级补助资金2000万元。

4月8日，水利部部长李国英调研环湖大堤（浙江段）后续工程。县委书记石一婷，县委副书记、县长沈志伟陪同。

5月6日，浙江省副省长刘小涛来长兴县检查太湖防汛工作。省水利厅厅长马林云，湖州市副市长夏坚定，长兴县委书记石一婷参加。

12月8日，省水利厅公布全省2021年度小型水库系统治理与水利工程管理"三化"改革成绩突出集体名单，长兴县位列其中。

12月16日，湖州市水利局召开全市重要水文化遗产调查验收会议，经省市专家综合评分，长兴以93分的最高分获得"优秀等次"。

2022年

2月14日，长兴县荣获2021年度全省农业水价综合改革工作绩效优秀县，这也是长兴连续三年获得此奖励。

5月17日，浙江省人民政府印发的《浙江省人民政府关于表彰2020—2021年忠实践行"八八战略"奋力打造"重要窗口"立功竞赛先进集体和先进个人的决定》上，浙江省水利系统5个集体获评先进集体，长兴县水利局名列其中。

6月6日，长兴县获评全省水利建设投资项目落实、美丽幸福河湖建设和水库系统治理（除险加固）工作成效明显县（市、区），被省政府予以督查激励。2021年，长兴水利建设完成投资14.24亿元，投资完成量在GDP500亿～1000亿元的县区中排名第二。

6月18日，长兴县85座农业灌溉泵站机埠提升改造全部完工，改善灌溉面积1.78万亩，纳入省政府民生实事水利项目的39座机埠提升改造全部完成验收。

7月27日，长兴县上线"电子河长"实时监测水质指标，在电子河长里安装了由我国首个水务大脑联合实验室开发的首个光谱综合传感器，并把光谱传感器放入洪桥镇七漾、白鹭岛、芦圻漾等7条河流，可以收集河流中的色度、浊度、酸碱度pH值、盐度值等12项水质指标，通过大数据整合，传入相关治水人员手机中，对河流水质做到实时监测。

9月3日，为切实做好第11号超强台风"轩岚诺"的防御工作，根据《长兴县水旱灾害防御应急工作预案》，县水利局于当日10时启动水旱灾害防御（防台）Ⅳ级应急响应。

9月13日，为切实做好第12号强台风"梅花"的防御工作，根据《长兴县水旱灾害防御应急工作预案》，县水利局于当日21时启动水旱灾害防御（防台）Ⅱ级应急响应。

10月26日，水利部水利工程建设司领导到长兴开展水利建设质量工作考核活动，实地检查环湖大堤后续工程现场，听取工程建设有关工作汇报，并查阅工程相关台账资料。

11月9—10日，太湖流域管理局、省水利厅联合对长兴县合溪水库标准化管理工作进行评价，从工程状况、安全管理、运行维护、管理保障、信息化建设等5个方面31项工作展开评议。专家审议后，一致认为长兴县合溪水库工程标准化管理已经达到水利部标准，顺利通过验收。

2023 年

1月18日，根据《浙江省市县年度水利工作综合绩效考评办法》，浙江省水利厅公布2022年度全省水利工作综合绩效考评优秀单位，长兴县荣获全省县级水利部门第一名。

2月9日，浙江省水利厅等4部门公布全省农业水价综合改革工作年度绩效评价结果，长兴县获评优秀。

2月13日，"浙水未来工地在线"和"全过程工程咨询服务"荣获2022年度省水利争先创优优秀案例。

5月9日，水利部运行管理司司长张文洁、太湖流域管理局局长朱威一行到长兴检查指导太湖流域水旱灾害防御工作。检查组一行先后实地检查了环湖大堤（后续工程）、顾渚水库、杨林涧山洪防御工作，并对长兴备汛工作给予高度肯定。

7月11日"我家门前有条河"融媒直播活动在中国蓝新闻、掌心长兴客户端等新媒体平台开播，直播总共时长60分钟，整场直播以20年来家乡河湖的变化、河长的巡河经验、河长制科学治湖的发展，以及河湖周边美食等故事，娓娓道来长兴建设幸福河湖取得的显著成效。

7月18日，CCTV-13《朝闻天下》播出《浙江长兴：数字赋能河长制 守护清水碧波》，介绍长兴在全国率先实行河长制后，又探索出电子河长，对河流湖泊实行全天候守护。

7月20日，水利部太湖流域管理局局长朱威到长兴调研环湖大堤后续工程，现场调研了环湖大堤后续工程上周港段、迭楼湾段。

8月10—11日，浙江省"深化河湖长制 全域建设幸福河湖"推进会在湖州长兴召开，会议传达贯彻省级总河长会议精神，就全面深化河湖长制、全域建设幸福河湖进行再部署、再动员，水利部副部长朱程清充分肯定了浙江河湖管理工作取得的成绩，指出浙江河湖长制起步早、推进快，河湖管理力度大、措施实，幸福河湖建设标准高、走在前。

11月1日，长兴县曹大圩灌区以全省第一的高分成绩荣获省级节水型灌区。

12月4日，长兴县顺利通过再生水国家试点中期评估。截至2022年年底，长兴县再生水年利用量达7900万吨，再生水利用总量和利用率均领跑全省。

附录二　中华人民共和国成立以来长兴水旱灾害一览

一、洪涝灾

1949年7月24—25日，受台风影响，暴雨成灾，农田内涝9万亩，成灾1.8万亩。

1950年自夏至秋，接连3次大雨，倒坽沉田，受洪涝农田20.3万亩。

1951年7月12—19日，连续8天大雨，降雨245.4毫米。全县倒坽46只，124只坽塌岸502处，总长15045米；沉圩坍房15250间；死8人，伤32人；受洪涝农田16.4万亩，成灾1.7万亩，减产粮食850吨。箬溪、泗安塘两岸尤重。

1952年6月18—23日，连续降雨115.2毫米。冲毁水利工程12处，受淹农田7.3万亩，成灾7.3万亩，损失粮食700吨，倒房4间。8月中旬及9月上旬，受2次台风边缘影响，骤降暴雨，被洪水冲毁及沉没坽125只，受灾农田68 177亩。

1954年5月上旬至7月31日，全县普降大到暴雨，长兴水文站降雨902.2毫米，范家村水文站为1118.6毫米，太湖水位高达4.76米。各河流泄水缓慢，倒坽21只，冲毁工程22处，倒房545间，死2人，重伤25人，死亡牲畜33头。受涝农田29万亩，成灾11.75万亩，减产粮食14 690吨。

1956年8月1—2日，12号台风袭击长兴县，瞬时最大风力达12级，范家村站雨量为230.5毫米，洪峰水位7.58米，超过危急水位0.58米。全县倒坽12只，冲毁堰坝1座；吹倒瓦房1069间、草房8034间，部分倒瓦房3530间、部分倒草房5035间；死亡13人，重伤69人，轻伤105人；压死家畜114头，耕牛8头；受洪涝农田8万亩，成灾7万亩，减产粮食5500吨；刮倒树木63 652株，毛竹8万支，果木6772棵；1200亩鱼塘家鱼外逃，损失达1680担（84吨）。

1957 年 6 月 30 日至 7 月 5 日，连降大雨，长兴水文站降雨 331.3 毫米，洪峰水位 6.74 米（杨柳湾）。全县倒圩 32 只，冲毁水利工程 231 处；受涝农田 24.2 万亩，成灾 8.7 万亩，减产粮食 22 650 吨；倒房 3970 间；死亡 11 人，重伤 9 人；死亡牲畜 37 头。

1960 年 7 月 28 日至 8 月 4 日，受 7 号台风影响，长兴水文站降雨 286.1 毫米，洪峰水位 6.17 米（杨柳湾）。全县倒圩 7 只，冲毁山塘 108 只，堰坝 139 座；倒房 2249 间；死 7 人，伤 43 人；死亡牲畜 70 头；全县受洪涝农田 12.62 万亩，成灾 5.7 万亩，损失粮食 2850 吨。

1961 年 6 月 7—10 日，全县平均降雨 120 毫米。受淹农田 71 785 亩，60 只圩 132 处出险，总长 1733 米。以鸿桥、横山等公社为重。

同年 9 月 14 日，弁山附近遭到特大暴雨袭击，18 时 30 分至 24 时降雨 260 毫米。全县内涝田 4.42 万亩，以李家巷、鸿桥、横山公社最为严重；冲毁草房 57 间，部分毁坏 167 间；冲毁稻田 1298 亩，部分毁坏 368 亩，山林 144 亩；死亡 2 人，伤 4 人；牲畜死亡 15 头；还有大量农具受损。

同年 10 月 4 日，26 号台风带来暴雨，长兴水文站 3 日 21 时至 5 日 16 时，降雨 143.4 毫米，5 日 16 时水位 6.63 米（杨柳湾），以西苕溪、泗安塘、箬溪沿岸各乡镇为重点。全县倒圩 72 只，沉圩 18 只；坍房 11 865 间；受灾农田 23.3 万亩，成灾 12.24 万亩；死亡 6 人，重伤 57 人；损失牲畜 88 头及大量农具。

1962 年 9 月 5—7 日，14 号台风带来暴雨，长兴水文站降雨 199.1 毫米，7 日最高水位 6.51 米（杨柳湾）。全县倒圩 37 只，沉坪 24 只，平桥、云野、赵村 3 座水库倒塌，冲毁堰坝 16 座；受洪涝农田 23.5 万亩，成灾 2.25 万亩，损失粮食 2285 吨；倒房 7228 间；死 2 人、重伤 9 人、轻伤 20 人；死亡牲畜 76 头。

1963 年 9 月 11—15 日，12 号台风带来暴雨，范家村水文站降雨 216.8 毫米，出现建站以来的最高洪峰水位 7.88 米。全县倒圩 56 只，共冲坏水利工程 122 处；倒损房屋 12109 间；死 20 人，伤 2 人；死亡牲畜 264 头；受淹农田 15.08 万亩，成灾 3.07 万亩，损失粮食 2720 吨。

1965 年 8 月 20 日，受 13 号台风影响，全县平均降雨量 110 毫米。这次降雨时间短，前期雨量少，河港水位低，造成 38 只圩坍损 152 处，总长为 4635 米；沉圩 1 只；冲毁山塘 1 座，公路桥 2 座，树竹 9025 株；倒房 91 间；受重伤 4 人，轻伤 5 人；死亡牲畜 13 头；受涝农田 18 380 亩，成灾 3000 亩。

1971 年 9 月 23 日，受 23 号台风边缘影响而降暴雨，全县受淹农田 5000 亩，严重者 3000 亩。

1973 年 5—6 月，长兴水文站降雨 526.8 毫米。受灾农田 8.6 万亩，成灾 3.4 万亩，其中无收 2 万亩。

　　1974年8月19日，13号台风袭击长兴县部分公社，并伴有暴雨，加之6月中下旬长兴局部地区出现短历时暴雨，如天平桥站6月16日6小时降雨114毫米，夹浦6月30日日雨量达280.5毫米。一些农作物遭受损失，全县共受洪涝农田达10万亩，成灾1万亩。

　　1977年9月10日傍晚至11日20时，受8号台风影响各站降雨：长兴59毫米、夹浦100毫米、访贤204毫米。自夹浦、鼎甲桥、水口、煤山、白岘、槐坎至二界岭一带雨量最大，煤山地区雨量最集中。全县受洪涝农田7.6万亩，中稻倒伏2万亩，损失5成；倒损房屋9623间；冲毁水库1座，山塘6座，堰坝127座，桥梁35座，公路30公里；冲走毛竹8600支；吹倒低压电杆1110杆，倒树2455株；倒掉机埠1座，淹没6座；淹死6人，伤10人；死牲畜231头，损失鱼塘4万亩。

　　1980年7—8月，长兴水文站降雨517.9毫米。全县受洪涝农田4万亩，其中内涝0.8万亩，成灾0.8万亩。

　　1981年6月27—30日，长兴水文站降雨187.7毫米。全县受灾农田4.7万亩，成灾0.6万亩。

　　1983年6、7月梅雨期大水成洪涝，其中7月4日1天降雨：长兴水文站99.5毫米，范家村水文站114毫米。洪峰水位：长兴水文站4.71米，范家村水文站7.52米。全县倒坽11只，沉坽51只，坽堤塌方或裂缝306处，坽堤溢顶245处；出险闸门70座，涵洞413只；冲毁桥梁71座，公路62处，塘坝9座，山塘堰坝102处，洇滩拦洪堤183处；倒房8171间，畜棚9241间；死7人，伤78人；淹浸农田33.39万亩，成灾22.17万亩，损失粮食39 690吨。10月4—7日，连降大到暴雨，上旬长兴水文站降雨217.4毫米，接近常年同期雨量的4倍，西部山区山洪暴发。全县17个公社的农田积水25～40厘米，有9万亩中稻和早翻早稻浸水倒伏，其中发芽霉烂1.6万亩，种子田损失50%，中稻颗粒无收1400亩。

　　1984年6月13日暴雨，长兴水文站日降雨量198.3毫米，泗安水库24小时降雨270.3毫米。洪峰水位：长兴水文站5米，为1977年开港之后水位记载之最；范家村水文站7.76米。暴雨中心分布在泗安塘中上游和箬溪等地区。全县倒坽61只，沉坽108只；倒房8639间，畜棚14 855间；死13人，伤61人；死牲畜579头；出险闸门68座，涵洞495只；冲毁堰坝223座，洇滩护岸659处；山塘倒坝211座，淹没或坍损排灌设备，翻水站16座，机埠142座。泗安水库大坝中间有36米长发生滑坡，和平水库即将竣工的500米溢洪道几乎全被冲毁。全县受灾农田35.56万亩，成灾16.4万亩，损失粮食26 640吨。冲毁农田1万亩，桑地受淹6500亩，损失25.6万元。水产受损5万亩，计441.5万元。

　　1985年7月31日，长兴受第6号台风外围影响，全县普降大到暴雨。7月31日4时至8月2日8时降雨：长兴水文站151.3毫米，槐花坎204.6毫米，以煤山、鼎新两区最重。全县受淹农田2.98万亩，其中早稻1.28万亩；冲毁山冲田211亩，山芋地48.7亩，经济林19.5亩。共损失粮食1170吨，倒损房屋143间。冲毁公路两处，长360米；毁机耕桥2座；防洪埂3处，长235米；洞滩2处，长920米；塘坝溢洪道2座。断损输电线路14公里。4个乡办厂砖瓦厂共损失砖坯240万块。

　　1987年7月4日，长兴水文站日降雨量145.4毫米。全县受淹农田8万亩，成灾2.4万亩，减产粮食1800吨，冲毁田地1115亩，大小桥梁56座；冲毁堤防23处，长3.2公里；倒塌民房155间，猪、羊棚216间；冲坏机耕路40公里。直接经济损失148万元。同年9月11日，受12号台风和冷空气倒槽影响，局部地区24小时降雨量超过120毫米。全县受灾农田12万亩，成灾4.8万亩，减产粮食3000吨；倒塌民房30间，畜棚15间；冲坏机耕路12公里，冲塌桥梁15座；死2人。

　　1989年9月16日7时30分，23号台风经安吉与安徽省宁国之间进入宁国县境内，并减弱成低气压。长兴县受外围影响，降暴雨，尚儒24小时降雨量182.1毫米，全县受灾农田12.57万亩，成灾4万亩，粮食减产损失6040吨。全年受灾农田（包括风雹灾）13.77万亩，成灾4.32万亩；死2人，伤22人；倒塌房屋1365间，损坏房屋4340间；损失粮食6460吨；死亡牲畜54头；渔业损失2694亩，鱼217.1吨；倒折树木4.67万株，毛竹10.31万支；损坏砖坯2128万块，瓦坯103万张。毁坏工程：堤防33处，长15公里；塘坝1座；渠道2公里；防洪埂27处，长30公里；洞滩53处，长40公里；机耕路25处，长80公里；小水电站2座；桥梁45座。损失农船3艘。断损低压电线及通信线路1220杆，长1540公里。直接经济损失1390万元，间接经济损失502万元。

　　1990年8月31日9时25分，15号台风在椒江市临海县登陆，同日23时在萧山市境内转变成强热带风暴，9月1日凌晨经湖州市进入太湖，接近江苏省境内。长兴县受外围影响带来暴雨，11个站平均24小时降雨量为269.4毫米，其中尚儒达446.3毫米；诸道岗最高水位11.32米，超过危急水位1.82米；长兴水文站水位4.92米。全县受灾农田23.5万亩，成灾9.3万亩，粮食减产损失24500吨；死3人，伤16人；倒塌房屋4601间，损坏房屋5028间；沉没鱼塘1.78万亩，跑鱼1520吨；损失砖坯4656万块，瓦坯100万张。水毁工程：堰坝143处，长15.7公里；倒抖9只；决堤17处，长347米；溢顶144处，长85公里；坍裂54处，长7.26公里；塘坝16座；坍损渠道190处，长103.57公里；抖闸门51座；排灌站36座；人行桥77座，机耕、公路桥67座；机耕路

454 处，长 141.7 公里；公路 97 处，长 36 公里。损坏通信、电力、广播线杆 8324 杆，长 1035.1 公里。直接经济损失 4646.6 万元，水利设施效益损失 4871 万元。

1991 年夏季梅雨期，长兴水文站降雨量 504.9 毫米，比最多的 1983 年超出 14.7 毫米。日雨量在 25 毫米以上的大雨发生 9 次，日雨量在 50 毫米以上的暴雨 3 次。加之河港、库塘高水位迎汛。6 月 22 日至 8 月 12 日，夹浦站超过危急水位 4.2 米以上的时间长达 42 天，其中 7 月 13 日最高水位为 4.9 米。7 月 12 日、13 日，泗安地区和太湖沿岸乡镇遭雷暴雨袭击，太湖洪水倒灌泛滥。全县内涝面积 49.5 万亩，其中绝收 1.15 万亩，减产粮食 5.1 万吨，损坏霉变粮食 1259.5 吨；受淹鱼塘 2.133 万亩，减产鱼 849.4 吨；受淹桑园 0.9 万亩，瓜菜 2.1 万亩；受灾人口 47 万人，围困群众 5.8 万人，雷击死亡 3 人；倒塌房屋 1577 户，3995 间；损坏房屋 695 户，1197 间。89 个村 2.1 万户民房进水。校舍、医院、集体企业倒塌房屋 71 间，造成危房 374 间。损坏桥梁 18 座。冲毁道路 66 处，长 260.8 公里。损坏渠道 109.6 公里，闸门 85 座。毁坏各类水利工程 1658 处。水上交通全线断航。工矿企业因洪涝停工停产 602 家。教育、卫生、粮食、邮电、交通、供电、供销、商业、城建、乡镇企业损失 1.92 亿元。全县工农业直接经济损失 2.815 亿元。

1995 年梅雨期短，梅雨偏多，6 月 20 日进梅，7 月 7 日出梅，历时 18 天，期间全县平均降雨量 363.9 毫米，比常年同期偏多 118.9 毫米，降雨集中。降雨过程分两个阶段：第一阶段从入梅到 6 月 25 日，5 天时间全县平均降雨 200 毫米，6 月 25 日 23 时 30 分，西苕溪范家村水文站水位 5.37 米，超危险水位 0.21 米，长兴港水位接近警戒水位，农田内涝严重，受灾农作物 1.57 万公顷，受灾范围涉及 24 个乡镇 295 个行政村。第二阶段从 7 月 1—7 日，全县平均降雨 150 毫米，7 月 7 日夹浦太湖口水位 2.48 米，超过危险水位，全县再次出现严重内涝，近 1.8 万公顷农田受灾，工矿企业停工停产 99 家，全县工农业直接经济损失达 5888 万元。

1999 年 6 月 7 日至 7 月 20 日梅雨期，全县平均降雨 922.3 毫米，是常年梅雨量的 3.8 倍，各河网水位均创历史最高，西苕溪范家村站洪峰水位 6.15 米，超危险水位 0.99 米；泗安塘天平站洪峰水位 5.51 米，超危险水位 0.85 米；长兴港长兴站洪峰水位 3.73 米，超危险水位 0.57 米。全县洪灾严重，倒沉圩 64 只，受灾人口 48 万人，洪水围困并转移人口 6.7 万人，受灾农田 3.47 万公顷，损坏房屋 8.75 万间，工农业直接经济损失 17.29 亿元。

2009 年 2 月中旬开始降雨，持续 19 天，全县累计降雨平均为 185.2 毫米，远超常年同期平均 69.9 毫米，早春时节长时间大量降雨，历史罕见，河网水位快速上涨，平均涨幅 1.0 米多，其中最高水位出现在 3 月 1 日，西苕溪港口水位上涨 1.51 米，长兴港水位上涨也超 1.0 米。境内春花作物出现内涝，全县全面投入田间排涝。由于早春季节，天气寒冷，给排涝工作带来困难。县防汛抗旱指挥部及时成立 6 个工作业务指导组，分赴乡镇指导排涝、抗灾保苗，同时调集 230 台套排涝设备运往灾区排涝，由于组织措施得力，排涝及时，没有出现春荒。

二、旱灾

1950 年 5 月至 9 月末下大雨，受旱农田 8.5 万亩，成灾 4.5 万亩，5560 亩未插上秧，减产 2875 吨。

1951 年 5 月，长兴水文站降雨仅 68.5 毫米，11 月为 62 毫米。局部地区发生夏旱又秋旱。山田受旱 9573 亩，经车水抗旱，成灾 200 亩，减产 10 吨。

1953 年 6 月下旬至 8 月底，连旱 70 天，西部丘陵地区尤为严重。7—8 月，泗安总降雨量仅 60.2 毫米，而 7 月、8 月两月的蒸发量为 348.6 毫米。长兴水文站 8 月 27 日水位降至 2.92 米（杨柳湾）。全县受旱农田 14.24 万亩，成灾 12.74 万亩，减产粮食 10940 吨。

1955 年 7 月下旬至 11 月中旬，连旱 120 天。范家村水文站 9—11 月降雨仅 70.1 毫米，其中 9 月 5.2 毫米、10 月 11.1 毫米。全县受旱农田 9 万亩，成灾 4 万亩，减产粮食 1000 吨。

1957 年，秋旱。长兴水文站 10 月、11 月总降雨量 83.8 毫米。全县受旱农田 13.5 万亩，成灾 2 万亩，减产粮食 1200 吨。

1958 年 5—7 月，连旱 70 天，其中 5 月中旬至 6 月中旬 40 天降雨，长兴水文站仅 76.4 毫米，最低水位 2.16 米。全县受旱农田 18.1 万亩，成灾 6.3 万亩，减产粮食 2490 吨。

1959 年 6 月至 8 月初，连旱 65 天。长兴水文站 7 月降雨仅 41.2 毫米。全县受旱农田 24.2 万亩，成灾 6.1 万亩，减产粮食 2950 吨。

1960 年自 6 月 21 日至 7 月 20 日，降雨仅 38.5 毫米。全县受旱农田 2.1 万亩，成灾 1.57 万亩，减产粮食 1135 吨。

1961 年 6 月中旬起，大旱 70 余天，其中 6 月 14 日至 7 月 23 日 40 天无雨。全县受旱农田 11.58 万亩，成灾 5.64 万亩，减产粮食 2800 吨。

1963 年，伏旱。长兴水文站 7 月降雨仅 65 毫米。全县受旱农田 11.3 万亩，其中水稻 9.5 万亩，什粮 1.8 万亩。

1964 年，长兴水文站 8 月降雨仅 85.1 毫米，11 月 1 日至 12 月 7 日降雨仅 3.2 毫米。全县受旱农田 3.7 万亩，成灾 2.3 万亩，减产粮食 1150 吨。

1966 年，长兴水文站 7 月 13 日至 8 月 11 日降雨仅 7.5 毫米，10 月降雨仅 28 毫米。全县受旱农田 5 万亩，未种 0.3 万亩，减产粮食 750 吨。

　　1967年5月下旬至10月，持续干旱，其间除6月下旬降雨52.9毫米，7月上旬降雨87.3毫米，使旱情一度得到缓解外，自7月中旬起至10月，相继出现较前期更为严重的旱情。7月22日至10月31日，长兴水文站降雨仅70.9毫米，而同期的蒸发量为628.6毫米，最低水位2.25米。全县受灾农田8.7万亩，成灾3.1万亩，减产粮食3855吨。

　　1970年7月19日至8月16日，长兴水文站降雨仅10.9毫米；9月26日至11月12日，该站降雨仅40.3毫米。全县受旱农田1.2万亩。

　　1971年6月20日至9月17日，夏、秋连旱90天。长兴水文站降雨仅110.6毫米。全县受灾农田9万亩，成灾3万亩，减产粮食4200吨。

　　1972年5—7月两个月间，长兴水文站降雨仅204.6毫米，平均水位在2.7米左右。全县受旱农田4万亩，成灾1.5万亩，减产粮食375吨。

　　1973年7月上旬至8月中旬，51天降雨仅77.8毫米。全县受灾农田7.1万亩，成灾4.4万亩，减产粮食4400吨。

　　1979年5—6月，长兴水文站60天降雨量仅60.3毫米；9月26日至11月15日51天降雨量仅15毫米。全县受旱农田6.45万亩，成灾1.16万亩，减产粮食1150吨。

　　1980年4月29日至6月10日，长兴水文站44天降雨量73.7毫米；9月25日至11月18日，55天降雨量46.1毫米。全县成灾农田0.94万亩，减产粮食500吨。

　　1981年5月30日至6月26日，长兴水文站降雨仅13.6毫米。全县受旱农田1.54万亩。11月28日至次年1月2日，长兴水文站降雨仅3.8毫米，冬旱。

　　1983年7月7日至8月31日，长兴水文站56天降雨量68.2毫米。全县受旱农田5万亩，成灾3.96万亩，减产粮食2000吨。

　　1985年4月11日至5月25日，长兴水文站降雨仅94.4毫米。全县受旱农田2.12万亩，其中水稻1.33万亩，旱地杂粮0.79万亩；成灾1.63万亩，其中水稻0.99万亩，杂粮0.64万亩。减产粮食1500吨。

　　1986年7月中旬至8月下旬，长兴水文站降雨仅67毫米。全县受旱农田5.13万亩，其中干田减产2成21144亩，因枯苗减产5成的有7544亩，稻苗完全枯萎有360亩，未种的有331亩，共损失粮食3140吨。受灾重点在泗安、和平、鼎新三区的丘陵地区。水产和经济作物（如渔业、珍珠、药材等）损失达218.9万元。

　　1987年11月29日至次年1月2日，长兴水文站36天降雨量仅1.8毫米。全县受旱农田1.2万亩，成灾1.1万亩，减产粮食2200吨。

　　1988年除2月、3月雨量偏少发生春旱外，主要是夏旱。自6月30日至7月23日，24天降雨仅7.1毫米。全县受旱农田26万亩，其中水田14万亩；成灾 3.6 万亩，其中基本无收 0.57 万亩。减产粮食 5750 吨。加上番茄、鱼塘、园林等俱损，共计经济损失达 425 万元。

1990 年 7 月、8 月平均降雨仅 151.7 毫米。自 7 月 5 日至 8 月 26 日，持续高温在 35℃以上，最高气温达 38.1℃。全县受灾农田 18.14 万亩，其中水田 13.3 万亩；成灾 5.93 万亩，其中水田 3.65 万亩。粮食减产 20 258 吨，折金额 1642.6 万元。

1992 年 7 月 14 日至 8 月 16 日，高温干旱。前期平均雨量：4 月 55.5 毫米，5 月 72.4 毫米，6 月 154.5 毫米，7 月 71.6 毫米，比正常年平均雨量减少 5 成。小（2）型以下水库塘坝干涸 491 座，溪港断流 30 条。泗安、煤山、长潮、二界岭、和平等 15 乡镇受旱面积 17.5 万亩，其中水田 14 万亩，晚稻未能插上秧的 0.4 万亩，直接经济损失 1690 万元。

1994 年 6 月 27 日出梅后，高温干旱，到 8 月 20 日的 50 多天中，仅降雨 44.8 毫米，累计蒸发量为 457.2 毫米，期间气温在 34℃以上 41 天、37℃以上 10 天，造成山塘水库蓄水严重不足，河网水位大幅度降低。8 月 20 日统计：全县 1000 多座山塘全部干涸，25 座小（2）型水库干涸 16 座，5 座小（1）型水库蓄水量只有正常库容的 10%，3 座中型水库蓄水是正常库容的 20%，丘陵山区溪涧全部断流干涸，平原地区河流各支流大部分处于断流或半断流状态，长兴港水位 0.84 米，比常年同期降低 1.2 米，由于长期高温干旱，山区、半山区由山塘水库自流灌溉的 0.97 万公顷和靠二级翻水灌溉的 1.01 万公顷水田以及近万公顷园林、旱地严重缺水，平原圩区 2.17 万公顷提水灌溉水田取水困难，采取了二级至三级、四级翻水，林城镇姚家港断流达 25 天。全县受灾面积 1.8 万公顷，其中水田受灾 1.21 万公顷，旱地和园林受灾 0.59 万公顷，丘陵地区 0.096 万公顷水田因缺水晚稻无法种植，已种下的枯苗 0.25 万公顷，农业损失 6789 万元。

1997 年入春后，长兴县一直少雨，1—6 月全县平均降雨 361.1 毫米，比常年同期 650.6 毫米减少 44.5%，是中华人民共和国成立以来同期降雨量最少的一年。6 月 23 日长兴港水位仅 0.74 米，据 7 月 5 日统计，全县 33 座小（2）型以上水库（因横齐水库二期工程未开始，不包括在内）蓄水量仅 380 万立方米，是正常库容 11.2%，1080 座山塘基本干涸。5—7 月是农业用水高峰期，严重干旱使农业生产用水发生困难，全县受灾水田达 1.333 万公顷，其中断水、晒白、干枯中早稻面积 0.52 万公顷，因缺水而无法插种中稻和单季晚稻 0.235 万公顷。旱灾首先从和平镇迥车岭等丘陵地区开始，而后逐渐向全县蔓延，最严重期全县有 16 个乡镇 6 万余群众生活用水发生困难。

2006 年汛期全县平均降雨量 642.3 毫米，比常年同期雨量 849.4 毫米偏少 24.38%。梅雨期历时 6 天，6 月 13 日入梅，6 月 18 日出梅，出现历史上少见

"空梅"，出梅后高温少雨，连续31天高温天气，最高气温达39.3℃。各河网水位普遍偏低，入梅前的5月27日测报，长兴港长兴站水位0.98米，泗安塘天平桥站1.01米，6月21日西苕溪港口站1.05米，各山塘水库蓄水严重不足，小山塘大部分干涸。全县各地出现不同程度旱情，特别是山区乡镇旱灾较为严重，全县农作物受旱面积0.127万公顷，全县各泵站全面投入抗旱，日投入抗旱人数有7.38万人。

2013年出梅后，长兴县出现历史罕见高温干旱，从7月1日至8月23日总降水量120.2毫米，比常年偏少50%，蒸发量480.9毫米，是历年均值两倍，全县受灾总面积1218.92平方公里，占全县总面积82%，因旱饮水困难15 890人，死亡牲畜376头，家禽4300羽，总经济损失1.251 18亿元。

三、风雹灾

1949年7月24—25日，受台风影响，暴雨成灾。

1955年8月1日21时，天平乡遭受强对流袭击，大风暴雨，冰雹交加，历时2分钟。雹体最大如鸡蛋。受损的有6个代表区。刮倒草房44户139间，瓦房21间。死亡3人，重伤5人，轻伤29人。

1956年7月8日、13日，龙卷风袭击澄心寺、大云、长潮、林城、吕山、后漾、水口和鼎新等地。死亡17人，重伤38人，轻伤54人，吹倒房屋429间。

同年8月1日、2日，12号台风过境。

1960年7月12日16时和19日21时，两次出现冰雹大风，风力约10级。吹倒房屋600间，死7人，伤10人。

同年7月28日至8月4日，7号台风袭击长兴县。

1961年10月3—4日，26号台风袭击长兴县。

1962年9月5—7日，14号台风袭击长兴县。

1963年9月11—15日，12号台风袭击长兴县。

1964年4月13日15时，长桥、包桥、后漾、城郊等公社下冰雹，受灾农田513亩。

1965年8月18—22日，13号台风影响长兴县。

1973.年8月1—3日，连续3天龙卷风冰雹袭击14个公社，严重的有便民桥、和平、长城公社。据不完全统计，14个公社共倒损房屋5847间，死1人，伤1人，压死牲畜23头，刮走晒场上稻谷22.5吨，200余株板栗树的板栗被吹落。

1974年5月18日下午和8月4日下午，先后两次龙卷风袭击城郊、天平桥、便民桥、吕山、林城、大云、管埭等公社。共吹倒草房4000间，吹坏瓦房1500间。

同年 7 月 24 日 15—16 时，天平桥、林城、里塘公社遭风雹袭击。雹体直径最大 3～4 厘米。吹倒草房 10 余间，200 多亩农田损失稻谷 10 吨。

1976 年 8 月 6 日 16 时左右，龙卷风侵袭里塘、吴山、虹星桥、港口等 5 个公社，以里塘为重。高压线、广播线、电话线全部中断。共吹断低压水泥杆 6 杆，广播、电话线毛竹竿 1575 支。损坏电线 33 公里，广播线 55 公里，电话线 12 公里。死 3 人，伤 17 人。牲畜伤亡 74 头。倒损房屋 1434 间，其中瓦房 564 间，草房 870 间。损失粮食 285 吨。农具、农药、化肥等损失达 30 万元。

1977 年 7 月 16 日 14 时，大风袭击水口、鼎甲桥、夹浦、新塘等公社，出现冰雹。雹体最大如鸡蛋。损失较重。

同年 9 月 10—11 日，8 号台风影响长兴县。

1979 年 4 月 8 日，天平桥下冰雹。

1980 年 7 月 20 日，天平桥、里塘、虹星桥等公社下冰雹。雹体多数如蚕豆，最大直径 2～3 厘米。

1981 年 5 月 1 日 15 时 30 分，冰雹大风袭击天平桥、林城、虹星桥等地区，最大风力 9～10 级，历时 20 分钟左右。雹体小如蚕豆，大如鸡蛋，最大的达 750 克。地角积雹厚 10 厘米。400 亩大、小麦损失 8～9 成，500 亩油菜损失 6～7 成。受影响地区的草籽种几乎全被打光。死 1 人。倒房 80 间，倒猪、羊棚 530 间。受灾农田 2.68 万亩，成灾 900 亩。

1982 年 3 月 18 日 20—21 时和 19 日 14 时 34—38 分，风雹袭击长桥、后漾、夹浦等地，油菜叶被打破。同年 7 月 30 日 11 时，新塘公社的新东大队和新塘大桥附近，遭龙卷风袭击。大风将一棵胸径 45 厘米、百年以上的银杏树杈刮断，另有 10 多棵泡桐树被连根拔起。

1983 年 4 月 28 日 0 时 15 分至 2 时，县内大部地区遭大风袭击。风力普遍在 8 级以上，最大的在 10 级以上。有 23 个公社受灾，其中严重的有吴山、长桥和包桥等公社。倒损房屋 1497 间，其中机埠 17 座，学校校舍 39 间。死 2 人，重伤 13 人。压死牲畜 2 头。吹断低压线杆 1385 杆，广播线杆 1270 杆。吹倒大、小麦 2.74 万亩，油菜 0.89 万亩。

1984 年 5 月 12 日 17 时 30—40 分，后漾乡南庄村大风雷雨区发生龙卷风。最大风力达 12 级。18 户农户和 1 所学校受损，压伤 26 人，其中重伤 17 人。倒房 19 间。800 亩春粮受害，近百棵树木被刮倒，损坏变压器 2 台。

1985 年 7 月 17 日 13 时左右，冰雹袭击白岘、槐坎、水口乡，历时 6 分钟左右，并伴有 10 级以上的大风。雹体直径 1 厘米左右，最大粒径 4～5 厘米。受损早稻 5700 亩，晚稻秧苗 45 亩，单季晚稻 415 亩。粮食损失 210 吨。受灾山茹 1531 亩，损失 120 吨。倒损房屋 500 间，毛竹倒伏 1.6 万支。经济损失 35.7 万元。

　　1987年3月6日19时20—30分，冰雹与龙卷风袭击县内12个乡镇。雹体小如蚕豆，大如乒乓球。主要在畎桥龙山附近。共损失油菜2.66万亩，大、小麦受损1.42万亩，损坏房屋157间。

　　同年5月25日14时30—55分，县内出现雷雨大风与冰雹，瞬时风力达25米每秒（10级），68分钟降雨47.4毫米。白岘、白阜、后漾、夹浦部分乡村下了冰雹，历时15～20分钟。雹体直径1～4厘米。全县油菜13 668亩及大、小麦2260亩，损失3成以上。淹没秧苗150亩。砖瓦厂损失21.7万元。倒塌民房15间。冲坏公路1.5公里，润滩30米。刮断广播线杆及部分树木。

　　同年7月6日17时15—20分，雷雨大风与冰雹袭击虹星桥、观音桥、吕山等部分村庄。瞬时风力超过12级，大风历时5分钟。雹体直径2～3厘米，最大直径5～7厘米。胸径50厘米的大树被吹倒，胸径35厘米的树被刮断，房顶被吹翻，4米长房梁被吹出15米以外，屋瓦被吹出30米以外。三乡镇共摧毁民房143间，严重塌房422间，轻度损坏549间；机埠、学校严重损坏11间；畜棚受损475间。折断低压水泥电杆355杆，高压水泥电杆1杆。死1人，重伤10人，轻伤11人。水稻受灾3295亩，经济作物受损294亩。受灾严重地区为虹星桥、南庄、吕山等村镇及观音桥乡六合等自然村。

　　同年8月10日20时20分至21时，雷雨大风与冰雹袭击泗安、二界岭等地。风力10～11级。白莲砖窑进水6～10厘米，平瓦刮掉1300余张。泗安、白莲、二界岭砖瓦厂共损失砖坯60万块，经济损失3万余元。

　　1988年8月7日23时，7号台风在象山县林海乡登陆，8月8日14时经安吉县进入安徽省无为县境内。8月8日上午，长兴县受其边缘影响，风力最大达9级，过程雨量36毫米。全县共倒塌房屋1051间，其中住房436间，损坏房屋3862间；吹倒围墙84处，长1364米；损失砖瓦坯1985万块；吹倒树木6万株，毛竹断损4.2万支；吹落梨子、桃子、板栗、银杏共500多吨。吹倒输电线杆3365杆，141公里；电话线杆597杆，124公里；广播线杆2384杆，53.3公里。死1人，伤4人。13万亩单季稻苗受损，减产2250吨。以和平、虹溪、泗安三区受灾较重。直接经济损失613.7万元。

　　1989年5月10日8时41—56分，受地面静止锋和高空切边线影响，白阜、虹星桥、包桥、吕山、李家巷、下箬寺一带，遭到暴风和冰雹的袭击。

　　同年6月15日16时30分左右，在和平镇周坞山、方家庄村，突然发生龙卷风。风力在10级以上，持续约10分钟。大批当年毛竹被吹倒断裂，方家庄两户房子的墙壁被吹倒。

　　同年7月14日23—24时和次日14时，在新塘、鸿桥、里塘、小浦、白岘等乡镇，短时间出现大风暴雨。风力9级以上。一些房屋、电杆、树木被吹倒。

　　以上三次共计受灾农田1.2万亩，成灾0.32万亩，减产粮食210吨；损坏房屋 71 间，吹倒 24 间；损失砖坯 128 万块，瓦坯 5 万张；吹断毛竹 2.7 万支，树木、低压电线和通信线路均受损。直接经济损失 90 万元。

1991 年 5 月 23 日和 5 月 25 日，两次龙卷风冰雹袭击县内横山、长潮、太傅、长城、雉城、后漾等 8 乡镇 29 个村。风力达 9 级。雹体最大直径 2 厘米。风雹持续时间达 7 分钟。共受灾农田 1.27 万亩，成灾 0.488 万亩，粮食减产；刮倒房屋 66 间，损坏房屋 58 间；损坏变压器 2 台，80 千伏；刮倒电线杆 22 杆，毁坏线路 1.05 公里。雷击死亡 3 人，牲畜死亡 4 头。直接经济损失 56 万元。

1992 年 5 月 6 日 22 时，7 月 12 日 20 时 40 分至 21 时 10 分，7 月 19 日 20 时 20 分，9 月 8 日 9—10 时，先后 4 次出现雷雨大风及暴雨。煤山、白岘、小浦、林城、李家巷、后漾、鸿桥及观音桥、吕山、包桥、夹浦、槐坎、水口等乡镇受到不同程度的损失。合计成灾农田 6643.5 亩，直接经济损失 888.58 万元。

同年 9 月 23 日 6 时 30 分，19 号台风在温州平阳登陆，17 时进入钱塘江口后继续北上，直穿长兴县，经嘉兴至太湖出口。风力达 9 级。20 日 15—17 时，长兴水文站降雨 80.5 毫米，尚儒站 1 日降雨量 171.8 毫米。箬溪沿岸的煤山、白岘、槐坎、小浦，西苕溪沿岸的和平、吴山、吕山、便民桥，以及水口、天平桥等乡镇洪涝尤为严重。全县受灾农田 7.04 万亩（包括风雹灾），成灾 4.84 万亩，绝收 1410 亩，毁坏耕地 150 亩，减产粮食 5329 吨。养殖业受灾 1125 亩，损失水产 19.8 吨。全县受灾有 25 个乡镇，158 个村。16 个工矿企业停产，公路中断 3 条，冲毁公路桥涵 5 座，毁坏公路 3.4 公里。供电线路中断 2 条，停电 4～8 小时。损坏输电线路 534 杆，长 51 公里。冲毁堤防 6.17 公里，护岸 5 处，塘坝 3 座。渠道决口 0.2 公里。毁坏渡槽 1 座，桥涵 7 座。直接经济损失 1110 万元，其中倒损房屋损失 312 万元，水利设施毁坏损失 104 万元，农、林、渔、牧损失 516 万元，工业、交通运输损失 178 万元。

1996 年 7 月 20 日 14—16 时，煤山、水口、夹浦等乡镇遭受雷雨大风和冰雹袭击，短时间大暴雨致使山洪暴发，冲毁部分涧滩、堤防、公路及桥梁，大暴雨时伴有 10 级以上大风，还出现冰雹袭击，部分民房被砸坏，数千株树木刮倒或连根拔起，电力线杆拦腰刮断，几十座电力泵站因断电而无法运转排涝。据统计，受灾人口 27.5 万人，受洪水围困 9000 余人，1200 人紧急转移，全县受灾面积 1.925 万公顷，成灾 1.21 万公顷，绝收 214 公顷，减产粮食 17670 吨，损坏房屋 3450 间，倒塌房屋 370 间，工矿企业停产半停产 715 家，工农业直接经济损失 8350 万元。

2003 年 7 月 26 日 14 时至 14 时 10 分，虹星桥、林城二个镇遭受龙卷风和冰雹袭击，涉及 9 个行政村 1.8 万人，损坏房屋 707 间，倒塌房屋 60 间 1210 平方米，倒塌围墙 13 户 580 米，损坏电杆 120 杆，损坏输电线路 9000 余米，3600 株树木被折断或倒伏，一些农村泵房配电设施受损。

2012 年 8 月 8—9 日，强台风"海葵"影响长兴县，平原地区风力 10 级，太湖湖面风力达到 12 级，全县普降大雨，平均降雨量 207 毫米。台风影响半径大，移动速度慢，影响长兴持续时间 44 小时。全县受灾人口 18.98 万，台风造成全县直接经济损失 14.56 亿元。

2013 年 10 月 7 日，台风"菲特"影响长兴县，全县面雨量 185.7 毫米，最大降雨量 367 毫米，且 7 日 17—20 时平均面雨量达 35 毫米。受台风降雨影响，全县河道水位均迅速上涨，西苕溪港口水位创历史最高。台风"菲特"共造成全县受灾人口 9.988 万人，直接经济损失 4.347 亿元。

附录三　改革开放以来长兴人民抗灾纪实

一、洪涝灾

（一）1984 年洪灾

1984 年 6 月 12—15 日，长兴普降暴雨，其强度为梅雨期水文记录上所罕见。西苕溪平均降雨 266.1 毫米，长兴平原平均降雨 237.5 毫米。全县受淹农田 35.56 万亩，其中 12 万余亩田面平均水深 1～2 米。县委、县政府紧急部署，分区包干抢险，发动组织 5100 多名乡镇干部及驻长兴部队，有 12 万余人投入抗洪排涝抢险。动用电动机水泵 1427 台套、柴油机水泵 208 台套、汽车 62 辆、拖拉机 94 辆，用去桩木 7588 根、毛竹 10 566 支、草包 15.54 万只、麻袋 4.57 万只、编织袋 5.09 万只，增补斗门板 42 立方米。省政府和湖州市政府先后下拨救灾经费 171 万元，并下拨大量救灾物资，为长兴修复水毁工程及战胜灾害提供了有力支持。

（二）1991 年洪灾

1991 年长兴县梅雨偏多，雨量集中，历时时间长，再加上高水位入汛，造成历史罕见洪灾。自 4 月 15 日至 7 月 30 日全县平均降雨 647.9 毫米，其中梅雨期雨量 504 毫米，超过常年一倍多，出梅后又连续降雨，太湖水位居高不退。从 6 月 2 日至 8 月 12 日，太湖夹浦口水位连续 42 天超危险水位，其中 7 月 13 日 3.06 米，超危险水位 0.7 米，超过中华人民共和国成立后最高水位 1954 年 0.19 米。长兴县大面积农田处于高水位压迫，特别是城东平原长期受洪水围困，受灾最严重的原横山乡蒋家墩村受洪水围困 40 多天。洪水造成长兴县农田严重内涝，22 个乡镇遭受不同程度损失，全县受灾面积 3.73 万公顷，其中绝收 767 公顷，减产粮食 5.1 万吨，受淹鱼塘 1422 公顷，洪水造成工矿企业停工停产，水上运输长期中断，全县工农业直接经济损失 2.815 亿元。灾情发生后，全县人民奋起抗灾，组织生产自救，驻长部队、武警官兵也全力投入抗灾救灾工作中，并出动军车运送抢险救灾物资，全县投入排涝机泵 4418 台套 2.76 万千瓦和 705 台机械动力 8460 马力，耗电 1500 万千瓦时，耗油 1000 吨，用桩木 9.3 万根，毛竹 12.1 万支，麻袋、草包、编织袋 135 万只，30 万军民投入抗洪救灾，对 240 个圩洑 600 多公里洑堤进行不同程度突击加高加固。这场水灾中倒洑 2 只、沉洑 7 只，但无人员伤亡，没有出现重大事故，将损失降到最低限度。受灾期间，省委书记李泽民、省长葛洪升和省领导沈祖伦、刘枫、王其超、许行贯、孙家贤、刘锡荣、吴敏达、李德葆、李金明等，以及市委、市政府领导亲临长兴抗灾一线，组织抗灾，慰问群众。灾情发生后，全国各地都伸出援助之手，北京、上海、山东、广东等 12 个省（自治区、直辖市）及省内各地 191 个单位来电慰问并捐资捐物。

（三）1999 年 "6·30" 洪灾

1999 年 6 月 7 日入梅，长兴普降大到暴雨，到 7 月 20 日出梅，全县平均降雨 922.3 毫米，是常年梅雨量 3.8 倍。梅雨期有 4 次明显降雨过程，其中第三次 6 月 23 日至 7 月 1 日全县平均降雨量 496 毫米，在前两次集中降雨造成全县洪涝高水位情况下又连续强降雨，各河网水位均创历史最高，西苕溪范家村站洪峰水位 6.15 米，超危险水位 0.99 米；泗安塘天平站 5.51 米，超危险水位 0.85 米；长兴港长兴站 3.73 米，超危险水位 0.57 米。全县洪灾严重，倒洑、沉洑 64 只，受灾人口 48 万人，洪水围困并转移人口 6.7 万人，受灾农田 3.47 万公顷，损坏房屋 8.75 万间，工农业直接经济损失 17.29 亿元。洪灾首先由西苕溪沿线开始，由于上游安吉县大量降雨，洪水下泄，西苕溪水位快速上涨，6 月中旬开始沿线两侧洑区频频出现险情，县防汛抗旱指挥部调运大量桩木、编织袋、草包等防汛物资，往西苕溪沿线紧急抢险。随着降雨继续，灾情加重，受灾范围扩大，全县进入防汛紧张状态，到 6 月下旬随着河网水位不断抬高，灾情进一步加重，全县面临着超强洪水压境的局面，特别是泗安塘沿线，由于上游连续大量降水，泗安水库严重超蓄，启闸放水，在泗安塘超高水位的情况下更增加了压力，危情频发，6 月 30 日 16 时 10 分林城镇后落洑沉陷，洑内面积 1015 公顷，其中水田面积 657 公顷，7 月 1 日 2 时泗安水库水位达到 16.456 米涨停，距设计水位 16.52 米仅差 6.4 厘米，如一到此水位将按特大洪水调度，水库启全闸放水，那对下游的压力将更大。洪水期间，泗安水库最大入库流量 264 立方米每秒，最大出库流量 91 立方米每秒，由于调度科学合理，错峰调峰作用显著，极大地减轻了下游的压力。1999 年的 "6·30" 洪水百年未见，在抗洪救灾中，驻长部队、武警官兵发挥了中流砥柱作用，县领导分片包干指挥，组织群众安全转移，指挥抢险恢复生产。在抗灾紧张时期，国务院副总理温家宝、省委书记张德江、省长柴松岳、省委副书记周国富和其他省、市领导亲临长兴抗洪第一线，指导抗灾，极大地鼓舞全县军民战胜洪水斗志，全县各行各业全力以赴协同作战，与洪水抗争，取得抗洪救灾工作的最后胜利，在大灾之年没有发生人员伤亡，没有发生疫情，积极组织生产自救，真正把损失降到最低限度。

二、旱灾

1990年旱灾。1990年7月、8月持续高温干旱成灾。旱灾发生后，长兴县委、县政府230名县级机关干部组成34个抗旱小组，奔赴各乡镇和群众一起投入抗旱。同时，县政府决定控制自流灌溉面积，能提水灌溉的地区尽量提水灌溉，以增强山丘地区的抗旱能力；开港引水，架设小型临时翻水站，增加灌溉面积；在西苕溪、泗安塘、长兴港、吕山港等骨干河道架设临时大流量翻水站，引太湖水翻水提供水源8640万立方米，灌溉农田15万亩。省拨抗旱经费10万元，市支援5万元，县财政拿出20万元，乡、村自筹资金197.5万元。全县共投入抗旱108.8万工日，使13.3万亩受灾田实际成灾减少为3.65万亩。

三、风雹灾

（一）2012年"海葵"台风

2012年8月8—9日，第11号强台风"海葵"影响长兴县，平原地区风力10级，太湖湖面风力达到12级，全县普降大雨，平均降雨量207毫米，降雨量最大的煤山尚儒站达到387毫米。由于短时间强降雨再加上游安吉县境内同样发生暴雨，大量洪水下泄，造成西苕溪水位快速上涨，港口站23个小时水位从1.7米上涨到5.87米，上涨4.17米。由于台风影响半径大，移动速度慢，影响长兴持续时间44小时。全县受灾人口18.98万人，转移群众24167人，农作物受灾面积2.2万公顷，成灾0.725万公顷，绝收0.104万公顷，大棚农业设施损毁0.12万公顷，损坏堤防188处31.25公里，损坏水闸15座。和平镇清临圩堤防决口，洪水冲入堤内，农作物、村庄受淹。该坪总面积296公顷，其中水田面积164公顷，圩内有农户576户、2085人。台风造成全县直接经济损失14.56亿元。长兴县委、县政府高度重视"海葵"台风防御工作，先后22次召开防台工作会议，县四套班子领导和300多名县级机关部门科级领导干部赴挂钩乡镇协助防台抗灾。8日下午王建满副省长对长兴防台工作提出明确要求，9日21时毛光烈副省长和省水利厅领导到受灾最重的和平镇吴山村指导抗灾，10日下午省委书记赵洪祝到清临圩现场指导抢险抗灾工作，解放军部队和武警官兵先后出动5000余人协助防台抢险。灾情发生后，长兴县委、县政府及时出台《关于灾后恢复救（补）助工作若干政策意见》，11日县级机关各部门抽调1152名党员干部与受灾最重的吴山村576户受灾农户，采取"二对一"包户方式结对帮扶，在送去生活必需品同时，发放农业生产自救资料 700 份、安全用电资料 700 份、卫生防疫资料 3000 份，并组织人员抢修设施，帮助当地尽早恢复生产和群众正常生活。尽管"海葵"台风给长兴带来重大影响，但在整个防台抗灾过程中充分显示各级党委、政府以人为本的理念，有效完善防汛防台预警体系以及科学应对、决策能力，使得长兴县没有出现死人、伤人情况，上下齐心协力把灾害损失降到最低。

（二）2013 年"菲特"台风

2013 年 10 月 7 日，第 23 号台风"菲特"于 1 时 15 分在浙闽交界的福鼎市沙埕镇沿海登陆，并对长兴造成严重影响。全县面雨量 185.7 毫米，最大降雨量 367 毫米，且 7 日 17—20 时平均面雨量达 35 毫米。受降雨影响，全县河道水位均迅速上涨，西苕溪港口水位从 7 日 12 时至 8 日 5 时，17 个小时内上涨 3.43 米，平均每小时上涨 0.20 米（最快时一小时涨幅 0.28 米），8 日 5 时 25 分达 6.06 米，创历史最高水位。台风形成后，全县上下围绕"力量到位、检查到位、应急到位"的防台抗台总体要求，迅速行动，齐心抗台，合力救灾。省防指、省水利厅、市防指、市水利局专程派专家组来长指导，并会商西苕溪防汛形势。市委书记马以，市委常委、宣传部长胡菁菁，市委常委秘书长高屹，副市长沈建平等领导分别到长兴视察险情并指导工作。县防指迅速启动抗台防汛应急预案，科学指挥、有序调度，下发《关于做好第 23 号台风（菲特）防御工作的通知》，并由县领导坐镇县防汛办指挥。各乡镇（街道、园区）、部门迅速行动，组织人员到岗到位，积极防台抢险救灾。坚持县乡村三级联动，迅速组织力量及时化解三乡联合圩、独山圩等处重大险情。沿线 3 个乡镇分片包圩，落实巡查人员 758 人、抢险人员 4900 余人（其中武警官兵 175 人），全县各部门、乡镇（街道、园区）抽调干部 2580 人参与抢险。同时，组织 3 个技术指导组，驻点西苕溪沿线乡镇，全面掌握险情并指导防洪排涝工作。由县防指综合协调、统一调度，共在西苕溪沿线投入挖机 142 台，运输车 230 辆，冲锋舟、皮划艇、汽艇 30 艘，桩木 5940 根，编织袋 69 万只，土工布 1.3 万平方米，应急灯 82 只，为抢险救灾提供了坚实的物资保障。

"菲特"台风共造成全县受灾人口 9.988 万人，转移群众 9572 人（其中回港避风上岸人员 5597 人，西苕溪沿线乡镇 3975 人，仅清临斗就转移人员 1982 人），未出现失踪和人员伤亡情况。直接经济损失 4.347 亿元。其中农林牧渔业直接经济损失 1.875 亿元，农作物受灾面积 28.22 万亩、成灾面积 6.01 万亩、绝收面积 1.3 万亩，死亡牲畜 590 头、禽类 7065 羽，渔业受灾面积 3.6 万亩、成灾面积 1.76 万亩，林业受灾面积 1.99 万亩；房屋及财产直接经济损失 0.12 亿元，受淹农房 681 幢，倒塌房屋 29 间；工业交通运输业直接经济损失 0.58 亿元，停产工矿企业 120 家；水利设施直接经济损失 1.587 亿元，损坏堤防 63 处、护岸 134 处、水闸 14 座，冲毁涧滩堰坝 35 座，损坏灌溉设施 65 处、水文测站 9 个、机电泵站 174 座。"菲特"过后，长兴紧紧围绕"尽最大努力，保最小损失"的目标，以"最大限度消除隐患、最大限度减少损失、最快速度恢复生产、最快速度灾后救助"为重点，全面开展灾后恢复救助工作。组织力量帮助受灾地区对受淹房屋、农田、道路进行清淤，加强对受灾地区农户的技术指导，帮助受灾企业尽快恢复生产。

参 考 文 献

一、古籍·历史类

司马迁，裴骃，司马贞，等. 史记 ［M］. 北京：中华书局，1982.

班固，颜师古. 汉书 ［M］. 北京：中华书局，1962.

范晔，李贤. 后汉书 ［M］. 北京：中华书局，1965.

陈寿，裴松之. 三国志 ［M］. 北京：中华书局，1982.

沈约. 宋书 ［M］. 北京：中华书局，1974.

萧子显. 南齐书 ［M］. 北京：中华书局，1972.

房玄龄，等. 晋书 ［M］. 北京：中华书局，1974.

姚思廉. 梁书 ［M］. 北京：中华书局，1973.

姚思廉. 陈书 ［M］. 北京：中华书局，1973.

李延寿. 南史 ［M］. 北京：中华书局，1975.

刘昫，等. 旧唐书 ［M］. 北京：中华书局，1975.

王溥. 唐会要 ［M］. 上海：上海古籍出版社，2006.

欧阳修，等. 新唐书 ［M］. 北京：中华书局，1975.

司马光，胡三省. 资治通鉴 ［M］. 北京：中华书局，1956.

吴任臣. 十国春秋 ［M］. 北京：中华书局，2010.

二、古籍·地理类

郦道元，杨守敬，等. 水经注疏 ［M］. 南京：江苏古籍出版社，1989.

李吉甫. 元和郡县图志 ［M］. 北京：中华书局，1983.

乐史. 太平寰宇记 ［M］. 北京：中华书局，2007.

王存. 元丰九域志 ［M］. 北京：中华书局，1984.

欧阳忞. 舆地广记 ［M］. 北京：中华书局，2023.

王象之. 舆地纪胜 ［M］. 北京：中华书局，1992.

谈钥. 嘉泰吴兴志 ［M］. 北京：中华书局，1990.

范成大. 吴郡志 ［M］. 南京：江苏古籍出版社，1986.

祝穆. 方舆胜览 ［M］. 北京：中华书局，2003.

方岳贡，陈继儒. 崇祯松江府志 ［M］. 北京：书目文献出版社，1991.

顾祖禹. 读史方舆纪要 ［M］. 北京：中华书局，2005.

罗愫，杭世骏. 乾隆乌程县志 ［M］. 台北：成文出版社有限公司，1983.

邢澍. 嘉庆长兴县志 ［M］. 台北：成文出版社有限公司，1983.

穆彰阿，等. 大清一统志 ［M］. 上海：上海古籍出版社，2008.

宗源瀚，杨荣绪. 同治湖州府志 ［M］. 台北：成文出版社有限公司，1960.

赵定邦，丁宝书. 同治长兴县志 [M]. 台北：成文出版社有限公司，1984.

袁珂. 山海经校注 [M]. 北京：北京联合出版公司，2014.

李步嘉. 越绝书校释 [M]. 北京：中华书局，2013.

三、古籍·文学类

欧阳询. 艺文类聚 [M]. 上海：上海古籍出版社，1999.

徐坚，等. 初学记 [M]. 北京：中华书局，1962.

李昉，等. 文苑英华 [M]. 北京：中华书局，1966.

周密. 癸辛杂识 [M]. 上海：上海古籍出版社，2012.

杨万里. 诚斋集 [M]. 台北：台湾商务印书馆，1982.

陈全之. 蓬窗日录 [M]. 上海：上海古籍出版社，2002.

卫泾. 后乐集 [M]. 北京：商务印书馆，1986.

朱国桢. 朱文肃公集 [M]. 上海：上海古籍出版社，2002.

宗源瀚. 颐情馆闻过集 [M]. 北京：北京出版社，1997.

贺长龄. 清经世文编 [M]. 北京：中华书局，1992.

四、古籍·水利类

张履祥. 补农书校释 [M]. 北京：农业出版社，1983.

伍余福. 三吴水利论 [M]. 济南：齐鲁书社，1996.

沈启. 吴江水考 [M]. 济南：齐鲁书社，1996.

王凤生. 浙西水利备考 [M]. 台北：成文出版社有限公司，1983.

五、古籍·综合类

李昉，等. 太平御览 [M]. 北京：中华书局，1960.

王钦若，等. 册府元龟 [M]. 北京：中华书局，1960.

解缙，等. 永乐大典 [M]. 台北：成文出版社有限公司，1984.

六、著作类

冀朝鼎. 中国历史上的基本经济区 [M]. 杭州：浙江人民出版社，2016.

缪启愉. 太湖塘浦圩田史 [M]. 北京：农业出版社，1985.

郑肇经. 太湖水利技术史 [M]. 北京：农业出版社，1987.

中国农业科学院，等. 太湖地区农业史稿 [M]. 北京：农业出版社，1990.

魏嵩山. 太湖流域开发探源 [M]. 南昌：江西教育出版社，1993.

长兴县志编纂委员会. 长兴县志 [M]. 上海：上海人民出版社，1992.

长兴县水利志编纂委员会. 长兴县水利志 [M]. 北京：中国大百科全书出版社，1996.

金延锋，李金美. 城市的接管与社会改造：杭州卷 [M]. 北京：当代中国出版社，1996.

李志庭. 浙江地区开发探源 [M]. 南昌：江西教育出版社，1997.

浙江省水利志编纂委员会. 浙江省水利志 [M]. 北京：中华书局，1998.

郭成伟、薛显林. 民国时期水利法制研究 [M]. 北京：中国方正出版社，2005.

吴兴区水利局. 吴兴溇港文化史 ［M］. 上海：同济大学出版社，2013.

水利部太湖流域管理局，等. 太湖志 ［M］. 北京：中国水利水电出版社，2018.

长兴县政协. 长兴记忆——圩 ［M］. 北京：中国国际图书出版社，2018.

长兴县政府志编纂委员会. 长兴县政府志 ［M］. 杭州：浙江人民出版社，2019.

后　记

　　本书系浙江省长兴县水利局委托课题研究成果。从研究方案酝酿、组织开展调研、进入文稿撰写、成果论证修订直至交付出版，历经两年有余。其间，课题组走访了长兴县及湖州市和周边地区的水利遗址、水利工程、博物馆、图书馆数十处，召开座谈会和专家咨询会十余场次，走访地方水利专家、文史专家和水利工作者近百人次，搜集和整理了大量的地方水利文献资料，并获取了大量的一手资料，为本研究打下了比较扎实的基础。在资料的搜集和实地调研中，我们得到了长兴县及湖州市水利系统的专家、地方文史专家和长期在水利系统工作的老同志的悉心指导，得到了中共长兴县委党史研究室（长兴县人民政府地方志办公室）、长兴县政协文史委、长兴县图书馆、长兴县博物馆和地方文史学者李士杰的大力支持。长兴县水利局顾文亮主任积极帮助搜集和整理研究资料、提供政策帮助，协调调研过程中的具体事务，为本项研究的顺利开展付出了很多的努力。在本书的撰写过程中，李永放、徐海松、程伟、白炳书、戴国华等地方水利及相关事务工作者以及中国水利水电科学研究院张伟兵教授、南京信息工程大学何彦超博士、常州大学胡勇军博士等提出了许多宝贵的意见建议，大多都已吸纳到书稿中，为本书增色不少。同时，本书在调研和撰稿期间，正值新冠肺炎疫情肆虐之际，书稿的完成，既是项目组同志坚持不懈共同努力的结果，更是上下协同、互相配合、群策群力而成的集体作品。

　　本项目研究方案编制、书稿写作大纲的设计和总编纂由项目负责人浙江水利水电学院教授、浙江水文化研究院常务副院长张祝平具体负责。张祝平和江略博士认真完成了全书的统稿工作。本书各章节的执笔人如下：

　　第一章：杨旭东（浙江水利水电学院副研究员、《浙江水文化》副主编）

第二章：周能俊（浙江外国语学院副教授）

第三章：江　略（浙江水利水电学院浙江水文化研究院讲师）

第四章：江　略

第五章：李小朋（浙江水利水电学院浙江水文化研究院讲师）

第六章：杨丽婷（浙江水利水电学院浙江水文化研究院讲师）

第七章：刘　莉（浙江水利水电学院基础部副教授）

第八章：刘　莉

本项目研究和成果出版得到了长兴县水利局的资金支持，书稿中部分数据、资料和图片由长兴县水利局提供，在此一并致谢！

编著者

2023 年 6 月